U0118964

电磁场数值计算及基于 FreeFEM 的编程实现

赵彦普　唐祖祁　李海林　程建伟　党艳阳　著

机 械 工 业 出 版 社

本书简明介绍了工程电磁场理论及有限元方法，重点给出了应用开源有限元分析软件FreeFEM进行二维及三维低频电磁场问题自编程计算的方法和技巧，并对约30个典型问题进行编程求解。在内容组织编排上，以七大低频电磁场应用场景（包括静电场、交/直流传导电场、瞬态电场、静磁场、涡流场及瞬态磁场）为主线，以典型场景应用案例为牵引，遵循了计算电磁学理论与FreeFEM算法编程并重的原则。在理论方面，给出了七大场景下计算电磁场问题的数学模型（包括控制方程、边界条件、界面连续性条件及激励条件）及相应的有限元弱形式。在FreeFEM编程实践方面，本书所选取的案例来自经典教材及学术论文，且部分为实际工程案例，通过代码语句详细展示电磁场问题自编程数值计算的全过程。通过将复杂的实际工程计算问题以FreeFEM示例代码的形式呈现，可以帮助读者对电磁场理论、电气工程问题数学建模与有限元分析过程有更深入的理解。

本书可作为广大工程技术人员、科研工作者、FreeFEM软件开发者的参考书，也可作为理工科院校电气工程、电子工程及计算数学相关专业的高年级本科生研究生学习工程电磁场有限元分析的教材。

图书在版编目（CIP）数据

电磁场数值计算及基于FreeFEM的编程实现/赵彦普等著. —北京：机械工业出版社，2023.11
ISBN 978-7-111-74031-5

Ⅰ.①电… Ⅱ.①赵… Ⅲ.①电磁场-电力工程-数值计算-应用软件②FreeFEM Ⅳ.①O441.4-39

中国国家版本馆CIP数据核字（2023）第191302号

机械工业出版社（北京市百万庄大街22号　邮政编码100037）
策划编辑：吕　潇　　　　　　　　责任编辑：吕　潇　翟天睿
责任校对：韩佳欣　薄萌钰　韩雪清　封面设计：马精明
责任印制：邬　敏
北京富资园科技发展有限公司印刷
2024年1月第1版第1次印刷
184mm×260mm·12.75印张·315千字
标准书号：ISBN 978-7-111-74031-5
定价：79.00元

电话服务　　　　　　　　　　网络服务
客服电话：010-88361066　　机　工　官　网：www.cmpbook.com
　　　　　010-88379833　　机　工　官　博：weibo.com/cmp1952
　　　　　010-68326294　　金　书　网：www.golden-book.com
封底无防伪标均为盗版　机工教育服务网：www.cmpedu.com

推荐序一

  电磁场数值方法及算法实现是电气工程领域的核心理论和技术，也是实现先进电气系统、装备、部件、器件性能参数仿真及电磁场优化设计的关键支撑。《电磁场数值计算及基于 FreeFEM 的编程实现》所涉及的电磁场计算问题主要指低频电磁分析问题，包括稳态场、时谐场及瞬态场，涵盖了实际工程电磁场分析中的主要问题类型及典型应用场景，给出了二维（包括平面直角坐标及柱面坐标问题）及三维低频电磁场问题有限元弱形式的推导过程，展示了利用开源软件 FreeFEM 对典型案例的具体编程实现过程。

  通过该书中给出的经典案例代码，读者可以详细深入地了解电磁场有限元计算流程及参数后处理方法等细节内容。同时，读者可以尝试修改相关代码语句，实现对比如网格密度、有限元基函数、自适应迭代加密、有限元误差估计方法、边界激励施加及后处理参数提取计算方法等方面的自主控制，从而帮助读者深度理解掌握有限元编程的核心技术，也为读者自己编制基于更底层编程语言的自主有限元分析算法代码提供借鉴参考。

  该书中所展示的案例非常丰富并具有代表性，特别是针对 TEAM（Testing Electromagnetic Analysis Methods）系列基准测试问题（第7、第9、第30及第33问题）给出了详细的有限元算法实现过程及参数后处理方法，这也是国际电磁场计算学界对数值算法正确性做验证和评估的权威标准。通过该书中所展示的数值结果与实测结果的吻合精度，可见所提供的 FreeFEM 代码的专业性及重要参考价值。此外，该书中也提供了初步的场路耦合分析案例，这部分内容在低频电磁工程应用中非常重要但不多见，所提供的代码具有很高的参考价值。

  该书集合了电磁场理论、有限元方法和编程实践技术，可读性强，对科研设计人员、高校教师和学生都有很好的指导和参考意义，本人愿意将该书推荐给相关读者。

傅为农

中国科学院深圳理工大学教授

推荐序二

随着电气工业和电气工程领域对各类不同电气设备的性能指标的要求越来越高，数值计算方法，特别是有限元方法以及相关软件技术对新型电气设备的精细仿真及优化设计发挥着越来越重要的作用。通过有效的数值方法以及相应的数值模拟，既可大幅度节约设备的精细仿真及优化设计的成本，又可大大加快整个设计工程的进展并提高设备的性能指标。

《电磁场数值计算及基于 FreeFEM 的编程实现》是一本值得推荐的全面了解以及研究电磁学的物理基础、计算和模拟，特别是电气工业和电气工程领域的典型电磁结构的精细仿真及优化设计的专著。该书论述简洁、通俗易懂，既包含各类数学模型问题的物理背景，数学描述和理论，以及相应的各种有限元方法的介绍和分析，还配备了丰富的应用案例，并结合开源有限元软件 FreeFEM 展示了这些案例具体的编程实现过程。

该书涉及大量的低频计算电磁场问题，包括二维（平面直角坐标系及柱面坐标系）及三维静态、时谐及瞬态电磁场的计算，对不同应用场景下的电磁场数值计算问题，分章节给出了相应的有限元弱变分形式，以及具体的程序实现。基于 FreeFEM 编程语言，所给出的案例代码简短且可读性强，有助于读者快速全面了解和掌握计算电磁场有限元计算的基本流程及编程细节。

为了测试所提供的 FreeFEM 案例代码的正确性及计算精度，所有案例的计算结果均与参考解（包括解析解、实验测试结果及对标软件结果）进行了对比验证。除了教科书级别的基本二维及三维测试案例，书中还展示了部分经典的国际计算电磁场基准测试案例，具体包括 TEAM（Testing Electromagnetic Analysis Methods）Workshop Problems 第 7、第 9、第 30 及第 33 问题。结合作者深厚的计算数学基础以及丰富的电磁场模拟的编程经验，书中所给出的所有案例代码简洁、易读、高效，是理解有限元算法编程不可多得的参考案例。比如，对线性瞬态电磁场仿真案例采用了高效编程技术，施加了实体导体总电流激励，以及给出了后处理计算电磁力的体积分技术等。该书对三维磁场的计算给出了多种数值格式及实现方法，包括采用节点元及棱单元离散矢量磁位时施加规范条件的编程方法。

该书内容包括简明的电磁场和有限元理论，对 30 多个计算电磁场问题展示了有限元算法编程技术，对计算数学、计算物理及电气工程领域的科研人员、研究学者和学生都有很好的指导和参考价值。该书可以帮助读者揭开工业软件的神秘面纱，激励相关从业者发挥聪明才智，让每一行代码语句都能反映数学和基础科技的精华，为工业软件的人才培养提供算法编程的重要参考及有力工具，直接帮助各类工业软件产业的发展和创新。

邹军

香港中文大学卓敏数学讲座教授

香港中文大学数学系主任

香港工业和应用数学学会会长

美国工业和应用数学学会（SIAM）会士

美国数学学会（AMS）会士

前　言

随着计算机硬件技术的发展，工程电磁场数值计算的应用越来越广泛并发挥着越来越重要的作用，其目标主要是基于先进的计算硬件和编程方法，研究与之匹配的速度快、精度高的数值方法，解决越来越复杂的电磁结构的物理场分布、性能参数计算及最优化设计问题。自 20 世纪 80 年代起，电磁场数值计算特别是有限元计算迎来了高速发展的黄金时期，随后的二三十年间，各种商业及工业电磁场数值计算软件相继出现并在迭代中日渐成熟，呈现出软件越来越复杂及功能越来越强大的趋势。在给电气工程领域诸多应用场景带来仿真设计支撑的同时，先进数值算法不断被封装集成，导致参与底层开发的门槛越来越高。电磁场数值计算算法及软件技术也是与时俱进不断发展的交叉学科技术，这对新一代的研究者在数量和质量上都提出了更高的要求。

在工程电磁场数值计算领域，已经有不少国内外学者出版了相关专著介绍工程电磁场问题的数值方法，特别是有限元方法，包括定解问题的给出、有限元弱形式的推导、边界条件的处理及代数方程组的求解，并结合一些典型案例展示了问题描述及计算结果。但是很遗憾，大部分著作没有给出详细完整可直接运行的有限元计算程序范例，这一欠缺导致读者在数值实现时受到不同程度的限制。本书前两位作者致力于工程电磁场数值计算及有限元算法相关研究已有十余年时间，并具有计算数学背景，在开源有限元软件 FreeFEM 的使用方面也都有 10 年以上的应用经验。在本书出版前的科研合作及学术探讨中，得益于 FreeFEM 的方便简捷，极大地促进了二人的交流合作。有别于复杂的商业代码，FreeFEM 作为一个相对简洁的工具，可以帮助初学者很快地对电磁场有限元计算形成全面的认识。两位作者在中法两国电磁场计算的学生培养中也都借助了 FreeFEM，为学生在理论基础和待开发的商业及工业代码之间构建了一座桥梁，使学生可以更快地理解电磁场有限元计算并进入到更高层的开发工作中去。正是基于这些经验，前两位作者产生了撰写本专著的想法。本书旨在弥补电磁理论分析、公式推导与实际编程脱节的不足，将抽象的电磁场理论与简明的 FreeFEM 实际工程案例程序相结合，旨在提高读者的学习效率，特别是本科生和研究生在学习低频工程电磁场有限元数值计算时。同时，本书也有助于读者快速进入工程电磁场数值算法研究和应用开发领域，为解决目前我国电磁场仿真领域广泛使用商业软件却缺乏核心算法研究的问题提供帮助。

在总结多年科研和教学经验的基础上，本书从经典工程电磁场理论出发，针对不同场景下的二维和三维低频电磁场计算问题，给出了微分方程的（初）边值问题描述以及相应的有限元弱形式表达，并结合典型的工程案例，详细介绍了基于 FreeFEM 软件的编程实现过程。在内容组织上，本书主要以不同场景下的二维和三维低频电磁场计算类型为主线，强调工程电磁场理论和 FreeFEM 编程实践的双重原则。全书共分为六章，包括简明电磁场理论和有限元理论的介绍、FreeFEM 软件的使用介绍（参考了 FreeFEM 的使用手册）、二维电场（包括平面坐标系和柱面坐标系下的静电场、交直流传导电场和瞬态电场）、二维磁场（包括平面坐标系和柱面坐标系下的静磁场、涡流场和瞬态磁场），以及三维电场和三维磁场问题的偏微分方程描述和相应的有限元推导。第 3~6 章分别提供了典型案例的描述，以及 FreeFEM 程序代码和计算结果展示。部分案例还是验证电磁场数值方法计算精度的国际标准测试算例。

本书得到国家海外高层次人才青年项目、湖北省海外高层次创新人才项目以及武汉大学"双一流"建设专项人才经费的资助。在此表示衷心感谢！

全书共 6 章，主要由赵彦普负责完成，承担著作工作量 80%；三维计算的展示大多基于赵彦普和唐祖祁的科研合作成果，后者承担工作量 9%；全书初步的公式编辑，案例作图及若干二维电场程序案例由李海林完成，承担工作量 7%；部分电场测试案例由程建伟提供，承担工作量 2%；部分磁场测试案例由党艳阳提供，承担工作量 2%。

在有限的时间和水平限制下，本书所呈现的内容可能还不够成熟，对于复杂电气工程领域的案例介绍可能存在一定的局限性。因此，我们非常希望各位专家学者能够提供宝贵的意见和建议。您的反馈和指导将对进一步改进和完善本书起到重要的作用。同时，我们也鼓励更多的青年学生和学术同行投身于电磁场核心底层计算算法研究、基于开源工具的有限元编程以及自主开发电磁场有限元计算软件等领域的研究。期待本书能为推动自主软件开发相关人才的培养做出一定指引和启发作用，也很期待能看到更多的年轻力量在这一领域展现出优秀的才华和创新精神。

作者

2023 年 8 月 24 日

目　录

第3章　二维电场计算的有限元方法及 FreeFEM 代码

第 4 章 二维磁场计算的有限元方法及 FreeFEM 代码

第 5 章 三维电场计算的有限元方法及 FreeFEM 代码

第6章　三维低频磁场计算的有限元方法及 FreeFEM 编程案例

第 1 章
电磁场有限元计算的基本理论

经过一个半世纪多的理论及工程检验，以麦克斯韦方程组为核心的电磁场理论被证明正确揭示了空间分布的电磁场之间的耦合关系及时空演变规律。随着电磁结构的日益复杂，在低频装备及高频器件的工程设计中，涉及大量的电磁场问题求解需求，本质上就是对给定计算区域、材料参数、激励条件、边界条件及初值条件的麦克斯韦方程组定解问题的求解计算。在实际应用过程中，根据激励频率的高低，通常可以归结为对麦克斯韦方程组导出的三种偏微分方程的求解，主要包括调和方程（又称椭圆方程，主要包括静电场、静磁场问题）、波动方程（属于双曲方程，主要包括电磁波传播及辐射问题）和扩散方程（属于抛物方程，主要包括拟静态电磁场计算问题）。以上偏微分方程定解问题的常见求解方法包括解析法与数值法。其中，解析法适用于规则区域、均匀材料及线性问题的模型求解。对于复杂的电气工程问题计算，一般需要借助于数值计算方法。特别是近几十年来，随着先进计算方法及高性能电子计算机的飞速发展，电磁场数值分析方法已广泛应用于各个工业领域的生产设计环节。有限元法是最为常用的数值计算方法之一，至今已有 80 多年的历史。基于该方法已经开发实现了一些成熟的商业软件，再结合强大的 CAD 几何造型、自动网格剖分及后处理显示能力，商业电磁场有限元软件及多物理场耦合分析软件已经成为装备设计的必备工具。

然而，国外商业软件的广泛应用一定程度上限制了电气工程领域对底层算法研究探索创新的热情并造成潜在的核心软件技术风险。另外很多软件应用人员并不能深入理解有限元软件中的一些关键概念和功能的使用方法，以及所使用的软件功能设置究竟代表何种数学含义。为了尝试缓解这一困境，本书将讲解如何采用开源有限元软件 FreeFEM 进行二维及三维电磁场数值计算。FreeFEM 是一款自 1987 年开始至今被开发了 36 年之久的开源有限元分析软件，在世界范围多领域有限元数值研究中得到了广大科研工作者的青睐[1-5]。基于成熟的电磁场和有限元理论及开源有限元编程工具，打开电磁分析软件的黑盒子，或许能发现除了单击鼠标操作商业软件之外，动手深入进行有限元编程并没有那么神秘和复杂。同时作者也期待读者能发挥创造力与灵感，开发自主 FreeFEM 程序，解决各领域涉及的电气工程数值计算问题。

本章将对电磁场的基本理论，电磁场问题有限元方法的求解原理与典型问题的有限元分析过程进行简单介绍。至于详细完整的工程电磁场[6]及有限元数值分析理论[7]，读者可自行参阅相关专业书籍。如读者已较为熟悉数值电磁及有限元数值分析理论，则可以略过本章内容。

1.1 电磁场基本理论

1.1.1 麦克斯韦方程组

19 世纪中叶，英国物理学家麦克斯韦在总结前人工作的基础上，提出了适用于所有宏观电磁现象的数学模型，称之为麦克斯韦方程组。科学技术发展的实践充分证明，麦克斯韦方程组正确描述了电磁场中各物理量之间的相互关系。麦克斯韦方程组有微分形式与积分形式，本节根据电磁场有限元数值分析格式推导的需要，仅给出其微分形式。

（1）Maxwell 方程组的微分形式如下：

$$\nabla \times \vec{E} = -\frac{\partial \vec{B}}{\partial t} \tag{1-1}$$

$$\nabla \times \vec{H} = \vec{J} + \frac{\partial \vec{D}}{\partial t} \tag{1-2}$$

$$\nabla \cdot \vec{D} = \rho \tag{1-3}$$

$$\nabla \cdot \vec{B} = 0 \tag{1-4}$$

式中，$\vec{E}$ 为电场强度（V/m）；$\vec{D}$ 为电通量密度（C/m^2）；$\vec{H}$ 为磁场强度（A/m）；$\vec{B}$ 为磁通量密度（T；Wb/m^2）；$\vec{J}$ 为传导电流密度（A/m^2）；ρ 为电荷密度（C/m^3）。另一个基本方程是电流连续性方程，即

$$\nabla \cdot \vec{J} = -\frac{\partial \rho}{\partial t} \tag{1-5}$$

（2）静电场、恒定电场与静磁场　当电磁场量不随时间变化时，所有与时间导数相关的项为 0，此时，式（1-1）、式（1-2）与式（1-5）可写作

$$\nabla \times \vec{E} = 0 \tag{1-6}$$

$$\nabla \times \vec{H} = \vec{J} \tag{1-7}$$

$$\nabla \cdot \vec{J} = 0 \tag{1-8}$$

而电介质中的高斯定理式（1-3）、磁场高斯定理式（1-4）保持不变。此时，电场和磁场之间不存在耦合关系。将电磁场解耦，即得到静电场、恒定电场及静磁场的控制方程。其中，式（1-3）和式（1-6）描述了静电场，式（1-6）与式（1-8）描述了恒定电场，式（1-4）与式（1-7）描述了静磁场。

（3）时谐电磁场　当麦克斯韦方程组中的激励源做时谐变化，且所有材料参数均为线性时，所有的电磁场量也在该频率下做时谐变化，因此也叫作时谐电磁场。用复相量法，可将式（1-1）、式（1-2）和式（1-5）写成以下形式：

$$\nabla \times \vec{E} + j\omega \vec{B} = 0 \tag{1-9}$$

$$\nabla \times \vec{H} - j\omega \vec{D} = \vec{J} \tag{1-10}$$

$$\nabla \cdot \vec{J} = -j\omega\rho \tag{1-11}$$

式中，ω 为角频率；j 为虚数单位。时谐激励下，电场和磁场同时存在并相互激发。根据激

励频率、所分析结构的电尺寸及区域中的材料参数特性，时谐电磁场可进一步分为时谐电场［忽略式（1-9）中的 $j\omega\vec{B}$］，时谐磁场［忽略式（1-10）中的 $j\omega\vec{D}$］及时谐全波电磁场［比如由式（1-9）和式（1-10）可以导出以 $\vec{E}$ 为变量的二阶矢量波动方程[8]］。

（4）本构方程　为了确定所有的电磁场量，还需要列出描述媒质宏观电磁性质的本构关系。电磁场的三个本构关系为

$$\left\{\begin{array}{ll}\vec{D}=\varepsilon\vec{E} & (1\text{-}12a)\\[4pt]\vec{J}=\sigma\vec{E} & (1\text{-}12b)\\[4pt]\vec{B}=\mu\vec{H} & (1\text{-}12c)\end{array}\right.$$

式中，本构参数 ε、σ 和 μ 分别表示媒质的介电常数（F/m）、磁导率（H/m）和电导率（S/m）。对于各向异性媒质，这些参数是张量；对于各向同性媒质，它们是标量。对于非均匀媒质，它们是空间坐标的函数；对于均匀媒质，它们不随空间坐标变化，取值为常数。另外，通常使用的电工磁性材料，其磁导率及电导率参数同时也是磁场强度及电场强度的非线性函数。

（5）不同媒质分界面的衔接条件　在电磁场分析中，如果场域内包含有不同的媒质（例如媒质 1 和媒质 2），则一般需要确定电磁场量在不同媒质分界面处的衔接关系（连续性条件）。两种媒质交界面上的连续性条件表达如下：

对于电场有

$$\left\{\begin{array}{ll}\vec{n}\times(\vec{E}_1-\vec{E}_2)=0 & (1\text{-}13a)\\[4pt]\vec{n}\cdot(\vec{D}_1-\vec{D}_2)=0 & (1\text{-}13b)\end{array}\right.$$

对于磁场有

$$\left\{\begin{array}{ll}\vec{n}\times(\vec{H}_1-\vec{H}_2)=0 & (1\text{-}14a)\\[4pt]\vec{n}\cdot(\vec{B}_1-\vec{B}_2)=0 & (1\text{-}14b)\end{array}\right.$$

式中，$\vec{n}$ 为媒质分界面上的单位法向量，由媒质 2 指向媒质 1，如图 1-1 所示。需要注意的是，以上衔接条件假设分界面处不存在线电流及自由面电荷。若分界面存在线电流密度 $\vec{K}$ 和自由面电荷密度 ρ_s，则需对以上方程作以下修改[9]：

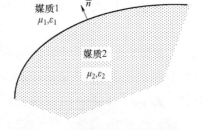

$$\left\{\begin{array}{ll}\vec{n}\times(\vec{H}_1-\vec{H}_2)=\vec{K} & (1\text{-}15a)\\[4pt]\vec{n}\times(\vec{D}_1-\vec{D}_2)=\rho_s & (1\text{-}15b)\end{array}\right.$$

图 1-1　两种媒质界面的示意图

1.1.2　标量及矢量位函数表示的电磁场方程

求解麦克斯韦方程组定解问题（由控制方程及边界条件等构成）时，为避免直接求解分量存在间断的电磁场矢量场，以及方便施加边界条件等，通常引入标量或矢量位函数（势函数）作为辅助变量，如标量电位 φ、标量磁位 φ_m 及矢量磁位 $\vec{A}$，从而将求解麦克斯韦方程的一阶偏微分方程组化成以位函数为变量的二阶偏微分方程或方程组，从而减少未知数的总维数，达到简化计算的目的[9]，同时方便采用经典有限元方法进行数值求解[7]。但是采用位函数作为求解工作变量，可能导致位函数解不唯一的问题；另外要计算实际的电

磁场量,需要对位函数进行一阶空间求导运算,这将导致一定精度的损失。然而,由于实际电气工程问题的高度复杂性,基于电位和磁位的计算格式及有限元方法因其具有稳定性、方便性以及能够满足工程精度需求,故在中低频电磁场计算中得到了广泛应用。

(1)静电场与恒定电场　静电场、电源以外区域的恒定电场均为无旋场,可通过引入标量电位 φ 来求解。电场强度 $\vec{E}$ 与标量电位 φ 的关系为

$$\vec{E} = -\nabla\varphi \tag{1-16}$$

由此可推导得到用标量电位 φ 表示的静电场与恒定电场方程。对于空间存在自由电荷的静电场,标量电位 φ 满足泊松方程,即

$$-\nabla \cdot (\varepsilon\nabla\varphi) = \rho \tag{1-17}$$

对于空间中无自由电荷的静电场及电源以外区域的恒定电场,标量电位 φ 满足拉普拉斯方程,即

$$-\nabla^2\varphi = 0 \tag{1-18}$$

(2)静磁场　对于静磁场问题,在电流密度为零的区域中,可引入标量磁位 φ_m,即由 $\nabla\times\vec{H} = 0$,定义

$$\vec{H} = -\nabla\varphi_m \tag{1-19}$$

代入到式(1-4),则静磁场问题无电流区域中标量磁位 φ_m 应满足变系数拉普拉斯方程

$$-\nabla \cdot (\mu\nabla\varphi_m) = 0 \tag{1-20}$$

对于有电流 $\vec{J}$ 存在的区域,此时静磁场为有旋场,不能只靠引入标量磁位化简方程。此时,可利用矢量磁位 $\vec{A}$(其旋度等于磁通密度 $\vec{B}$)进行方程的简化,此外当规定 $\vec{A}$ 的散度为 0(库仑规范)时,磁位 $\vec{A}$ 满足矢量泊松方程,即

$$\nabla^2\vec{A} = -\mu\vec{J} \tag{1-21}$$

一般情况下,由于铁磁材料磁导率的非线性、空气与铁磁材料界面处的磁导率跳跃及铁磁物体的棱角区域具有几何奇性,所以界面处的磁位 $\vec{A}$ 并不光滑,仅仅具有切向分量的连续性,就需要求解如下双旋度方程:

$$\nabla\times(\nu\nabla\times\vec{A}) = \vec{J}_s \tag{1-22}$$

式中,磁阻率 ν 是磁导率 μ 的倒数;$\vec{J}_s$ 是给定的导体中的恒定电流分布。如果导体由细导线绕制形成(通常称为 stranded conductor),则 $\vec{J}_s$ 在导体横截面均匀分布。如果是单个实体导体(即 solid conductor),那么 $\vec{J}_s$ 的分布可以通过求解恒定电场问题而得到。

(3)时谐电/磁场　对于激励源做时谐变化的交流稳态线性电磁场计算问题,用复相量法表示时变场量将省去时间步进的瞬态场计算,只需要求解一次复数代数方程组即可。非理想介质中的时谐电场满足以标量电位表示的复数形式的拉普拉斯方程

$$\nabla \cdot [(\sigma+j\omega\varepsilon)\nabla\dot{\varphi}] = 0 \tag{1-23}$$

如果求解区域内存在实体导体及线圈激励,则在线圈产生的交变磁场的作用下,实体导体将被动产生感应涡流(此时的电磁场也叫作频域涡流场),以 $\vec{A}\text{-}\varphi$ 表示的涡流场控制方程为

$$\begin{cases} \nabla\times(\nu\nabla\times\dot{\vec{A}})+\sigma(j\omega\dot{\vec{A}}+\nabla\dot{\varphi}) = \dot{\vec{J}}_s & \text{(1-24a)} \\ \nabla \cdot (\sigma(j\omega\dot{\vec{A}}+\nabla\dot{\varphi})) = 0 & \text{(1-24b)} \end{cases}$$

对于时谐全波电磁场,满足以 $\vec{A}\text{-}\varphi$ 表示的电磁波方程组

$$\begin{cases} \nabla\times(\nu\nabla\times\dot{\vec{A}})+(\sigma+\mathrm{j}\omega\varepsilon)(\mathrm{j}\omega\dot{\vec{A}}+\nabla\dot{\varphi})=\dot{\vec{J}}_{\mathrm{s}} & (1\text{-}25\mathrm{a}) \\ \nabla\cdot[(\sigma+\mathrm{j}\omega\varepsilon)(\mathrm{j}\omega\dot{\vec{A}}+\nabla\dot{\varphi})]=0 & (1\text{-}25\mathrm{b}) \end{cases}$$

注意，这组控制方程在高频电磁波问题中并不常用，主要是因为高频波动问题中的导体一般看作理想电导体或完美电导体（Perfect Electric Conductor，PEC），其内部不存在电磁场，表面的电场 $\vec{E}$ 仅存在法向分量。同时为方便施加入射波等激励源，因此更多的是采用以 $\vec{E}$ 为变量导出的二阶矢量波动方程[8]。

（4）瞬态电磁场　在分析电气设备非正弦瞬态激励时的电磁场分布时，需要采用瞬态电磁场求解。此外即使激励源呈正弦变化，但求解区域含有非线性材料时，严格来说此时的电磁场分布也是非正弦的，因此在高压电力装备、电机、变压器等低频设备仿真中，瞬态磁场分析的应用很广泛。

在高电压电力装备绝缘分析计算领域，为了分析绝缘介质中的瞬态电场分布，往往可以忽略介质中的磁场能量，采用拟静态电场来建立近似模型。与频域交流电场相对应，时域瞬态电场满足以下方程：

$$\nabla\cdot\left[\left(\sigma+\varepsilon\frac{\partial}{\partial t}\right)\nabla\varphi\right]=0 \qquad (1\text{-}26)$$

在电气设备、电力传输和生物医学等领域的电磁分析中，一般结构的尺寸远远小于最小工作波长，即为电小尺寸问题。此时可以忽略电磁波动效应，即麦克斯韦方程式（1-1）右端的两项中，位移电流密度与传导电流密度相比可以忽略不计，这类电磁场通常称为拟静态磁场（或者称为时域涡流场）。与频域涡流场相对应，以 $\vec{A}\text{-}\varphi$ 表示的时域涡流场满足以下方程组：

$$\begin{cases} \nabla\times(\nu\nabla\times\vec{A})+\sigma\left(\dfrac{\partial\vec{A}}{\partial t}+\nabla\varphi\right)=\vec{J}_{\mathrm{s}} & (1\text{-}27\mathrm{a}) \\[2mm] \nabla\cdot\left[\sigma\left(\dfrac{\partial\vec{A}}{\partial t}+\nabla\varphi\right)\right]=0 & (1\text{-}27\mathrm{b}) \end{cases}$$

与交变全波电磁场的频域方程组相对应，瞬态全波电磁场满足的控制方程组为

$$\begin{cases} \nabla\times(\nu\nabla\times\vec{A})+\left(\sigma+\varepsilon\dfrac{\partial}{\partial t}\right)\left(\dfrac{\partial\vec{A}}{\partial t}+\nabla\varphi\right)=\vec{J}_{\mathrm{s}} & (1\text{-}28\mathrm{a}) \\[2mm] \nabla\cdot\left[\left(\sigma+\varepsilon\dfrac{\partial}{\partial t}\right)\left(\dfrac{\partial\vec{A}}{\partial t}+\nabla\varphi\right)\right]=0 & (1\text{-}28\mathrm{b}) \end{cases}$$

该方程可以用于研究电磁波的辐射问题，其中此时由于激励频率为高频且电磁结构为电大尺寸，故良导体内的电磁场一般不考虑，其边界近似为 PEC 边界。根据本章参考文献 [10]，式（1-28）的计算格式在实际工程应用中存在低频崩溃等问题，因此需要对其进行改进，比如在电小尺寸问题的分析中忽略 $\vec{A}$ 的二阶时间导数所表示的波动项，只考虑无旋电场分量时变所产生的磁场，即 Darwin 模型。本书主要关注低频电磁场有限元数值方法及 FreeFEM 编程实现，所涉及的内容及编程案例对于高频电磁波问题的算法编程也具有指导意义（比如高频电磁波分析时的未知量 $\vec{E}$ 与低频时的 $\vec{A}$ 一样可以采用棱单元基函数离散，同时也都涉及双旋度算子的离散等）。

1.1.3　电磁场问题的边界条件

对于实际低频电气工程问题的数值分析，场矢量在求解区域边界上的分布时通常很难精确给出。因此，在确定场域边界及施加边界条件时，需小心处理合理简化，从而在方便有限元数值处理的同时又能保证足够高的计算精度。

（1）近似无穷远边界　无限大开域问题在低频电磁场计算中非常常见。尽管电磁场能量并非局限在有限的区域，但由于电磁场量的衰减，当求解区域取得足够大时，可近似认为在边界上电磁能量已近似衰减到零。在充分大有限截断区域的边界处，施加近似无穷远边界可以保证计算结果有足够精度，即令

$$\vec{B}=0, \vec{E}=0 \tag{1-29}$$

上述条件可以再细化为 $\vec{B}$ 的法向/切向分量为 0 以及 $\vec{E}$ 的法向/切向分量为 0。由于电磁场量的衰减，设置法向及切向分量同时为零或者仅仅设置某个方向分量为 0，这两种选取方法不会对结果产生什么影响，主要根据对所选取的基函数自由度施加边界条件的方便程度而选择合适的方案。

对于电场问题，采用标量电位计算时，对应的近似无穷远边界条件为 $\varphi=0$（$\vec{E}$ 的切向分量为 0 蕴含无穷远边界处 φ 为常数），或者施加自然边界条件 $\frac{\partial\varphi}{\partial n}=0$（$\vec{E}$ 或 $\vec{J}$ 的法向分量为 0）。另外也有学者提出对两种边界条件的两种解求平均值，可以更好地近似真正的无穷远边界[11]。

对于静磁场及低频涡流场问题，可以取充分大的空气区域包围所分析的结构。当采用矢量磁位 $\vec{A}$ 或标量磁位 φ_m 进行计算时，近似无穷远边界条件为 $\vec{A}=0$，$\varphi_m=0$。如果对矢量磁位 $\vec{A}$ 采用棱单元进行离散，则在截断边界施加其切向分量为 0。可以证明，该边界条件蕴含 $\vec{B}$ 的法向分量为 0[9]。

（2）电场问题的常见边界条件　电场问题分析中常见的情况是给定电极表面（或整个电极导体）的电位，对于给定导体表面或者导体电位的情况，边界条件或者激励条件为

$$\varphi=\varphi_i (i=1,2,\cdots,N) \tag{1-30}$$

式中，φ_i 为施加的电位值；N 为电极（电位端口）数量。注意，当给定整个电极的电位时，电极可以是在求解区域的内部。对于常数电位边界（等电位边界），电场 $\vec{E}$ 只有法向分量。

当区域边界与电场线平行时，电场 $\vec{E}$ 只有切向分量，法向分量为 0，此时电位满足以下边界条件：

$$\vec{E}\cdot\vec{n}=-\frac{\partial\varphi}{\partial n}=0 \tag{1-31}$$

（3）磁场与涡流问题：边界上满足 $\mu=\infty$，$\sigma=0$　对于含有感应涡流实体导体的磁场分析问题，在满足 $\mu=\infty$，$\sigma=0$ 的边界处，由于 $\sigma=0$，故不存在涡流；当求解区域内的总电流之和为 0，即 $\sum i=0$ 的条件（如变压器绕组安匝平衡时的叠片铁心窗口区域内）时，由于边界外区域 $\mu=\infty$，所以磁场应垂直地进入边界面[12]，即磁场强度的切向分量为 0

$$\vec{n}\times\vec{H}=0 \tag{1-32}$$

此时的边界也称为理想磁导体或者完美磁导体边界（Perfect Magnetic Conductor，PMC）。用矢量磁位表示磁场时，式（1-32）化为

$$\begin{cases} \dfrac{\partial A_{\mathrm{n}}}{\partial \tau} - \dfrac{\partial A_{\tau}}{\partial n} = 0 & (1\text{-}33\mathrm{a}) \\[3mm] \dfrac{\partial A_{\mathrm{n}}}{\partial t} - \dfrac{\partial A_{\mathrm{t}}}{\partial n} = 0 & (1\text{-}33\mathrm{b}) \end{cases}$$

式中，n 表示边界表面任意位置的法向量；τ、t 为切平面独立坐标系的两个单位向量。当铁磁材料在计算域外，且不计其中的涡流时，就可按这类边界处理。

（4）磁场与涡流问题：边界上满足 $\sigma = \infty$　满足 $\sigma = \infty$ 条件的边界，即理想电导体边界（PEC）。当有任何法向时变磁场分量进入理想导体时，边界面内会产生感应涡流，从而将进入的法向磁场排斥出去，使得边界面只存在磁场的切向分量，不存在法向分量，即

$$\vec{n} \cdot \vec{B} = 0 \tag{1-34}$$

用矢量磁位表示时为

$$\vec{n} \times \vec{A} = 0 \tag{1-35}$$

$$\frac{\partial A_{\mathrm{n}}}{\partial n} = 0 \tag{1-36}$$

式（1-35）表示 $\vec{A}$ 沿曲面的两个切向坐标分量为 0；式（1-36）表示 $\vec{A}$ 的法向分量的法向导数为 0。

（5）磁场与涡流问题：对称面边界　对称边界条件包括奇对称和偶对称两大类。奇对称边界可以模拟设备的对称面，在对称面的两侧场量满足大小相等，符号相反。偶对称边界也可以模拟设备的对称面，在对称面的两侧场量满足大小相等，符号相同。采用对称边界条件可以减小模型的尺寸，有效地节省计算资源。对于存在几何对称面的三维涡流问题，在有些三维涡流问题中，存在着几何对称面。若对称面上 $\vec{H}$ 的切向分量为 0，则可按照上述（3）中的情况给出边界条件；若对称面上 $\vec{B}$ 的法向分量为 0，则可按照上面（4）中的情况施加边界条件。

（6）周期性边界条件　对于旋转电机等具有周期性几何结构的电磁设备，其场量沿几何结构呈周期性变化。针对该类电磁设备可利用周期性边界条件，从而达到提高计算精度、加快求解速度等目的。周期性边界条件分为整周期性边界条件与半周期性边界条件两类[9]。设求解区域为扇环 $ABB'A'$，如图 1-2 所示。当满足整周期条件时有

$$\vec{A}\,|_{AB} = \vec{A}\,|_{A'B'} \tag{1-37}$$

当满足半周期条件时有

$$\vec{A}\,|_{AB} = -\vec{A}\,|_{A'B'} \tag{1-38}$$

这时，由于在 AB 与 $A'B'$ 上的各对应点的 $\vec{A}$ 值绝对值相等，因此其中一条边（如 $A'B'$）的节点的 $\vec{A}$ 值不必求解。

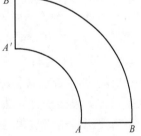

图 1-2　周期性边界条件示意图

1.1.4　电磁场的激励源

电磁场不同形式的源会产生不同特性的电磁场，激发电磁场的源又称为激励。下面简单介绍几种常见的激励源形式。

（1）电荷　静电场是由相对于观察者静止且量值不随时间变化的电荷所产生的。根据电荷的分布形式，可分为点电荷、线电荷、面电荷及体电荷等。

（2）电压源　电压源激励在电场问题分析中最常见，一般是给定电极导体表面或整个

电极的电位作为激励，用于求解静电场、恒定电场、交流传导电场及瞬态电场。另外由于导体给定电压源之后会在导体中产生电流，而电流又是磁场的源，因此磁场计算时对线圈或者实体导体也可以施加电压源激励。

（3）浮动电位　电力设备或电子器件中的金属部件、金属薄片或金属颗粒由于某些原因或者均匀电场的目的而没有接地，当其处于高电压与低电压导体之间时，在这一金属物体上将产生对地电位，即浮动电位。达到静电平衡时，该导体为等势体。对这种特殊的激励（或称为约束条件），在静电场有限元计算过程中可以将该导体上所有节点的电位设置为相同自由度。另外若不考虑电荷弛豫过程，且浮动导体材料的时间常数相对于所分析的时间尺度远远小，则在瞬态场分析时也可以将其看作是等势体。

（4）电流源　电流激励是磁场的源，电流源根据电荷的分布形式可分为线电流、面电流、体电流等。其中，导体中的电流根据导线中电流密度是否均匀分布可分为线圈导体与实体导体[10]。线圈导体由很多匝彼此绝缘的导线绕制而成，每匝导线中的电流密度被认为是均匀分布且不考虑涡流影响，而实体导体线圈中的电流分布需考虑感应涡流的影响，端口截面中的电流密度一般不是均匀分布的。

（5）永磁体　随着永磁材料的应用越来越广泛，永磁机电设备的电磁分析设计也越来越常见。由于永磁磁场分析中的磁体分布复杂，充磁方向有任意性，所以它与传导电流源作为激励产生电磁场的计算有许多不同。关于永磁磁场的数值计算，目前采用的方法有等效面电流法和直接考虑体积磁化强度的有限元法。前者不适宜计算具有充磁方向上尺寸较小而与其垂直方向上尺寸较大的永磁体的永磁磁场，后者则具有很强的适应性[13,14]。

（6）外电路激励　电流是磁场的激励源，应用有限元法进行时变电磁场分析时，为分析方便可以根据经验预先指定源电流区域的电流密度。但是实际上，产生源电流的线圈一般由已知的电压源供电。源电流的大小和波形由电压源、外电路中的阻抗和有限元分析区域中的电磁结构阻抗共同决定，因此很难预先得知电流密度的空间分布和时间变化。为了得到源电流的大小及分布，需进行电磁场与电路系统的耦合分析。

场与路的耦合算法可分为两大类，即间接耦合与直接耦合。间接耦合法通常以电路系统中的源电流和电磁场分析中的电磁位作为未知函数，对电路方程和电磁场方程分别求解，二者的耦合通过迭代过程来实现彼此间的数据传递。其优点是可以保持电磁位有限元离散化方程组系数矩阵的对称性和稀疏性，在通用的有限元分析程序的基础上很容易添加电路系统方程并完成场-路耦合求解程序的编写。该方法的缺点主要是迭代过程过长、收敛性不足及计算误差较大。直接耦合算法或场路强耦合法将电路方程自由度和电磁场方程自由度联立求解，不需要引入迭代过程。但建立对称有限元耦合格式及实现任意电路-电磁场耦合分析需要一定算法设计能力和软件开发经验[10]，另外电磁装备如果含有运动部件，则更增加了场路耦合分析有限元算法开发的难度[9,15]。

1.2　电磁场数值计算有限元法介绍

经过 80 多年的发展，有限元法已成功应用于电磁场、应力场、温度场、流体场及多物理场耦合分析等领域。有限元法的基本思想是将有限大小连续分布的求解区域划分为有限个简单形状的子区域，这些子区域称为"单元"或"有限元"。在每个单元内用满足一定连续性条件的分片光滑函数（形状函数）来近似表示局部单元内的场量分布，每个单元的场量分布拼接起来形成整个求解域上待求的场函数分布。单元基函数（形状函数）的构造应满足一定的局部连续性及整体连续性，工程电磁场数值计算中常用的基函数包括标量节点元（一阶及二阶、三角形或者四面体）和棱单元（单元界面处仅满足切向分量连续性）等。

与某个节点相关联的单元形状函数拼接形成帐篷函数，即有限元空间的基函数。通过确定一组基函数下的展开系数（未知场函数在单元节点或棱边上的插值系数），可以在有限元空间按照某种度量逼近待求问题的真解。插值系数的确定需要求解与原偏微分方程定解问题等价的积分形式的变分问题。通过构造有限元空间的局部非零基函数，可以使得变分方程在每个单元上的积分运算非常简单。经过对每个单元进行遍历计算，再将单元分析的结果（包括单元系数矩阵及右端项）合成起来，就可以得到以全部插值系数为未知量的整体矩阵方程。同时因为有限元基函数仅在局部几个单元非零，所以最后生成的系数矩阵为稀疏矩阵，结合当代稀疏矩阵求解技术可更进一步加快求解过程。有了网格数据之后，有限元法的单元分析、整体合成及边界条件的处理都有了成熟的计算机编程算法，很容易使用计算机处理来实现有限元计算。下面以一个简单的例子说明有限元法的基本原理。

1.2.1　二维静电场有限元法初步

本节以一个二维静电场问题为例，首先给出问题描述及微分方程边值问题的数学表达，其次介绍采用有限元方法求解时的弱形式推导过程，采用线性基函数时的单元分析及整体合成过程，边界条件的处理方法，代数方程组的求解方法，最后介绍如何进行有限元结果的精度验证。

1. 问题描述

如图 1-3a 所示二维区域（为方便起见，未按真实尺寸绘制），其中圆形电极（半径为 0.2m）区域给定电位 $\varphi_1 = 1V$，正方形区域（2m×2m）的四条边界为薄片导体且给定电位 $\varphi_0 = 0V$。电极之间充满了均匀的线性电介质，相对介电常数 $\varepsilon_r = 5$，同时假设空间中不存在自由电荷。由于问题的几何模型、材料参数及边界条件关于 x、y 轴都对称，静电场及电位分布同样有相应的对称性，故可将该问题简化为图 1-3b 所示的 1/4 区域计算模型（甚至是 1/8 模型），从而通过缩小区域并施加对称边界条件来降低计算量，达到加快求解速度的目的，这在三维问题计算中也非常常见。

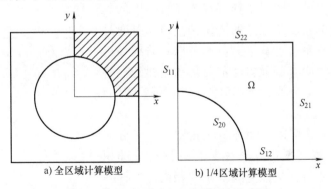

a) 全区域计算模型　　　　b) 1/4 区域计算模型

图 1-3　两电极间静电场计算模型示意图

对于图 1-3b 给出的 1/4 区域计算模型，施加以下的边界条件。其中在对称边界 S_{11}、S_{12} 上，由于电场强度只存在切向分量，故法向分量为 0

$$\vec{E} \cdot \vec{n} = -\frac{\partial \varphi}{\partial n} = 0 \tag{1-39}$$

边界 S_{21}、S_{22} 上，给定电位 $\varphi = 0$；边界 S_{20} 上，给定电位 $\varphi = 1$。

由于均匀电介质中不存在自由电荷，所以此时直角坐标系下的静电场控制方程可以表示为拉普拉斯方程，即

$$-\frac{\partial}{\partial x}\left(\varepsilon \frac{\partial \varphi}{\partial x}\right) - \frac{\partial}{\partial y}\left(\varepsilon \frac{\partial \varphi}{\partial y}\right) = 0 \tag{1-40}$$

2. 微分方程定解问题

综上，该静电场边值问题可以归纳为

$$-\frac{\partial}{\partial x}\left(\varepsilon \frac{\partial \varphi}{\partial x}\right) - \frac{\partial}{\partial y}\left(\varepsilon \frac{\partial \varphi}{\partial y}\right) = 0 \tag{1-41}$$

边界 S_{11} 与 S_{12} 上

$$\frac{\partial \varphi}{\partial n} = 0 \tag{1-42}$$

边界 S_{21} 与 S_{22} 上

$$\varphi = 0 \tag{1-43}$$

边界 S_{20} 上

$$\varphi = 1 \tag{1-44}$$

3. 有限元弱形式

有限元计算时，首先需要将上述偏微分方程定解问题转化为与之等价的积分形式的变分形式（variational form）或者弱形式（weak form）。在对弱形式进行离散求解时，需要对计算区域进行网格划分，其目的是将连续的计算区域离散为一定数量的网格单元（对于二维几何模型，单元可以有不同的几何形状，如三角形、四边形及多边形等），并在单元上定义自由度（即通常所说的未知数，或者有限元基函数下的展开系数），自由度与基函数的线性组合构成了试探函数空间，即有限元空间。有限元方法即在有限维试探空间中求解微分方程定解问题的近似数值解，该数值解满足有限元弱形式并与一组自由度唯一对应。对于弱形式，根据有限元网格进行空间离散并计算积分，可得到与有限元网格对应的所有自由度的代数方程组。求解方程组之后，即可得到所有单元自由度的具体取值，进而每个单元任意位置的电位函数值均可通过有限元基函数及展开系数计算得到。本节以一阶线性三角形网格单元为例说明有限元方法的具体求解过程。将图 1-3b 中的计算区域划分为 n 个三角形单元，得到图 1-4 所示的网格划分示意图。

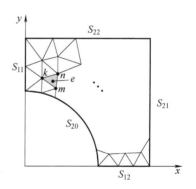

图 1-4　网格划分示意图

推导变分方程时，可以采用加权余量法，将微分方程两边同乘以权函数（或叫检验函数）并进行分部积分[7]，最后取权函数与有限元空间基函数相同，即得到有限元变分方程或弱形式。将式（1-41）两边同乘以任意的 W_i 并在整个计算区域积分，应用分部积分公式可将原微分方程中关于 φ 的二阶偏导数转化为以下两个一阶导数乘积的形式：

$$R_i = -\int_\Omega W_i \left\{ \frac{\partial}{\partial x}\left(\varepsilon \frac{\partial \varphi}{\partial x} \right) + \frac{\partial}{\partial y}\left(\varepsilon \frac{\partial \varphi}{\partial y} \right) \right\} \mathrm{d}\Omega$$
$$= \int_\Omega \varepsilon \left(\frac{\partial W_i}{\partial x} \frac{\partial \varphi}{\partial x} + \frac{\partial W_i}{\partial y} \frac{\partial \varphi}{\partial y} \right) \mathrm{d}\Omega - \oint_{\partial\Omega = \Gamma} W_i \left(\varepsilon \frac{\partial \varphi}{\partial n} \right) \mathrm{d}\Gamma \qquad (1\text{-}45)$$
$$= 0$$

式中，W_i 为权函数；R_i 表示当以 W_i 做权函数时微分方程的积分残量或余量。注意：若有 φ 满足微分方程边值问题，则其自然满足式（1-45）；反之未必。故式（1-45）是在弱意义 [微分方程式（1-41）的加权积分为 0] 下建立的方程。但可以证明若式（1-45）的弱解同时满足充分的光滑性条件，则该弱解也满足强意义 [逐点满足微分方程式（1-41）] 下的微分方程定解问题[7]。$\vec{n}$ 为区域边界微元处的外法向量；Γ 为计算区域 Ω 的边界。注意：在边界 S_{11}、S_{12} 上有 $\frac{\partial \varphi}{\partial n} = 0$，限制权函数在边界 S_{21}、S_{22} 及 S_{20} 上取值为零，即 $W_i = 0$，故式（1-45）中的边界积分项为 0。令方程式（1-45）对选取的有限维函数空间中任意的权函数或检验函数成立，则可以建立相应的有限维代数方程。

4. 单元分析及整体合成

整个计算域 Ω 上的积分式（1-45）可表示为各网格单元积分加和的形式，即

$$\int_\Omega \frac{\partial W_i}{\partial x}\left(\varepsilon \frac{\partial \varphi}{\partial x} \right)\mathrm{d}\Omega + \int_\Omega \frac{\partial W_i}{\partial y}\left(\varepsilon \frac{\partial \varphi}{\partial y} \right)\mathrm{d}\Omega = \sum_{e=1}^{N_e} \int_{\Omega_e} \frac{\partial W_i}{\partial x}\left(\varepsilon \frac{\partial \varphi}{\partial x} \right)\mathrm{d}\Omega_e + \sum_{e=1}^{N_e} \int_{\Omega_e} \frac{\partial W_i}{\partial y}\left(\varepsilon \frac{\partial \varphi}{\partial y} \right)\mathrm{d}\Omega_e = 0 \quad (1\text{-}46)$$

任意单元 e 上的积分对加权残量的贡献为

$$R_i^e = \int_{\Omega_e} \left(\varepsilon \frac{\partial \varphi}{\partial x} \right) \frac{\partial W_i}{\partial x}\mathrm{d}\Omega_e + \int_{\Omega_e} \left(\varepsilon \frac{\partial \varphi}{\partial y} \right) \frac{\partial W_i}{\partial y}\mathrm{d}\Omega_e \qquad (1\text{-}47)$$

所有计算区域中任意空间位置的电位可以通过展开系数（或节点电位值）的插值函数获得，即

$$\varphi = \sum_{j=1}^{n} \varphi_j N_j(x, y) \qquad (1\text{-}48)$$

式中，n 为有限元网格节点的总数；N_j 为给定的已知函数，称为节点 j 的基函数[7]；φ_j 是待定展开系数即自由度。假设 φ 在每个三角单元内线性变化并满足整体 C^0 连续，则线性有限元在基函数下，展开系数 φ_j 的意义为节点 j 上的电位函数值。

对于图 1-4 中所示的任一网格单元 e，其节点编号按逆时针顺序依次记为 k、m、n。假设与编号节点相对应的电位值分别为 φ_k、φ_m、φ_n，则单元任意位置的电位 $\varphi(x, y)$ 可通过以下的线性插值函数表示：

$$\varphi = a + bx + cy \qquad (1\text{-}49)$$

式中，a、b 和 c 为待定系数，由节点电位插值条件确定。将节点坐标及对应的电位值代入（1-49）有

$$\begin{cases} \varphi_k = a + bx_k + cy_k & (1\text{-}50\mathrm{a}) \\ \varphi_m = a + bx_m + cy_m & (1\text{-}50\mathrm{b}) \\ \varphi_n = a + bx_n + cy_n & (1\text{-}50\mathrm{c}) \end{cases}$$

解上述方程可以得到系数 a、b 和 c 的表达式

$$\begin{cases} a = \dfrac{1}{2\Delta}(p_k\varphi_k + p_m\varphi_m + p_n\varphi_n) & (1\text{-}51a) \\[2mm] b = \dfrac{1}{2\Delta}(q_k\varphi_k + q_m\varphi_m + q_n\varphi_n) & (1\text{-}51b) \\[2mm] c = \dfrac{1}{2\Delta}(r_k\varphi_k + r_m\varphi_m + r_n\varphi_n) & (1\text{-}51c) \end{cases}$$

式中

$$p_k = x_m y_n - y_m x_n,\ p_m = x_n y_k - y_n x_k,\ p_n = x_k y_m - y_k x_m$$

$$q_k = y_m - y_n,\ q_m = y_n - y_k,\ q_n = y_k - y_m$$

$$r_k = x_n - x_m,\ r_m = x_k - x_n,\ r_n = x_m - x_k$$

这里，Δ 为三角形单元的有向面积

$$\Delta = \frac{1}{2}\begin{vmatrix} 1 & x_k & y_k \\ 1 & x_m & y_m \\ 1 & x_n & y_n \end{vmatrix} = \frac{1}{2}(q_k r_m - q_m r_k) \qquad (1\text{-}52)$$

代入式（1-48）中可得

$$\varphi(x,y) = \sum_i \frac{1}{2\Delta}(p_i + q_i x + r_i y)\varphi_i,\ i = k, m, n \qquad (1\text{-}53)$$

通常简写为

$$\varphi = N_k\varphi_k + N_m\varphi_m + N_n\varphi_n \qquad (1\text{-}54)$$

$$\begin{cases} N_k = \dfrac{1}{2\Delta}(p_k + q_k x + r_k y) & (1\text{-}55a) \\[2mm] N_m = \dfrac{1}{2\Delta}(p_m + q_m x + r_m y) & (1\text{-}55b) \\[2mm] N_n = \dfrac{1}{2\Delta}(p_n + q_n x + r_n y) & (1\text{-}55c) \end{cases}$$

在应用加权余量法进行数值计算时，需要选择适当的基函数和权函数。若基函数 N_i 与权函数 W_i 一致，这种方法称为伽辽金（Galerkin）有限元法，那么式（1-47）中的各导数项为

$$\begin{cases} \dfrac{\partial\varphi}{\partial x} = \dfrac{1}{2\Delta}(q_k\varphi_k + q_m\varphi_m + q_n\varphi_n) \\[2mm] \dfrac{\partial\varphi}{\partial y} = \dfrac{1}{2\Delta}(r_k\varphi_k + r_m\varphi_m + r_n\varphi_n) \\[2mm] \dfrac{\partial W_i}{\partial x} = \dfrac{1}{2\Delta}q_i \\[2mm] \dfrac{\partial W_i}{\partial y} = \dfrac{1}{2\Delta}r_i \end{cases} \qquad ,\ i = k, m, n \qquad (1\text{-}56)$$

最后式（1-47）中的残量表达式为

$$R_i^e = \frac{\varepsilon}{4\Delta}\sum_{i,j=k,m,n}(q_i q_j + r_i r_j)\varphi_j \qquad (1\text{-}57)$$

这里，R_i^e 又可称为关于单元 e 第 i 个节点的单元余量。式（1-57）写作矩阵形式为

$$
\begin{bmatrix} R_k^e \\ R_m^e \\ R_n^e \end{bmatrix} = \frac{\varepsilon}{4\Delta} \begin{bmatrix} q_k^2+r_k^2 & q_k q_m+r_k r_m & q_k q_n+r_k r_n \\ q_m q_k+r_m r_k & q_m^2+r_m^2 & q_m q_n+r_m r_n \\ q_n q_k+r_n r_k & q_n q_m+r_n r_m & q_n^2+r_n^2 \end{bmatrix} \begin{bmatrix} \varphi_k \\ \varphi_m \\ \varphi_n \end{bmatrix} = \boldsymbol{K}_e \begin{bmatrix} \varphi_k \\ \varphi_m \\ \varphi_n \end{bmatrix} \tag{1-58}
$$

式中，矩阵 $\boldsymbol{K}_e$ 称作单元刚度矩阵，类似地可以得到其他所有单元的刚度矩阵。

各个单元刚度矩阵中的元素按其所在行列对应节点的全局编号，可以叠加到总体刚度矩阵 $\boldsymbol{K}$ 中相应的位置，从而形成整体刚度矩阵[7]。具体实现方法举例说明如下：首先将总体矩阵 $\boldsymbol{K}$（维数为 $n \times n$）中的所有元素置零，此时

$$
\boldsymbol{K} = \begin{bmatrix} 0 & \cdots & 0 \\ \vdots & \ddots & \vdots \\ 0 & \cdots & 0 \end{bmatrix} \tag{1-59}
$$

接下来，将 1 号三角单元（假设三个网格节点按照逆时针顺序的全局编号为 $k=1$，$m=2$，$n=4$）的单元刚度矩阵为

$$
\boldsymbol{K}_1 = \frac{\varepsilon}{4\Delta} \begin{bmatrix} q_1^2+r_1^2 & q_1 q_2+r_1 r_2 & q_1 q_4+r_1 r_4 \\ q_2 q_1+r_2 r_1 & q_2^2+r_2^2 & q_2 q_4+r_2 r_4 \\ q_4 q_1+r_4 r_1 & q_4 q_2+r_4 r_2 & q_4^2+r_4^2 \end{bmatrix} = \begin{bmatrix} k_{11}^1 & k_{12}^1 & k_{14}^1 \\ k_{21}^1 & k_{22}^1 & k_{24}^1 \\ k_{41}^1 & k_{42}^1 & k_{44}^1 \end{bmatrix} \tag{1-60}
$$

将 1 号三角单元刚度矩阵 $\boldsymbol{K}_1$ 中各元素按其下标地址累加到总体矩阵 $\boldsymbol{K}$ 的相应位置，此时有

$$
\boldsymbol{K} = \begin{bmatrix} k_{11}^1 & k_{12}^1 & 0 & k_{14}^1 & \cdots & 0 \\ k_{21}^1 & k_{22}^1 & 0 & k_{24}^1 & \cdots & 0 \\ 0 & 0 & 0 & 0 & \cdots & 0 \\ k_{41}^1 & k_{42}^1 & 0 & k_{44}^1 & \cdots & 0 \\ \vdots & \vdots & \vdots & \vdots & \ddots & \vdots \\ 0 & 0 & 0 & 0 & \cdots & 0 \end{bmatrix} \tag{1-61}
$$

其他单元的刚度矩阵也类似叠加到总体刚度矩阵中，就可以组装生成整体系数矩阵 $\boldsymbol{K}$（也叫全局刚度矩阵）。注意，由于拉普拉斯方程右端项（即激励项）为 0，故形成的有限元线性方程组右端荷载向量为 0。

5. 边界条件的处理及求解

在形成整体系数矩阵 $\boldsymbol{K}$ 后，还不能直接求解线性代数方程组，因为尚未处理第一类边界条件。对应第一类边界条件的节点，因为其电位为已知，所以可以移除这些节点对应的线性方程。把包含第一类边界条件的系数项作为已知量移到方程的右端之后，可以得到剩余自由度的方程[7]。另外也可以保留第一类边界条件对应的自由度，将这些自由度编号（设第 i 个节点位于第一类边界，相应自由度取值为 φ_i）对应的系数矩阵的对角线位置设置为一个充分大的实数 $\tan v$，同时第 i 个右端项分量修改为 $\varphi_i \times \tan v$，则既保持了原有矩阵 $\boldsymbol{K}$ 的对称性，同时又方便地解决了第一类边界条件的施加。最终形成的有限元线性代数方程组为

$$
\boldsymbol{K}\varphi = \boldsymbol{F}
$$

通过对以上线性方程组求解，可获得各节点的电位值。

6. 数值计算结果的精度验证

为了验证有限元计算结果的正确性和精度，下面与解析解进行比较。对于该二维静电场模型，其解析解表达式可以参考本章参考文献［16］

$$\varphi = \cfrac{1}{2\ln\cfrac{4a}{\pi r} - 4k} \sum_{n=-\infty}^{+\infty} (-1)^n \ln \cfrac{1 + \cfrac{\cos\cfrac{\pi y}{2a}}{\cosh\cfrac{\pi(x+2nb)}{2a}}}{1 - \cfrac{\cos\cfrac{\pi y}{2a}}{\cosh\cfrac{\pi(x+2nb)}{2a}}} \qquad (1\text{-}62)$$

式中，r 表示圆形电极半径，$a=b=1$，$r=0.2$，$k=0.08290$，(x,y) 为求解区域任一点的坐标。如果公式推导及编程正确，则有限元方法的计算精度将随着网格单元数量的增加而提高。当然，网格越密，计算量越大，计算时间越长。本节通过给出四种不同密度的有限元网格来说明网格节点数量对计算精度的影响，所采用的四套网格如图 1-5 所示。通过计算每套网格下数值解与精确解之间的 L^2 误差，可以发现加密网格对计算精度的提升（见表 1-1），并且达到了与理论分析相当的收敛阶[7]。

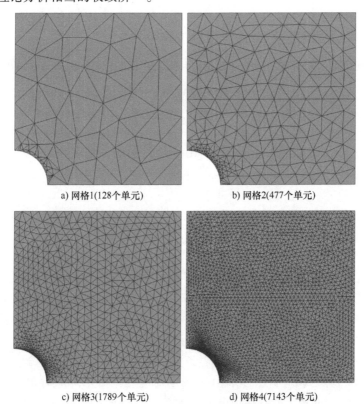

a) 网格1(128个单元)　　　　　　　　b) 网格2(477个单元)

c) 网格3(1789个单元)　　　　　　　　d) 网格4(7143个单元)

图 1-5　不同密度的有限元网格

表 1-1　采用分片线性单元，网格加密时的 L^2 误差收敛阶

单元数量	L^2 误差	收敛阶
128	5.2116×10^{-3}	
477	1.3659×10^{-3}	1.93
1789	3.5276×10^{-4}	1.95
7143	9.0999×10^{-5}	1.95

7. 高阶有限元基函数

采用有限元方法求解出标量电位 φ 之后，实际应用中还需要计算其梯度以得到电场强度 $\vec{E}$。由于在线性有限元空间中求解得到的 φ 仅具有分片线性逼近精度，因此在任意单元对 φ 求一阶空间导数将得到分片常数，对 $\vec{E}$ 的逼近精度存在不足。为了提升对 $\vec{E}$ 的逼近精度，可以对 φ 采用二次有限元基函数（三角单元上的六个二次有限元基函数如图 1-6 所示[10]）进行展开，求出 φ 之后，空间求导将得到分片线性分布的 $\vec{E}$。另外注意采用拉格朗日（Lagrange）有限元基函数，所得到的解仅满足 C^0 连续性，网格节点处的 $\vec{E}$ 值还需要额外的光滑处理方法进行计算。

扫码看彩图

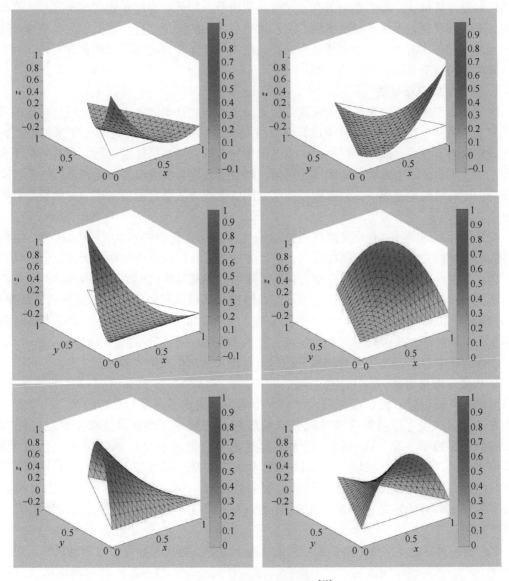

图 1-6　二次有限元基函数[10]

1.2.2　前处理网格技术

从上面所展示的算例可见,有限元方法的网格前处理过程对整个计算起着重要作用。一方面,对定解区域进行空间离散并生成有限元网格,才能定义有限元空间对与边值问题等价的变分问题进行有限元离散;另一方面,有限元网格单元的数量、形状与密度分布直接影响数值计算结果的精度、计算效率及计算机资源开销。网格前处理的主要目标是将定解区域的几何模型剖分为离散的有限元网格(常见的有二维三角形、四边形网格、三维四面体、六面体网格)。另外剖分后的网格要满足一定兼容性或协调性,比如网格节点不能悬挂在单元的棱边。由于有限元计算的误差依赖于三角单元的形状因子[7],因此网格单元形状要尽量规则以保证计算精度。最后理想的有限元计算网格节点的分布要尽量做到疏密有致,在数值解的局部大梯度变化区域布置更多的节点以解析空间中的快速变化。因此,为了生成理想的有限元网格,往往需要进行数次预处理及自适应调整才能得到定解问题的合理网格,所花费的时间可能占整个有限元分析的 $60\% \sim 70\%$[17]。

1. 网格生成方法概述

网格自动生成一直以来是有限元数值仿真的关键核心技术之一。其中,研究与复杂几何造型和复杂场分布相适应的网格生成算法一直是前沿热点问题[18]。近几十年来,虽然该领域的研究取得了一系列成果,但快速生成高质量的自适应网格仍任重道远,尤其是对于含有复杂三维解析曲面的电磁设备及部件。目前,随着工业界对数值模拟性能和速度的要求不断提升,作为数值模拟过程中的关键核心技术,网格生成方法及自适应网格加密的研究具有重要价值。

按照拓扑结构来分,有限元网格包括结构化和非结构化网格两类[10,18]。其中,结构化网格的拓扑结构关系简单且有规律可循,可以方便实现有限元算法的并行加速处理,计算效率较高,其缺点主要在于几何适应能力较差,难以处理复杂几何模型区域的剖分,此外在网格疏密控制及自动网格生成方面存在不足。非结构化网格则可以适应任意复杂的几何模型,局部区域的网格疏密容易控制,自动化程度高,应用非常广泛[10]。网格生成技术经过几十年的发展,目前比较通用的主流网格生成方法有映射法、推进波前法、Delaunay 法、四/八叉树法等,其中 Delaunay 法是目前最流行的全自动非结构化网格生成方法之一。

2. 自适应网格生成

网格节点的疏密有致,或者单元尺寸大小的控制决定了有限元求解的效率和精度。理想的有限元网格尺寸控制策略需兼顾分析精度和分析效率,即在保证求解精度的同时获得最高的计算效率。对于数值解呈现大梯度变化的"陡峭变化区域"采用小尺度网格,对于数值解的"光滑变化区域"则可以采用大尺度网格。但在缺乏掌握数值计算结果与解析解误差的前提下,网格尺度或尺寸控制很难精准预测。自适应网格生成的目标是得到适应解变化的最优网格,并最大限度地减少人工手动干预,自动生成满足计算需求的变密度网格。

常用的一种自适应网格方法是利用多次有限元计算,每次计算完成之后进行单元后验误差估计[10,19],并按照单元的误差大小进行排序,对误差最大的一定比例的网格单元进行反复局部加密调整,其对应的自适应有限元数值模拟流程如图 1-7 所示[18]。通过图 1-7,可以总结其计算过程如下:①创建几何模型;②生成初始网格;③施加边界条件;④有限元求解；⑤后验误差估计；⑥若总误差（比如两次计算能量的相对误差）大于设定的门槛（比如 1%），则利用误差估计子对网格单元进行局部调整（加密误差过大的局部区域，粗化误差足够小的局部区域），并返回步骤④；⑦若总误差足够小，则对数值计算结果进行输出及可视化。上述迭代过程被称为自适应有限元数值模拟，相应的网格生成过程则称为自适应网格生成。

扫码看彩图

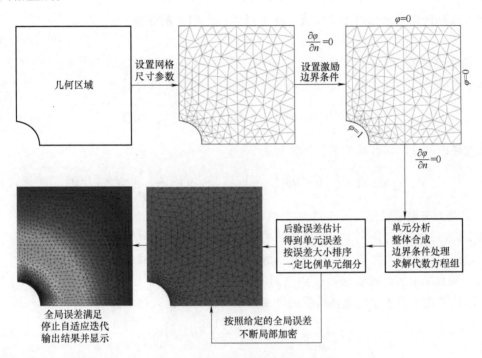

图 1-7　自适应有限元数值模拟流程

1.2.3　电磁场量的后处理方法

通过有限元法求解出电位或者磁位分布是不够的，在实际的工程问题中，还需要后处理得到其他局部物理场量及全局/集总参数，如磁感应强度、电场强度、电位移通量、电磁场能量、电磁力和力矩、电阻、电感、电容、阻抗和损耗等。这些局部物理场量，即全局参数可以通过对电位和磁位的数值解进行进一步后处理而得到，这个过程一般称为有限元计算的后处理。更准确地说，包括局部电磁场量的后处理以及集总参数的提取。

1. $\vec{E}$、$\vec{D}$、$\vec{B}$、$\vec{H}$ 的后处理

电场问题一般通过求解标量电位而间接得到，其中电场强度可由求导运算得出

$$\vec{E} = -\nabla\varphi \tag{1-63}$$

进而可以得到电位移通量

$$\vec{D} = \varepsilon\vec{E} \tag{1-64}$$

磁场问题经常通过求解矢量磁位而间接得到，其中磁通密度由下式确定：

$$\vec{B} = \nabla\times\vec{A} \tag{1-65}$$

进而可以得到磁场强度矢量

$$\vec{H} = \nu \vec{B} \tag{1-66}$$

对于涡流场问题，当采用 $\vec{A}$，$\varphi\text{-}\vec{A}$ 方法进行求解时，导体中的电场强度由下式确定：

$$\vec{E} = -\frac{\partial \vec{A}}{\partial t} - \nabla\varphi \tag{1-67}$$

求解区域任意单元内的磁通密度可以通过对 $\vec{A}$ 求旋度而得到

$$\vec{B} = \nabla \times \vec{A} \tag{1-68}$$

涡流区域任意单元内的感应电流密度 $\vec{J}$ 可通过本构关系得到

$$\vec{J} = \sigma \vec{E} \tag{1-69}$$

2. 电磁场能量

根据电磁理论，线性各向同性均匀介质中的电场能量可以表示为

$$W_{\mathrm{E}} = \int_\Omega W_{\mathrm{e}} \mathrm{d}\Omega = \frac{1}{2}\int_\Omega \vec{D} \cdot \vec{E} \mathrm{d}\Omega = \frac{1}{2}\int_\Omega \varepsilon \mid \nabla\varphi \mid^2 \mathrm{d}\Omega \tag{1-70}$$

线性各向同性均匀介质中的磁场能量为

$$W_{\mathrm{M}} = \int_\Omega W_{\mathrm{m}} \mathrm{d}\Omega = \frac{1}{2}\int_\Omega \vec{B} \cdot \vec{H} \mathrm{d}\Omega = \frac{1}{2}\int_\Omega \frac{1}{\mu} \mid \vec{B} \mid^2 \mathrm{d}\Omega = \frac{1}{2}\int_\Omega \frac{1}{\mu} \mid \nabla \times \vec{A} \mid^2 \mathrm{d}\Omega \tag{1-71}$$

3. 电磁力与电磁转矩

电工装备的设计与研究中，电磁力与力矩的计算，始终是电磁场分析的重要内容。经典电磁理论体提供了麦克斯韦应力张量法、虚位移法等方法[9]计算电磁力与力矩。

（1）麦克斯韦应力张量法　得到空间中的磁通密度分布后，进而通过麦克斯韦应力张量，可以计算置于磁场中的刚体所受的全局磁场力，计算公式如下：

$$\vec{F} = \frac{1}{\mu_0} \oiint_S \left[(\vec{B} \cdot \vec{n})\vec{B} - \frac{1}{2} \mid \vec{B} \mid^2 \vec{n} \right] \mathrm{d}S \tag{1-72}$$

式中，S 为位于空气中包围受力物体的任意闭合曲面；$\vec{n}$ 为曲面一点的单位外法矢量。理论上来说力的计算结果与封闭曲面（二维时为封闭曲线，所计算得到的结果是轴向单位长度部件受到的力）的选取无关，但是数值计算时由于存在空间离散及有限元逼近误差，因此闭合曲面的选择及网格空间分布都需要注意。力矩可用以下公式进行计算：

$$\vec{T} = \frac{1}{\mu_0} \oiint_S \left[(\vec{B} \cdot \vec{n})(\vec{r} \times \vec{B}) - \frac{1}{2} \mid \vec{B} \mid^2 (\vec{r} \times \vec{n}) \right] \mathrm{d}S \tag{1-73}$$

式中，$\vec{r}$ 为从旋转轴到曲面上某一点的径向矢量。

麦克斯韦张量法是形式简单而且直观方便的力和力矩的计算方法之一。但是计算结果常常在很大程度上依赖于计算时采用的有限元网格以及闭合曲面的选取。为了解决这种积分的敏感性，有学者研究了如何选择优化的积分曲面或者积分路径[9]。

（2）虚位移法　与麦克斯韦应力张量法相比，采用虚位移法[9]进行电磁力和力矩的后处理计算时，对有限元的网格分布及单元质量的依赖性不高，计算结果精度更加可靠，也是目前主流商业软件所采用的后处理技术。根据虚位移法，处于磁场中的物体（包括载流导体和磁性媒质）受到的作用力和力矩可按下式计算：

$$f_{\mathrm{g}} = -\frac{\partial W_{\mathrm{M}}}{\partial g} \tag{1-74}$$

$$T = -\frac{\partial W_M}{\partial \theta} \tag{1-75}$$

式中，W_M 为所研究系统的磁场能量，线性各向同性均匀介质情况下可由式（1-71）计算；g 表示虚位移广义坐标；θ 为角度坐标。上面两式在有限元后处理计算时，对有限元空间基函数的虚位移求导时，表达将相当繁琐[9]。为了方便编程及降低电磁力/转矩结果对网格的依赖性或敏感性，有国外学者提出鸡蛋壳法[20]。可以证明，该方法在连续情形与麦克斯韦应力张量法及虚位移法等效[20]。在编程方面，只需要在位于空气中的包围受力物体的一层单元内进行体积分计算，对网格敏感性不高，后面章节中将结合具体案例展示编程实现方法及其计算精度。电场力与电场转矩也可以采用类似的公式进行后处理计算。

4. 电容、电感、电阻、阻抗、导纳及参数矩阵提取

（1）电容及电容矩阵的提取方法　作为电路理论中的基本参数之一，电容的提取在建立等效电路中应用非常广泛。采用有限元方法进行电容参数提取时，可以通过对不同导体依次施加 1V 电压激励而其余导体接地，从而进行多次电场计算，得到多个电场分布。通过积分计算对应每个电场分布的能量来提取电容。自电容与部分电容分别由下式进行计算[21]：

$$W_{ij} = \frac{1}{2}\int_\Omega \vec{D}_i \cdot \vec{E}_j \mathrm{d}\Omega = \frac{1}{2}\int_\Omega \varepsilon \nabla\varphi_i \cdot \nabla\varphi_j \mathrm{d}\Omega \tag{1-76}$$

$$C_{ii} = 2W_{ii} \tag{1-77}$$

$$C_{ij} = W_{ij} - \frac{C_{ii} + C_{jj}}{2} \tag{1-78}$$

式中，φ_i 是第 i 个导体或端口施加 1V 电压激励，其余导体接地（0V 激励）时得到的静电场边值问题的解。

（2）电感及电感矩阵的提取方法　电感也是电路理论中的基本参数之一，电感及电感矩阵的计算也有类似上述静电场时的计算方法。从磁场能量的角度出发，电感矩阵元素 L_{ij} 的计算公式为[22]

$$L_{ij} = \int_\Omega \vec{B}_i \cdot \vec{H}_j \mathrm{d}\Omega \tag{1-79}$$

式中，$\vec{B}_i$ 是第 i 个导体回路施加 1A 电流激励，其余导体不加激励（或 0A 激励）时得到的静磁场边值问题的解。增量电感[23]的计算在实际中也非常重要，如果要计算非线性铁磁材料在某一工作点处的增量电感，则可以采用冻结磁导率方法，将非线性迭代收敛时的磁导率提取出来作为分片已知常数，再进行增量电感的提取。

（3）电阻及电阻矩阵的提取方法　计算单个导体的直流电阻，可通过欧姆定律来求解

$$R = U/I \tag{1-80}$$

式中，电压激励 $\varphi = U$ 通过对导体端口施加第一类边界条件，然后计算端口通过的电流

$$I = \int_S \vec{J} \cdot \mathrm{d}\vec{S} \tag{1-81}$$

当分析多端口导体网络的电阻矩阵时，可以通过对 n 个端口依次施加 1V 电压激励并进行 n 次有限元计算，其中每次有限元分析的解以下标 $i(i = 1, 2, \cdots, n)$ 进行区分，导体系统的损耗为

$$W_{ij} = \int_V \vec{E}_i \cdot \vec{J}_j \mathrm{d}U \tag{1-82}$$

得到电阻矩阵 $\boldsymbol{R}$。如果想得到电导矩阵，则可以通过求逆计算

$$\boldsymbol{G} = \boldsymbol{R}^{-1} \tag{1-83}$$

电阻网络的所有端口电流和所有端口电压之间的关系为

$$\boldsymbol{I} = \boldsymbol{G}\boldsymbol{U} \tag{1-84}$$

（4）阻抗及阻抗矩阵的提取方法 通过计算复频域电磁场中单个导体回路两端的电压、电流，随后通过复频域欧姆定律可获得导体回路的阻抗值[24]

$$Z = U/I \tag{1-85}$$

式中，复阻抗 Z 的实部为电阻，虚部为电抗。对于多个导体回路之间的阻抗矩阵提取，其计算公式可以参考本章参考文献［25］。

（5）导纳及导纳矩阵的提取方法 当分析非理想绝缘介质材料组成的结构的漏电导及电容时，可以采用交流频域电场进行分析。单端口导纳 Y 的计算可以通过以下公式：

$$Y = G - \mathrm{j}\omega C = \int_\Omega \vec{J}^* \cdot \vec{E}\mathrm{d}\Omega = \int_\Omega (\sigma - \mathrm{j}\omega\varepsilon)\vec{E}^* \cdot \vec{E}\mathrm{d}\Omega \tag{1-86}$$

式中，$\vec{E}^*$ 表示电场 $\vec{E}$ 的共轭。类似于静电场，当计算导纳矩阵时，可以对所有端口依次施加交流电压激励，然后利用不同激励下的电场矢量及全电流密度矢量进行积分运算，得到导纳矩阵的元素。

参 考 文 献

［1］ FONT R，PERIA F. The Finite Element Method with FreeFem＋＋ for beginners ［J］. Electronic Journal of Mathematics & Technology，2013，7（4）：289-307.

［2］ RIAHI M K. A Fast Eddy-current Non-destructive Testing Finite Element Solver in Steam Generator ［J］. Journal of Coupled Systems and Multiscale Dynamics，2016，4（1）：60-68.

［3］ PIRONNEAU O. Numerical Study of a Monolithic Fluid-Structure Formulation ［J］. Variational Analysis and Aerospace Engineering，Springer Optimization and Its Applications 116，2016.

［4］ BONAZZOLI M，DOLEAN V，HECHT F，et al. An Example of Explicit Implementation Strategy and Pre-conditioning for the High Order Edge Finite Elements Applied to the Time-Harmonic Maxwell's Equations ［J］. Computers & Mathematics with Applications，2018，75（5）：1498-1514.

［5］ FRANZA F，BOCCACCINI L V，FABLE E，et al. MIRA：a multi-physics approach to designing a fusion power plant ［J］. Nuclear Fusion，2022，6：No. 076042.

［6］ 冯慈璋，马西奎. 工程电磁场导论 ［M］. 北京：高等教育出版社，2000.

［7］ 胡建伟，汤怀民. 微分方程数值方法 ［M］. 北京：科学出版社，1999.

［8］ ZHU J，JIAO D. A Unified Finite-Element Solution From Zero Frequency to Microwave Frequencies for Full-Wave Modeling of Large-Scale Three-Dimensional On-Chip Interconnect Structures. IEEE Transactions on Advanced Packaging，2008，31（4）：873-881.

［9］ 谢德馨，杨仕友. 工程电磁场数值分析与优化设计 ［M］. 北京：机械工业出版社，2017.

［10］ ZHAO Y P. A novel fast remesh-free finite element method for optimal design of electric machines ［D］. PhD thesis，The Hong Kong Polytechnic University，2015.

［11］ SAITO Y，TAKASHI K，HAYANO S. Finite Element Solution of Unbounded Magnetic Field Problem Containing Ferromagnetic Materials ［J］. IEEE Transactions on Magnetics，1988，24（6）：2946-2948.

［12］ 汤蕴缪，梁艳萍. 电机电磁场的分析与计算［M］. 北京：机械工业出版社，2010.

［13］ 颜威利，杨庆新，汪友华. 电气工程电磁场数值分析［M］. 北京：机械工业出版社，2005.

［14］ 李泉凤. 电磁场数值计算与电磁铁设计［M］. 北京：清华大学出版社，2002.

［15］ FU W N, HO S L. Elimination of Nonphysical Solutions and Implementation of Adaptive Step Size Algorithm in Time-Stepping Finite-Element Method for Magnetic Field-Circuit-Motion Coupled Problems［J］. IEEE Transactions on Magnetics, 2010, 46（1）: 29-38.

［16］ BALCERZAK M J, RAYNOR S. Steady State Temperature Distribution and Heat Flow in Prismatic Bars with Isothermal Boundary Conditions［J］. International Journal of Heat & Mass Transfer, 1961, 3（2）: 113-125.

［17］ 朱桦. 三维有限元网格先进编辑技术研究［D］. 杭州：浙江大学，2014.

［18］ 梁义. 自适应表面网格生成研究［D］. 杭州：浙江大学，2011.

［19］ TANG Z Q, ZHAO Y P. Residual-type A Posteriori Error Estimates for 3-D Low-Frequency Stable Maxwell Formulations in Both Frequency and Time Domains［J］. IEEE Transactions on Magnetics, 2020, 56（1）: No. 7500604.

［20］ HENROTTE F, DELIÉGE G, HAMEYER K. The Eggshell Approach for the Computation of Electromagnetic Forces in 2D and 3D［J］. COMPEL-The International Journal for Computation and Mathematics in Electrical and Electronic Engineering, 2004, 23（4）: 996-1005.

［21］ CHEN G, ZHU H, CUI T, et al. ParAFEMCap: A Parallel Adaptive Finite-Element Method for 3-D VLSI Interconnect Capacitance Extraction［J］. IEEE Transactions on Microwave Theory and Techniques, 2012, 60（2）: 218-231.

［22］ ZHAO Y P, TANG Z Q. Accurate Extraction of Winding Inductances Using Dual Formulations without Source Field Computation［J］. IEEE Transactions on Magnetics, 2019, 55（6）: No. 7201504.

［23］ DEMERDASH N, FOUAD F, NEHL T. Determination of Winding Inductances in Ferrite Type Permanent Magnet Electric Machinery by Finite Elements［J］. IEEE Transactions on Magnetics, 1982, 18（6）: 1052-1054.

［24］ CHEN J Q, CHEN Z M, CUI T, et al. An Adaptive Finite Element Method for the Eddy Current Model with Circuit/Field Couplings［J］. SIAM Journal on Scientific Computing, 2010, 32（2）: 1020-1042.

［25］ DAVEY K R, ZHENG D L. Prediction and Use of Impedance Matrices for Eddy-Current Problems［J］. IEEE Transactions on Magnetics, 1997, 33（4）: 2478-2485.

第 2 章
FreeFEM 软件介绍及基本编程方法

2.1 FreeFEM 软件简介

FreeFEM（官方网址 https://freefem.org/）是法国皮埃尔与玛丽居里大学（简称 UPMC）雅克-路易·莱昂斯实验室（简称 LJLL）的 F. Hecht 教授[1]领导开发的一款开源多物理场偏微分方程组有限元求解软件，它是一个高度集成的开发环境，有一套经过精心设计的高级编程语法。用户可以像 C++编程那样声明整数、实数和复数变量、数组、字符串、稠密矩阵、稀疏矩阵、初等函数，甚至网格、有限元空间和变分形式，以及对这些变量的丰富操作函数：比如矩阵的求逆、有限元网格的截取、有限元方程的组装等。它支持丰富的第三方动态库，从而可以方便地调用 dll 库进行三维网格划分（tetgen）、矩阵方程求解（MUMPS）以及后处理网格绘图（medit）等功能。该软件目前支持 UNIX、Windows XP/Vista/7/8/10，以及 macOS 10 操作系统。FreeFEM 于 1987 年启动开发并不断更新至今，最初使用 Pascal 语言开发，后来采用 C 语言开发并发布的第一个版本是 FreeFEM 3.4，最新版本利用 C++的标准模板库（STL），采用模板和泛型编程技术进行了软件重构。最新版本的通用性得到了提升，包含了更加丰富细致的功能，有待读者根据软件文档进行探索思考以及编程应用。

FreeFEM 提供了丰富的数据类型和内置有限元空间，同时具有很强的适应性。除了可以计算二维和三维标量偏微分方程以外，还可以方便地编程求解偏微分方程组定解问题。另外也可以实现许多复杂多物理过程，如流固耦合，铸铝过程中液态熔液导体的洛伦兹力分布等仿真计算，多物理场数值计算中需要对不同物理场采用不同的有限元空间近似，不同的有限元多项式次数，甚至可能是不同的有限元网格，来达到更好的计算稳定性、计算精度和计算效率。软件支持丰富的并行区域分解方法，方便地进行多个子区域网格间的数据插值。对二维问题，在 FreeFEM 可以调用网格生成器生成非结构化的三角形网格并定义零阶到高达四阶的分片连续有限元空间，同时可以方便地进行多次有限元计算并根据度量张量自适应调整网格分布。对于三维长方体规则计算区域，可以采用内置的多层二维网格进行剖分。对于一般复杂区域，可以按照指定格式方便地导入或读取外部专业网格生成软件的剖分结果文件。

FreeFEM 官方网站上提供了包含详细使用说明的英文及中文用户技术手册，同时安装软件之后，路径下面包含了针对主要功能点而设计的丰富的案例脚本文件（edp 格式）。编写 FreeFEM 脚本程序 edp 文件求解边值问题时，只需要运行 FreeFEM 的可执行程序（通过 FreeFEM. exe 运行串行程序或者通过 FreeFEM-mpi. exe 运行并行程序），它便会读取 edp 脚本文件并对它进行逐行解释和运行，同时也给出脚本程序的错误提示信息，方便用户调试并改正。本书的所有功能说明及案例展示所使用的平台均为 Windows 10 操作系统，安装的是 FreeFEM 3. 61 的 Windows 64 位安装包。如果读者习惯 UNIX 或者 mac 等操作系统，可以参考用户手册中采用源代码进行编译及安装的详细命令。FreeFEM 软件提供开源的源程序代码，有能力的读者可以通过 C 或者 C++编程添加更加底层的有限元基函数或新功能，然后编译成专门的定制功能版本。总之，基于一定的有限元理论、电磁场理论和软件所提供的丰富案例程序，研究人员实际上是站在了巨人的肩膀上，这为计算电磁学的数值仿真及算法研究提供了非常好的学习科研平台，也对快速测试新的想法[2]或者复杂得多物理问题求解提供了一种快速解决方案。另外前面已经介绍，FreeFEM 在世界范围内被研究人员用于教学以及科研论文写作，在理解一定程度有限元理论的前提下，采用它是一个验证数值想法并形成仿真程序的快速工具。本书提供了大量解析案例和基准测试案例，目的在于通过这些例子使读者快速理解 FreeFEM 软件的语法及各种边界条件、激励条件及材料参数的处理技巧。

2.2　入门指南

2.2.1　FreeFEM 语言的特色及功能

由于采用了 C++的模板和泛型编程方法，所以 FreeFEM 语言是类型化和多态的。总的来说，它的语法是在 C++的基础上增加了一些与 TEX 非常相似的语法。脚本程序开发过程中，每个变量必须在说明语句中声明一个确定的类型，每条说明语句用标点符号"；"进行分离。同时为方便编程，还支持宏命令功能（支持传入参数，同时用标点符号"//"进行分离），使得重复冗长的语句可以通过使用事先定义的宏表达式进行简化。为了保证脚本程序的运行速度，FreeFEM 很少进行内部有限元数组的创建。类似 Matlab 等脚本语言编程，FreeFEM 也有语言解释上的时间开销，但总体来说大部分时候其执行速度和完全自编程的 C++程序没有明显差别。

FreeFEM 的特色之处可以总结概括为以下几点：

1）通过变分方程（实值或复值）来描述待求解的偏微分方程定解问题，提供接口访问内部向量和矩阵。

2）支持多变量、多方程、二维/三维、静态/瞬态、线性/非线性耦合偏微分方程组；用户只需要将多个方程求解时的迭代过程进行适当的表述，软件会将微分方程定解问题最终离散为一组线性方程问题。

3）通过分段或分片解析描述边界曲线或曲面以实现简单的几何信息输入。但 FreeFEM 并不是一个 CAD 造型系统，没有强大的几何运算和清理功能，比如当有两个边界相交时，用户必须指出二者的交点才能正确进行网格划分。

4）支持基于 Delaunay-Voronoi 算法的自动网格生成器，内部节点的密度正比于区域边界上网格节点的密度。边界上网格节点的密度由用户通过对该段参数曲线剖分的段数来控制，实际上是指定相邻两个边界节点的距离。

5）支持生成基于度量的各向异性自适应网格，这种度量可以由任一 FreeFEM 函数指定的 Hessian 矩阵自动计算。

6）高级的用户友好型输入语言，支持解析代数函数和有限元函数。

7）在一个边值问题求解中支持多套有限元网格，对不同网格上的数据自动插值，并且可以储存网格间的插值矩阵。

8）支持多种三角形及四面体单元基函数，比如线性单元，二次拉格朗日有限元，不连续 P1 单元，Raviart-Thomas 单元，非标量单元（棱边元，面单元）等。

9）支持不连续伽辽金有限元基函数（P0，P1dc，P2dc）及相邻单元边界任意一点处的跳跃量、平均值、构建矩阵时在边界上进行积分的相关命令关键词（jump，mean，intalledges）。

10）支持大量串行及并行线性方程组迭代法及直接法求解器（LU，Cholesky，Crout，CG，GMRES，UMFPACK，MUMPS，SuperLU…）以及特征值、特征向量求解器（ARPARK）。

11）实现了近似最优的执行速度（相比完全 C++ 直接自编程编译出来的可执行程序）。

12）支持在线制图或者云平台式的脚本运行环境，并生成 txt、eps、gnu 格式的数据文件及 mesh 文件供后续输入输出处理。无须任何安装，只要将编辑好的脚本复制到官方网站的"Code"窗口，单击"Run"即可远程运行并得到可视化结果。

13）丰富的例子和教程，提供的案例包括椭圆问题、抛物问题和双曲问题，Navier-Stokes 流体方程组，弹性力学方程组，流固耦合问题，特征值问题等等。同时支持 Schwarz 区域分解方法以及残量误差后处理计算用于生成自适应网格。

14）提供了基于 MPI 的并行可执行程序运行脚本加快计算速度（需要通过 FreeFEM-mpi.exe 运行并行程序）。

2.2.2　FreeFEM 程序的开发流程

FreeFEM 提供了一个高度集成的脚本程序开发环境，它的开发流程包含以下步骤：

边值问题建模：为了利用 FreeFEM 数值求解边值问题（包括求解区域、偏微分方程 PDE、边界条件与激励条件），必须首先将边值问题通过极小势能原理（Ritz 方法）或者虚位移原理（伽辽金方法）转化成与之等价的变分形式（variational form）或者弱形式（weak form），得到与原边值问题等价的积分形式的变分方程。其中基于 Ritz 方法可以得到边值问题的泛函极小化问题，基于虚功原理可以得到变分形式。当伽辽金方法的检验空间（test space）与试探空间（trial space）一致时，它与 Ritz 方法导出的弱形式的解是完全一样的，而且伽辽金方法的变分方程的推导更加简洁，即只需要将原 PDE 两边同时乘以检验函数，并采用多种形式的分部积分公式和边界条件信息即可导出。

在瞬态线性问题的时域仿真计算中，为了使计算高效，注意到变分方程系数矩阵在每个时间步都不变，只是右端项随时间步变化。因此对于这种多右端项问题，可以采用直接法在第一个时间步对系数矩阵做一次 LU 分解并重复利用 L 和 U 进行后续时间步线性方程的快速回代求解。一个典型的例子是线性瞬态热传导方程以及瞬态涡流场方程，FreeFEM 提供命令完成这些工作，包括调用直接法进行矩阵的分解以及存储 LU 因子。

脚本编程：在文本编辑器中（比如 txt 及 notepad++），逐行写出 FreeFEM 的代码，并保存为 edp 格式（比如 mycode. edp）。

程序运行：通过在终端模式中执行命令（比如"FreeFEM. exe mycode. edp"）运行脚本程序。

可视化：当 FreeFEM 运行脚本程序时，遇到关键词"plot"会进行绘图来展示函数图形，遇到"wait = 1"参数会在绘图时暂停程序，还可以使用 ps = "toto. eps"参数来生成文件以保存绘图结果。

程序调试：在程序开发过程中，一边执行一边展示结果实时观察是一个好的方法。设置全局变量"debug"可以帮助进行调试。比如下面这段FreeFEM 程序（Example 2. 1）：

文件下载 2. 1

```
bool debug=true;                              // 声明全局变量 debug 并赋值为真
border a(t=0,2*pi){ x=cos(t);y=sin(t);label=1;}  // 区域外边界 a,随 t 增大,a 曲线
                                              沿逆时针方向逐渐变长;pi 为内
                                              置变量,表示圆周率

border b(t=0,2*pi){ x=0.8+0.3*cos(t);y=0.3*sin(t);label=2;}
                                              // 区域内边界 b,随 t 增大,b 曲线沿逆时针方向变长
plot(a(50)+b(-30),wait=debug);  // 画出 a、b 边界来观察交点,同时由于两个边界存在重叠
                                              (如图 2-1 所示),控制台终端也会报错;按回车继续
```

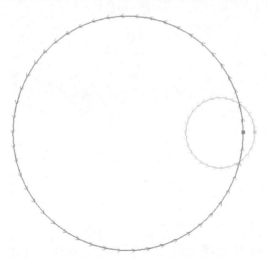

图 2-1　plot 命令画出来的由 a 和 b 定义的边界曲线

为了解决这个边界重叠的错误，将边界 b 中参数由 0. 8 变为 0. 3，并重新运行程序：

```
mesh Th=buildmesh(a(50)+b(-30));  // 生成二维网格,-30 表示 b 包围的小圆不在求解区域中
plot(Th,wait=debug);              // 画出 Th(如图 2-2 所示)之后,按回车继续执行
fespace Vh (Th,P2);               // 在上述网格 Th 上定义一个分片二次 Lagrange 有限
                                  元空间 Vh
Vh f=sin(pi*x)*cos(pi*y);
```

```
plot(f,wait=debug);                    // 绘制函数 f(如图 2-3 所示),回车继续执行
Vh g=sin(pi * x +cos(pi * y));
plot(g,wait=debug);                    // 绘制函数 g(如图 2-3 所示),按 Esc 键退出
```

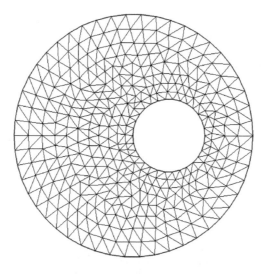

**图 2-2　plot 命令画出来的由 a 和 b 定义的
边界曲线所界定的区域的三角形网格**

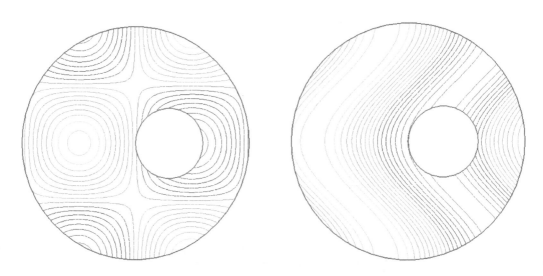

图 2-3　plot 命令绘制的有限元空间 Vh 上定义的分片二次函数 f 和 g 的等值线

　　为了达到更好的网格、后处理云图及矢量图的显示效果,有条件的研究人员可以采用例如商业后处理软件 GiD 进行网格及结果的展示。上述网格数据及定义在网格 Th 上的函数 f(x,y) 和 g(x,y),在 FreeFEM 中按照 GiD 的后处理格式进行文本文件输出,然后就能用 GiD 打开文件并显示网格及有限元分析结果,如图 2-4 和图 2-5 所示。

扫码看彩图

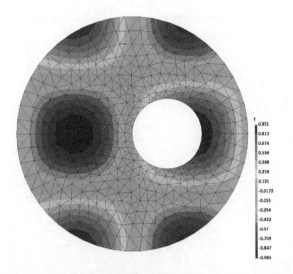

扫码看彩图

图 2-4　GiD 软件画出来的有限元空间 Vh 上定义的分片二次函数 f 的等值线

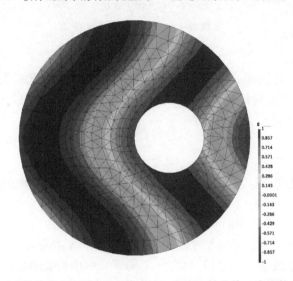

扫码看彩图

图 2-5　GiD 软件画出来的有限元空间 Vh 上定义的分片二次函数 g 的等值线

2.3　FreeFEM 脚本编程语法介绍

2.3.1　数据类型

本质上讲，FreeFEM 也是一款编译器，其语言类型化、多态化，并且拥有异常处理和可重入功能。对于每个变量，使用前都需要声明其类型，每个语句由分号";"隔开。FreeFEM 可以对基本的语言类型进行处理，如整型（int）、实型（real）、复数（complex）、字符串（string）、数组（如 real[int]）、二维有限元网格（mesh）、二维有限元网格（mesh3）、有限元空间（fespace）、解析函数（func）、有限元函数组（func[basic_type]）、线性与双线性算子、稀疏矩阵及向量等。例如：

```
int i,n=20;                    // i,n 为整数
real[int] xx(n),yy(n);         // 两个长度为 n 的实型数组
for (i=0;i<=n;i++)             // 对数组赋值
{ xx[i]=cos(i*pi/10);yy[i]=sin(i*pi/10);}
```

除变量 fespace 外，其他变量的生命周期由当前大括号 {...} 决定。在下述情况中局部括号里的变量声明无效：

```
real r=0.01;                   // 全局变量
mesh Th=square(10,10);         // 单位正方形网格
fespace Vh(Th,P1);             // P1 有限元空间,变量名 Vh 不能再被声明
Vh u=x+exp(y);
func f=z*x+r*log(y);
plot(u,wait=true);
{
real r=2;                      // 局部变量,与之前出现的 r 不一样
fespace Vh(Th,P1);             // 出现错误,Vh 是一个全局变量名
}
```

FreeFEM 中对变量的声明是强制的，这一特点使得程序可以避免由隐式类型导致的程序错误。变量的名称是字母数字混合编制的字符串，且变量名字中不允许使用下划线 "_"，因为下划线将会被用作一个运算符。

2.3.2 主要类型

bool 用于逻辑表达或流程控制。比较的结果是一个布尔型，如在 **bool fool = (1<2)** 中，fool 为真。同理可用于 = =、< =、> =、<、! = 等符号的比较中。

int 声明一个整数（等同于 C++中的 long）。

string 声明字符串，用于储存双引号包含的文本，例如 "This is a string in double quotes. "。

real 声明变量，用于储存数字，如 "12. 345"（等同于 C++中的 double）。

complex 声明变量，用于储存复数（等同于 C++中的 complex<double>）。

```
complex a=1i,b=2+3i;
cout << "a+b=" << a+b << endl;
cout << "a-b=" << a+b << endl;
cout << "a*b=" << a*b << endl;
cout << "a/b=" << a/b << endl;
```

以下为运行结果：

```
a+b=(2,4)
a-b=(-2,-2)
a*b=(-3,2)
a/b=(0.230769,0.153846)
```

ofstream 声明一个输出文件。

ifstream 声明一个输入文件。

real[int] 声明变量，用于储存整数索引的多个实数。

```
real[int] a(5);
a[0]=1;a[1]=2;a[2]=3.3333333;a[3]=4;a[4]=5;
cout << "a=" << a << endl;
```

程序运行结果为

```
a=5:
1  2  3.33333  4  5
```

real[string] 声明变量，用于储存带字符串索引的多个实数。

string[string] 声明变量，用于储存带字符串索引的多个字符串。

func 定义一个没有参数的解析函数，比如 func f=cos(x)+sin(y)，这里自变量为内置的全局变量 x，y，因此无需作为参数传递给 f。

mesh 形成二维区域的三角形单元剖分。

fespace 定义一个新的有限元空间类型。

problem 声明一个 PDE 定解问题的变分弱形式，但不进行矩阵求解。后续可以使用这个定义好的变分形式生成系数矩阵、右端项并求解。

solve 声明一个变分问题，包括生成系数矩阵、右端项并求解代数矩阵方程。

varf 定义一个完整的变分形式，可以用它生成有限元空间的稀疏系数矩阵及右端项。

matrix 定义一个稀疏矩阵，可以用于储存质量矩阵、刚度矩阵等。

2.3.3　保留字及全局变量

保留字（reserved word）又称关键字，指在高级语言中已经定义过的为专门用途而保留的标识符。每个关键字都有特殊的含义，因此不能再将这些字作为变量名、过程名或函数名使用。x，y，z，label，region，P，N，nuTriangle 等都是保留给全局变量的名字，它们在有限元分析中是有用的工具，便于在有限元计算中访问关于网格的信息。另外还有其他的保留字或者关键字，比如常用的数学函数、流程控制及循环语句。就像 C++编程一样，读者在编程时要避免重新声明已有的关键字作为新的变量，以免出现不必要的编译错误或者运行错误。常用的保留字的符号、返回值、返回值类型等如下表所示：

保留字的符号	返回值	返回值类型	备注
x	当前点的 x 坐标	实型	全局变量
y	当前点的 y 坐标	实型	全局变量
z	当前点的 z 坐标	实型	全局变量
label	如果当前点在边界上，则返回该边界标号，否则为 0	整型	全局变量
region	当前点 (x,y) 的局部区域标号	整型	全局变量

（续）

保留字的符号	返回值	返回值类型	备注
P	当前点的位置坐标信息（R^2 空间中取值）	R^2 或 R^3	全局变量，P.x 和 P.y 分别返回 x，y 坐标；三维时 P.z 也是保留字，返回 z 坐标
N	当前边界点（落在由 border（R^3 空间中的变量）定义的曲线上）的单位外法向量	R^2 或 R^3	全局变量，N.x 和 N.y 是该外法向量的 x 分量和 y 分量，三维时 N.z 也是保留字
lenEdge	lenEdge $= \mid q^i - q^j \mid$，如果当前边为 $q^i \rightarrow q^j$	实型	全局变量，给出当前边（端点坐标为 q^i 和 q^j）的长度
hTriangle	当前三角形单元的尺寸	实型	全局变量
nuTriangle	当前三角形的索引指标	整型	全局变量
nuEdge	当前边在其三角形中的索引指标	整型	全局变量
nTonEdge	与当前边相邻三角形的数量	整型	全局变量
area	当前三角形单元的面积	实型	全局变量
volume	当前四面体单元的体积	实型	全局变量
cout	标准输出设备	输出流	全局变量，MS-Windows 系统上就是控制台
cin	标准输入设备（）	输入流	全局变量，默认是键盘
endl	一行结束	函数指针	全局变量
true	bool "真"	布尔类型	全局变量
false	bool "假"	布尔类型	全局变量
dist	计算（a,b）或者（a,b,c）与原点的距离	实型	函数
min	计算（a,b,c）三个实型变量中的最小者	实型	函数，或者返回整型变量（a,b）中较小者
max	计算（a,b,c）三个实型变量中的最大者	实型	函数，或者返回整型变量（a,b）较大者
swap	交换（a,b）的数值		函数
sign	实型或者整形变量 a 的符号		函数
主要关键字	adaptmesh, Cmatrix, R3, bool, border, break, buildmesh, catch, cin, complex, continue, cout, element, else, end, fespace, for, func, if, ifstream, include, int, intalledge, load, macro, matrix, mesh, movemesh, ofstream, plot, problem, real, return, savemesh, solve, string, try, throw, vertex, varf, while		
第二类关键字	int1d, int2d, on, square		
第三类关键字	dx, dy, convect, jump, mean		

(续)

保留字的符号	返回值	返回值类型	备注
第四类关键字	wait, ps, solver, CG, LU, UMFPACK, factorize, init, endl		
有限元空间类型关键字	P0 P1 P2 P3 P4 P5 P1dc P2dc P3dc P4dc P5dc RT0 RT1 RT2 RT3 RT4 RT5		
其他关键字	pi, i, sin, cos, tan, atan, asin, acos, cotan, sinh, cosh, tanh, cotanh, exp, log, log10, sqrt, abs, max, min		

2.4　网格生成功能

FreeFEM 提供内置的二维网格生成算法可以方便地进行调用，基于一定的区域边界定义方法，调用两个关键字 border 和 buildmesh 就可以完成网格生成的目的。

2.4.1　square 网格生成命令

首先介绍一个简单的网格剖分，即把单位正方形剖分成三角形网格。为了实现这个目的，只需要在 FreeFEM 使用命令"**square**"如下：

```
mesh Th=square(10,10);
```

剖分结果是 $[0,1]^2$ 单位正方形中产生了 10×10 的小矩形格子（200 个三角形单元），同时四条边界的编号如图 2-6 所示。

为了在一个 $[x_0,x_1]\times[y_0,y_1]$ 的矩形中构造 $n\times m$ 的小矩形格子及生成相应三角形网格，可编写以下代码生成图 2-7 所示的直角三角形网格（Example 2.2）：

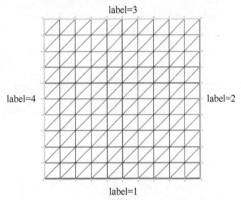

图 2-6　"**square**"命令生成正方形区域网格，同时给出每条边的 **label** 编号

```
Example 2.2
real x0=1.2,x1=1.8;
real y0=0,y1=1;
int n=5,m=20;
mesh Th=square(n,m,[x0+(x1-x0)*x,y0+(y1-y0)*y]);
```

调用命令"**square**"时添加参数 label=labs，将四条边界的默认标签改变为 labs[i-1]，例如，int[int] labs=[11,12,13,14]，添加参数 region=10 将区域单元编号设置为 10。实际有限元计算中，通过读取单元的 region 编号可以实现对不同材料参数的访问。网格生成结果以及 GiD 有限元网格数据格式输出之后，采用 GiD 绘制出来的网格如图 2-8 所示。

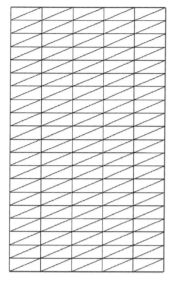

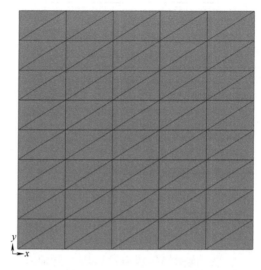

文件下载 2.2

图 2-7 "square" 命令生成
矩形区域网格

图 2-8 "square" 命令生成正方形区域网格，设置单
元区域编号 region 为 10，四条边界编号 label
分别为 11，12，13，14，网格由 GiD 进行显示

```
int[int] labs=[11,12,13,14];
mesh Th=square(5,8,label=labs,region=10);
plot(Th,wait=1);
//------------------------------------------------------------------
// output mesh to GiD format
//------------------------------------------------------------------
ofstream outfileM("Mesh.flavia.msh");
outfileM<<"Mesh \"aet3\" Dimension 2 Elemtype Triangle Nnode 3"<<endl;
outfileM<<"Coordinates\n";
for(int i=0;i<Th.nv;i++){// loop all vertex
    outfileM<<i+1 <<" "<<Th(i).x<<" " << Th(i).y <<endl;
}

outfileM<<"End Coordinates"<<endl;
outfileM<<"Elements"<<endl;
for(int i=0;i<Th.nt;i++){// loop all element
    outfileM<<i+1 <<" "<<Th[i][0]+1<<" " << Th[i][1]+1 <<"  "<<Th[i][2]+
1 <<" "<<Th[i].label<<endl;
}
outfileM<<"End Elements"<<endl;
```

2.4.2 区域边界的定义

二维求解区域的边界（border）由分段参数曲线组成，这里的边界既包括求解区域的外边界以及不同材料交界面构成的内边界。在定义边界曲线段时，每段曲线只在端点（包括参数曲线的起点及终点）处相交，不同 border 曲线段相互的交点总数可能多于两个。如果出现了不同 border 相交的情况，那么需要将交点之间出现的新 border 曲线段进行单独定义（通过参数的上下限控制一段参数曲线的定义）。另外，通过采用引入适当的人工内边界将求解区域手动分割，即通过创建小的子区域可以方便控制局部网格密度。

当判断由参数曲线 $[\varphi_x(t), \varphi_y(t)]$ 包围的区域（domain）时，采用左手法则进行确定：即当参数 t 在区间 (t_0, t_1) 变化时，曲线增量方向切向的左手一侧（阴影部分一侧）为区域内部，如图 2-9 所示。

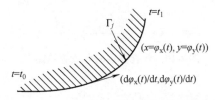

图 2-9　由 $[\varphi_x(t), \varphi_y(t)]$ 定义的参数化边界曲线及区域内部

随边界曲线参数从 t_0 变化至 t_1 时，每段区域外边界曲线必须可以按逆时针方向围成原问题求解的封闭区域，另外区域边界及内边界各线段无须首尾相连。举例如下（Example 2.3）：

文件下载 2.3

```
Example 2.3
int upper=1;                                          // 线段编号
int others=2;                                         // 线段编号
int inner=3;                                          // 线段编号
border C01(t=0,1){x=0;y=-1+t;label=upper;}            // 线段 BA
border C02(t=0,1){x=1.5-1.5*t;y=-1;label=upper;}      // 线段 CB
border C03(t=0,1){x=1.5;y=-t;label=upper;}            // 线段 DC
border C04(t=0,1){x=1+0.5*t;y=0;label=others;}        // 线段 ED
border C05(t=0,1){x=0.5+0.5*t;y=0;label=others;}      // 线段 FE
border C06(t=0,1){x=0.5*t;  y=0;  label=others;}      // 线段 AF
border C11(t=0,1){x=0.5;y=-0.5*t;label=inner;}        // 线段 FG
border C12(t=0,1){x=0.5+0.5*t;y=-0.5;label=inner;}    // 线段 GH
border C13(t=0,1){x=1;y=-0.5+0.5*t;label=inner;}      // 线段 HE
int n=10;                                             // 每条区域边界线段剖分的段数
plot(C01(-n)+C02(-n)+C03(-n)+C04(-n)+C05(-n)+C06(-n)+C11(n)+C12(n)+C13(n),
wait=true);                                  // 绘制区域及界面边界,如图 2-10 所示
mesh Th=buildmesh(C01(-n)+C02(-n)+C03(-n)+C04(-n)+C05(-n)+C06(-n)+C11(n)+
C12(n)+C13(n));                         // -n 中的负号表示与 C01 参数曲线定向相反
plot(Th,wait=true);                          // 绘制有限元网格,如图 2-11 所示
cout << "Part 1 has region number " << Th(0.75,-0.25).region << endl;
                                    // 得到并输出坐标(0.75,-0.25)的子区域编号
cout << "Part 2 has redion number " << Th(0.25,-0.25).region << endl;
                                    // 得到并输出坐标(0.25,-0.25)的子区域编号
```

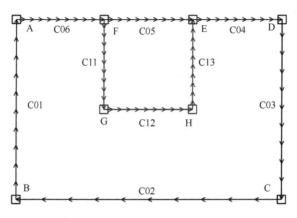

图 2-10　含有交点的多条边界定义

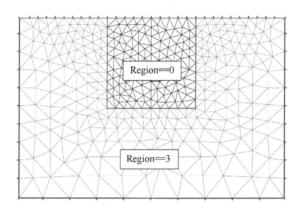

图 2-11　网格生成结果，同时标注了两个子区域的 **Region** 编号

如果要生成封闭折线 ABCDEHGFA 组成的凹字型区域的网格，则可以采用以下命令，生成的网格结果见图 2-12。

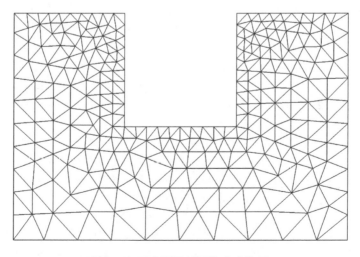

图 2-12　凹字型区域网格生成结果

```
mesh Th2=buildmesh( C01(-n)+C02(-n)+C03(-n)+C04(-n)+C13(-n)+C12(-n)+C11(-n)+
C06(-n));    // 生成凹字型区域网格,如图 2-12 所示
    plot(Th2,wait=true);
```

对于有复杂解析边界的区域，FreeFEM 的 buildmesh 命令也可以进行快速剖分。比如 NA-CA0012 飞机机翼的截面，用于计算流体力学分析的三角形网格生成脚本如下（Example 2.4）：

```
Example 2.4
border upperCurve(t=0,1){ x=t;
y=0.17735 * sqrt(t)-0.075597 * t-0.212836 *(t^2)+0.17363 *(t^3)-0.06254 *(t^4);}
border lowerCurve(t=1,0){ x=t;
y=-(0.17735 * sqrt(t)-0.075597 * t-0.212836 *(t^2)+0.17363 *(t^3)-0.06254 *(t^
4));}
border c(t=0,2 * pi){ x=0.8 * cos(t)+0.5;y=0.8 * sin(t);}
Th=buildmesh(c(60)+upperCurve(50)+lowerCurve(50));
```

网格生成结果如图 2-13 所示。

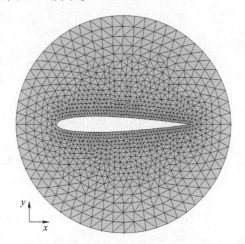

文件下载 2.4

图 2-13 用于计算流体力学分析的 NACA0012 飞机机翼截面网格

由于 FreeFEM 没有专业的二维 CAD 几何建模功能，所以对于含有多个子区域的复杂二维区域，需要按照上述规则耐心地写出多条边界曲线段，其中大量的工作是确定不同曲线段的交点并对交点之间的曲线段进行编号。下面以 TEAM 30 问题的三相感应电动机的有限元网格生成为例，展示复杂区域的边界定义及网格生成。根据图 2-14 标注的边界交点，网格生成脚本程序如下所示，最终生成的三角网格如图 2-15 所示。

文件下载 2.5

```
//---------------------------------------------------------------------------------
// TEAM-workshop 30B 问题,三相感应电机的网格生成程序(Example 2.5)
// Created 2022-May-7 by Yanpu Zhao
//---------------------------------------------------------------------------------
```

```
int   M0=12*10,M1=M0/6,M2=M1/2,M3=2*M1;
int   dirBC=100;
real R1   =2.0/100;   // (m)
real R2   =3.0/100;   // (m)
real RGap =3.1/100;   // (m)air gap middle line
real R33  =3.2/100;   // (m),name R3 is reserved,use R33 here
real R4   =5.2/100;   // (m)
real R5   =5.7/100;   // (m)
real Rinf =200.0/100; // Radius of truncated solution region,open region problem

// (1)the whole circumferences
border C1(t=0,2*pi){x=R1*cos(t);y=R1*sin(t);}
border C2(t=0,2*pi){x=R2*cos(t);y=R2*sin(t);}
border CGap(t=0,2*pi){x=RGap*cos(t);y=RGap*sin(t);}      // torque
border C5(t=0,2*pi){x=R5*cos(t);y=R5*sin(t);}
border CInf(t=0,2*pi){x=Rinf*cos(t);y=Rinf*sin(t);label=dirBC;}
                                                        // inf domain

// (2)the two inner circles containing the PM
border AB(t=       -pi/8,        pi/8)  { x=R33*cos(t);y=R33*sin(t);}
border BC(t=        pi/8,  pi/3-pi/8)  { x=R33*cos(t);y=R33*sin(t);}
border CD(t=  pi/3-pi/8,  pi/3+pi/8)  { x=R33*cos(t);y=R33*sin(t);}
border DE(t=  pi/3+pi/8,2*pi/3-pi/8)  { x=R33*cos(t);y=R33*sin(t);}
border EF(t=2*pi/3-pi/8,2*pi/3+pi/8)  { x=R33*cos(t);y=R33*sin(t);}
border FG(t=2*pi/3+pi/8,3*pi/3-pi/8)  { x=R33*cos(t);y=R33*sin(t);}
border GH(t=3*pi/3-pi/8,3*pi/3+pi/8)  { x=R33*cos(t);y=R33*sin(t);}
border HI(t=3*pi/3+pi/8,4*pi/3-pi/8)  { x=R33*cos(t);y=R33*sin(t);}
border IJ(t=4*pi/3-pi/8,4*pi/3+pi/8)  { x=R33*cos(t);y=R33*sin(t);}
border JK(t=4*pi/3+pi/8,5*pi/3-pi/8)  { x=R33*cos(t);y=R33*sin(t);}
border KL(t=5*pi/3-pi/8,5*pi/3+pi/8)  { x=R33*cos(t);y=R33*sin(t);}
border LA(t=5*pi/3+pi/8,15*pi/8)       { x=R33*cos(t);y=R33*sin(t);}

// (3)the two inner circles contaning the PM
border ABp(t=       -pi/8,        pi/8)  { x=R4*cos(t);y=R4*sin(t);}
border BCp(t=        pi/8,  pi/3-pi/8)  { x=R4*cos(t);y=R4*sin(t);}
border CDp(t=  pi/3-pi/8,  pi/3+pi/8)  { x=R4*cos(t);y=R4*sin(t);}
border DEp(t-  pi/3+pi/8,2*pi/3-pi/8)  { x=R4*cos(t);y=R4*sin(t);}
border EFp(t=2*pi/3-pi/8,2*pi/3+pi/8)  { x=R4*cos(t);y=R4*sin(t);}
border FGp(t=2*pi/3+pi/8,3*pi/3-pi/8)  { x=R4*cos(t);y=R4*sin(t);}
border GHp(t=3*pi/3-pi/8,3*pi/3+pi/8)  { x=R4*cos(t);y=R4*sin(t);}
border HIp(t=3*pi/3+pi/8,4*pi/3-pi/8)  { x=R4*cos(t);y=R4*sin(t);}
border IJp(t=4*pi/3-pi/8,4*pi/3+pi/8)  { x=R4*cos(t);y=R4*sin(t);}
```

```
border JKp(t=4*pi/3+pi/8,5*pi/3-pi/8)   {x=R4*cos(t);y=R4*sin(t);}
border KLp(t=5*pi/3-pi/8,5*pi/3+pi/8)   {x=R4*cos(t);y=R4*sin(t);}
border LAp(t=5*pi/3+pi/8,15*pi/8)       {x=R4*cos(t);y=R4*sin(t);}


// (4)the PM boundaries
border AAp(t=R33,R4) {x=t*cos(-pi/8);       y=t*sin(-pi/8);}
border BBp(t=R33,R4) {x=t*cos(+pi/8);       y=t*sin(+pi/8);}
border CCp(t=R33,R4) {x=t*cos(  pi/3-pi/8); y=t*sin(  pi/3-pi/8);}
border DDp(t=R33,R4) {x=t*cos(  pi/3+pi/8); y=t*sin(  pi/3+pi/8);}
border EEp(t=R33,R4) {x=t*cos(2*pi/3-pi/8); y=t*sin(2*pi/3-pi/8);}
border FFp(t=R33,R4) {x=t*cos(2*pi/3+pi/8); y=t*sin(2*pi/3+pi/8);}
border GGp(t=R33,R4) {x=t*cos(3*pi/3-pi/8); y=t*sin(3*pi/3-pi/8);}
border HHp(t=R33,R4) {x=t*cos(3*pi/3+pi/8); y=t*sin(3*pi/3+pi/8);}
border IIp(t=R33,R4) {x=t*cos(4*pi/3-pi/8); y=t*sin(4*pi/3-pi/8);}
border JJp(t=R33,R4) {x=t*cos(4*pi/3+pi/8); y=t*sin(4*pi/3+pi/8);}
border KKp(t=R33,R4) {x=t*cos(5*pi/3-pi/8); y=t*sin(5*pi/3-pi/8);}
border LLp(t=R33,R4) {x=t*cos(5*pi/3+pi/8); y=t*sin(5*pi/3+pi/8);}


// (5)generate the mesh for FEM computation
mesh Th=buildmesh( C1(2*M0)+C2(1*M0)+C5(3*M0)+CGap(3*M0)+CInf(M0/2)+
    AB(2*M1)  +BC(2*M2)  +CD(2*M1)  +DE(2*M2)+//R33
    EF(2*M1)  +FG(2*M2)  +GH(2*M1)  +HI(2*M2)+//R33
    IJ(2*M1)  +JK(2*M2)  +KL(2*M1)  +LA(2*M2)+//R33
    ABp(2*M1)+BCp(2*M2)+CDp(2*M1)+DEp(2*M2)+// R4
    EFp(2*M1)+FGp(2*M2)+GHp(2*M1)+HIp(2*M2)+// R4
    IJp(2*M1)+JKp(2*M2)+KLp(2*M1)+LAp(2*M2)+// R4
    AAp(M3)+BBp(-M3)+CCp(M3)+DDp(-M3)+
    EEp(M3)+FFp(-M3)+GGp(M3)+HHp(-M3)+
    IIp(M3)+JJp(-M3)+KKp(M3)+LLp(-M3));


//-------------------------------------------------------------------------------
// output mesh to GiD format
//-------------------------------------------------------------------------------
ofstream outfileM("Mesh.flavia.msh");
outfileM<<"Mesh \"aet3\" Dimension 2 Elemtype Triangle Nnode 3"<<endl;
outfileM<<"Coordinates\n";
for(int i=0;i<Th.nv;i++){      // loop all vertex
    outfileM<< i+1 <<"   "<<Th(i).x<<" " << Th(i).y <<endl;
}


outfileM<<"End Coordinates"<<endl;
outfileM<<"Elements"<<endl;
```

```
for(int i=0;i<Th.nt;i++){        // loop all element
    outfileM<< i+1 <<"  "<< Th[i][0]+1 <<" " << Th[i][1]+1 <<"  "<<Th[i][2]+
1 <<"  "<< Th[i].label+1 <<endl;
}
outfileM<<"End Elements"<<endl;
```

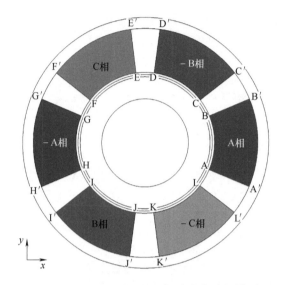

图 2-14　TEAM 30 问题三相感应电动机模型

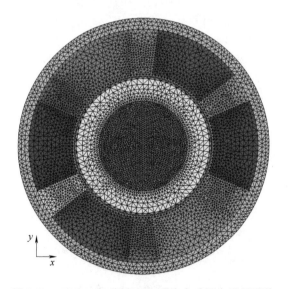

扫码看彩图

图 2-15　TEAM 30 问题三相感应电动机有限元网格

2.4.3　三维网格生成

　　FreeFEM 没有三维 CAD 几何建模功能，但对于特殊的可以由二维 xy 平面区域沿 z 方向扫描拉伸得到的三维区域（见图 2-16），在进行网格剖分时可以先生成二维 xy 截面的三角网格 Th2d，再进行扫描构建分层的三维四面体网格 Th＝Th2d×[z0,z1]。通过 FreeFEM 提供的命令 buildlayers(Th2d,nz,zbound＝[z0,z1],...)，可以将二维平面 xy 坐标系中的网格 Th2d 沿 z 轴扫描拉伸为 nz 层的三维网格。为了顺利运行下面的立方体区域网格生成脚本程序，需要加载 medit 及 msh3 动态库，四面体网格生成结果如图 2-17 所示（medit 绘制）。

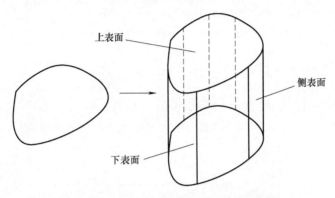

上表面

侧表面

下表面

图 2-16　二维平面区域扫描得到三维区域

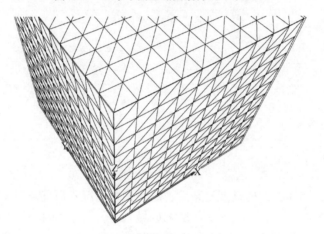

图 2-17　单位立方体四面体网格

文件下载 2.6

```
//-------------------------------------------------------------------------
// "cube.idp"文件:function to build regular 3D mesh of a cube(Example 2.6)
// mesh3 Cube(NN,BB,L):build the mesh of a 3d box
// where for example:
//   int[int]  NN=[nx,ny,nz];              // the number of seg in the 3 direction
//   real[int,int]  BB=[[xmin,xmax],[ymin,ymax],[zmin,zmax]];  // bounding box
//   int[int,int]  L=[[1,2],[3,4],[5,6]]; // labels of the 6 faces:left,right,
//                                         front,back,down,right
//-------------------------------------------------------------------------
load "msh3"
load "medit"
func mesh3 Cube(int[int] & NN,real[int,int] &BB,int[int,int] & L){
    // first build the 6 faces of the hex.
```

```
        real x0=BB(0,0),x1=BB(0,1);
        real y0=BB(1,0),y1=BB(1,1);
        real z0=BB(2,0),z1=BB(2,1);

        int nx=NN[0],ny=NN[1],nz=NN[2];
        mesh Thx=square(nx,ny,[x0+(x1-x0)*x,y0+(y1-y0)*y]);

        int[int] rup=[0,L(2,1)],  rdown=[0,L(2,0)],
        rmid=[1,L(1,0), 2,L(0,1), 3,L(1,1), 4,L(0,0)];
        mesh3 Th=buildlayers(Thx,nz,zbound=[z0,z1],
                  labelmid=rmid,labelup=rup,labeldown=rdown);
        return Th;
}
//-------------------------------------------------------------------------------
// call function "Cube(...)" in file "cube.idp" to generate 3D mesh of a cube
//-------------------------------------------------------------------------------
include "Cube.idp"
int[int] NN=[10,10,10];                 // the number of step in each direction
real [int,int] BB=[[0,1],[0,1],[0,1]]; // bounding box
// label of 6 faces:left(x=0),right(x=1),front(y=0),back(y=1),
// down(z=0),right(z=1)
int [int,int] L=[[1,2],[3,4],[5,6]];
mesh3 Th=Cube(NN,BB,L);
medit("Th",Th);
```

　　由于三维区域及部件曲面的高度复杂性，绝大多数情况不可能通过由二维三角形网格分层扫描拉伸得到三维网格，为了实现更一般的区域剖分，可以利用 FreeFEM 中封装的 tetgen 开源三维网格生成器（为调用 tetgen 进行三维四面体网格剖分，需要在脚本程序中 load "tetgen"）。TetGen 是德国魏尔斯特拉斯应用分析和随机研究所（WIAS）斯杭博士所开发，2020年 8 月 31 日发布了 TetGen 1.6.0 版本。该软件可应用在所有的主流操作系统上，比如 Unix/Linux，MacOS，Windows 等。TetGen 提供了较为丰富的网格控制命令，能够满足较多领域的计算网格生成需求，在开源四面体剖分软件中比较容易学习和掌握。FreeFEM 的第三版用户手册 5.10.3 及 5.11.1 部分提供了调用 tetgen 生成网格的例子，但是流程较为复杂。主要流程是首先通过 FreeFEM 中的二维网格生成器生成平面坐标系网格，对三维实体的各个分片表面及材料界面都需要进行剖分，再利用 movemesh23 函数及 transfo 参数（给定三个坐标分量的变换函数）将二维平面网格变换为三维空间曲面网格，然后进行拼接（gluing 操作）得到三维实体的表面三角形网格 ThS，最后调用 tetg 函数将 ThS 及剖分参数传入 tetgen 进行区域内部的四面体剖分。

　　为实现一般工程问题几何造型分析区域的网格生成问题，可以借助专业的外部 CAD 软件及网格生成器。本书中的复杂三维工程案例的前处理采用的是国产三维 CAD 软件中望 3D 及网格生成器 ZWMeshWorks，然后经过转换输出为 FreeFEM 可以读取的格式，再进行有限元程序开发。中望三维网格生成器 ZWMeshWorks 的主要功能特点及性能指标总结如下：

1）基于成熟的前沿推进（Advancing Front）及迪朗尼（Delaunay）网格剖分算法，支持三角形/四边形、四面体/六面体单元的网格剖分，经测试百万级网格单元剖分速度小于 1min，千万级网格单元剖分速度小于 10min。

2）支持网格的局部至尺寸控制和设置硬点功能，在几何特征边上按照线性/指数/正态分布等形式设置网格节点，或者通过设置网格尺寸场，在指定区域控制网格密度，以及支持在几何的边/面/体设置网格硬点。

3）除一键自动网格剖分外，还支持 1D/2D/3D 交互式的网格剖分，用户可以根据仿真的实际需求，生成最优最高效的网格单元。

4）具备基于仿真结果的网格自适应功能，目前已经支持结构及电磁仿真的网格自适应加密。

5）具备网格单元错误检查功能，错误类型包含退化单元、相交相交单元、非流行单元等常见网格单元错误类型。还具备网格质量检查功能，检查类型包括长宽比、扭曲度、雅克比、最大/最小角度等常用的质量评判标准。

2.4.4　网格数据格式及读写

FreeFEM 生成的网格可以方便地输出为文本文件，供其他程序调用，同时也支持导入外部网格生成器产生的网格文件（比如二维时可以通过运行 mesh Th（"circle.msh"）读取 circle.msh 文件中的网格信息；三维时通过运行 mesh3 Th = readmesh3（"mesh3d.msh"）读取 mesh3d.msh 文件中的网格信息）。运行下面三行程序，将生成图 2-18 中展示的网格，最后一行 savemesh 将网格数据写到文件中，并以 msh 格式输出，其中 msh 文件数据格式说明如图 2-19 和图 2-20 所示。

```
border C(t=0,2*pi){ x=cos(t);y=sin(t);}
mesh Th=buildmesh(C(10));
savemesh("meshSample.msh");
```

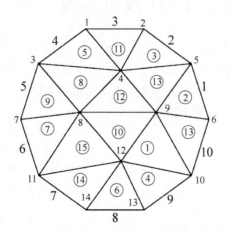

图 2-18　网格单元、节点、边界边的整体编号

文件内容	含义解释		
14 16 10	n_v	n_t	n_e
−0.309016994375 0.951056516295 1	q_x^1	q_y^1	boundary label=1
0.309016994375 0.951056516295 1	q_x^2	q_y^2	boundary label=1
…			
−0.309016994375 −0.951056516295 1	q_x^{14}	q_y^{14}	boundary label=1
9 12 10 0	1_1	1_2	1_3 region label=0
5 9 6 0	2_1	2_2	2_3 region label=0
…			
9 10 6 0	16_1	16_2	16_3 region label=0
6 5 1	1_1	1_2	boundary label=1
5 2 1	2_1	2_2	boundary label=1
…			
10 6 1	10_1	10_2	boundary label=1

图 2-19　二维网格 msh 文件的数据格式

节点总数	四面体单元数	边界三角形单元总数	
q_x^1	q_y^1	q_z^1	Vertex label
q_x^2	q_y^2	q_z^2	Vertex label
$\vdots$	$\vdots$	$\vdots$	$\vdots$
$q_x^{n_v}$	$q_y^{n_v}$	$q_z^{n_v}$	Vertex label
1_1	1_2	1_3	1_4　　region label
2_1	2_2	2_3	2_4　　region label
$\vdots$	$\vdots$	$\vdots$	$\vdots$　　$\vdots$
$(n_{tet})_1$	$(n_{tet})_2$	$(n_{tet})_3$	$(n_{tet})_4$　region label
1_1	1_2	1_3	boundary label
2_1	2_2	2_3	boundary label
$\vdots$	$\vdots$	$\vdots$	$\vdots$
$(n_{tri})_1$	$(n_{tri})_2$	$(n_{tri})_3$	boundary label

图 2-20　三维网格 msh 文件的数据格式

2.5　静电场问题 FreeFEM 编程举例

文件下载 2.7

以第 1 章的静电场问题为例，这里采用 1/4 计算模型，区域 Ω 及区域角点如图 2-21 所示。直线段 *BC* 及 *CD* 上电位为 0，圆弧 *AE* 上电位为 1，直线段 *AB* 及 *DE* 为自然边界。脚本程序如下，用 GiD 绘制的电位及电场有限元分析计算结果如图 2-22 和图 2-23 所示。

```
//------------------------------------------------------------------------
// Linear electrostatic problem,one-fourth region of the square with a circular
// hole.(Example 2.7)
// Created 2022-May-8 by Yanpu Zhao
//------------------------------------------------------------------------
load "MUMPS_seq"

real a=1.0,b=1.0,r=0.2,K=0.08290;
```

```
border AB(t=r,b){x=t;y=0;label=1;}
border BC(t=0,a){x=b;y=t;label=2;}
border CD(t=b,0){x=t;y=a;label=3;}
border DE(t=a,r){x=0;y=t;label=4;}
border EA(t=pi/2,0){ x=0.2*cos(t);y=0.2*sin(t);label=5;}
int N=20;
mesh Th=buildmesh(AB(N)+BC(N)+CD(N)+DE(N)+EA(5*N));

//------------------------------------------------------------------------
// Finite element weak form and solution
//------------------------------------------------------------------------
fespace Vh(Th,P1);
Vh u,v;
real cpu=clock();
solve Poisson(u,v)=int2d(Th)(dx(u)*dx(v)+dy(u)*dy(v))
    +on(2,3,u=0)
    +on(5,u=1);

//------------------------------------------------------------------------
// Analytical solution
//------------------------------------------------------------------------
func real exactSolution(real x,real y){
    real C=1.0/(2.0*log(4.0/pi*a/r)-4*K);
    real d,A1,B1,S=0;
    for(int n=-40;n<=40;n++){
        d=pi*y/2.0/a;
        A1=1+cos(d)/cosh(pi/2/a*(x+2*n*b));
        B1=1-cos(d)/cosh(pi/2/a*(x+2*n*b));
        S=S+(-1)^n*(log(A1/B1));   // +log(A2/B2)
    }
    return S*C;
}

//------------------------------------------------------------------------
// Compute the L2 error of FEM solution
//------------------------------------------------------------------------
real L2error=sqrt(int2d(Th)((u-exactSolution(x,y))^2));
cout<<"N error "<<Th.nt<<" "<<L2error<<endl;

//------------------------------------------------------------------------
// output mesh and result to GiD format
//------------------------------------------------------------------------
```

```
ofstream outfileM("Mesh.flavia.msh");
outfileM<<"Mesh \"aet3\" Dimension 2 Elemtype Triangle Nnode 3"<<endl;
outfileM<<"Coordinates\n";
for(int i=0;i<Th.nv;i++){          // loop all vertex
    outfileM<<i+1 <<"   "<<Th(i).x<<" " << Th(i).y <<endl;
}

outfileM<<"End Coordinates"<<endl;
outfileM<<"Elements"<<endl;
for(int i=0;i<Th.nt;i++){          // loop all element
    outfileM<<i+1 <<"   "<<Th[i][0]+1<<" " << Th[i][1]+1 <<"   "<<Th[i][2]+
1 <<"   "<<Th[i].label<<endl;
}
outfileM<<"End Elements"<<endl;

//-------------------------------------------------------------------
// output FEA result to GiD format
//-------------------------------------------------------------------
ofstream outfile("Mesh.flavia.res");
outfile<<" GID Post Results File 1.0"<<endl;
outfile<<" GaussPoints  \"gauss given Triangle 1\" Elemtype Triangle "<<endl;
outfile<<"   Number of Gauss Points:1 "<<endl;
outfile<<"   Natural Coordinates:Given "<<endl;
outfile<<"     "<< 0.333333 <<"   "<< 0.333333 <<endl;
outfile<<" End gausspoints "<<endl<<endl;

//-------------------------------------------------------------------
// output phi result to GiD format
//-------------------------------------------------------------------
outfile<<" Result \"phi\" \"ES_XY_2D\" 1 Scalar OnNodes "<<endl;
outfile<<" ComponentNames \"phi\" "<<endl;
outfile<<" Values"<<endl;
for(int i=0;i<Th.nv;i++){          // loop all vertex
    outfile<< i+1 <<"   "<< u(Th(i).x,Th(i).y)<<endl;
}
outfile<<" end Values"<<endl;

//-------------------------------------------------------------------
// output [Ex,Ey] result to GiD format
//-------------------------------------------------------------------
outfile<<" Result \"ExEy\" \"ES_XY_2D\"  1 Vector OnNodes "<<endl;
outfile<<" ComponentNames  \"Ex\"  \"Ey\" "<<endl;
```

```
outfile<<"  Values"<<endl;
for(int i=0;i<Th.nv;i++){          // loop all vertex
    outfile<< i+1 <<"  "<<-dx(u)(Th(i).x,Th(i).y)<<"  "<<-dy(u)(Th(i).x,
Th(i).y)<<endl;
}
outfile<<" end Values"<<endl;
```

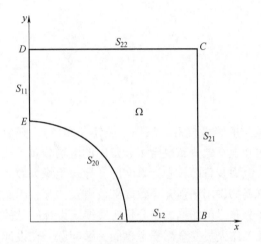

图 2-21　静电场问题 1/4 计算模型区域

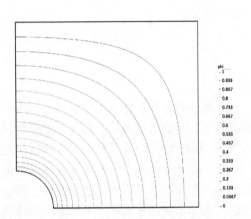

图 2-22　有限元分析计算得到的电位等值线图

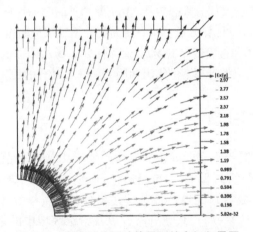

图 2-23　有限元分析计算得到的电场矢量图

扫码看彩图

参 考 文 献

［1］　HECHT F. New Development in FreeFem＋＋［J］. Journal of Numerial Mathematics, 2012, 12（20）: 251-265.

［2］　TANG Z, ZHAO Y, HECHT F. Application of FreeFem＋＋ Programming Language for 3D Electromagnetic Field Simulations［C］. CEFC, 2018.

第 3 章
二维电场计算的有限元方法及 FreeFEM 代码

电力装备的制造广泛采用金属材料及多种类型的绝缘材料（气体、液体及固体）。在电压激励作用下，金属电极的尺寸形状及绝缘材料的介电常数分布决定了装备中的电场分布。在高电压技术领域，绝缘设计及绝缘配合问题是高压电力装备的核心计算问题。导致绝缘失效的重要原因之一是绝缘结构中的电场强度超过绝缘材料的许用场强并导致局部放电及击穿，因此准确计算电力装备绝缘结构中的电场分布并使电场分布尽可能均匀是分析解决绝缘设计问题的重要方法。跨步电压的准确计算是保障电力设备及工作人员安全需要考虑的关键问题。在设计接地装置时，给定接地极尺寸下的接地电阻计算也是电场计算的重要应用场景。对于时谐交流电压/电流作用下介质中的电场及任意瞬态电压/电流激励下的电场计算，则分别需要采用交流传导电场及瞬态电场求解器进行计算分析。本章将简要介绍二维平面坐标系/柱面坐标系下的静电场、恒定电场（稳态电流场和直流传导电场）、交流传导电场及瞬态电场的控制方程及有限元格式推导，同时就各场景下的典型计算案例给出利用 FreeFEM 计算的程序脚本以及计算结果。

3.1 二维静电场问题

静电场是由空间中相对于观察者静止的电荷产生，其中电荷是静电场的源。工程应用中的静电场计算问题可以表示为偏微分方程边值问题，通常已知求解区域部分边界及实体（如导体表面、金属电极等）的电位或某些边界处的电场线（电场线上各点的切线方向与该点的电场强度方向一致）平行/垂直分布，以及给定区域中的电荷分布、浮动导体等激励条件和约束条件，然后求解整个分析区域的电位及电场分布。静电场 $\vec{E}$ 为无旋场，因此可以将其表示为某个标量函数的梯度。即通常引入标量电位 φ 作为辅助变量进行电场的求解，得到电位的分布之后进行空间求导，即可得电场 $\vec{E} = -\nabla\varphi$。静电场的基本控制方程为泊松方程或拉普拉斯方程，从而静电场边值问题就是拉普拉斯方程或泊松方程定解问题（包括控制方程、边界条件及初值条件）。

对于图 3-1 所示的静电场求解区域 Ω，区域边界为 $\Gamma = \Gamma_1 + \Gamma_2$，其中，$\Gamma_1$ 上给定第一类边界条件（也叫 Dirichlet 边界条件），Γ_2 上给定齐次第二类边界条件（也叫 Neumann 边界条件），Γ_{12} 为不同介质的分界面。若区域内不存在自由电荷，则电位 φ 满足拉普拉斯方程

$$-\nabla \cdot (\varepsilon\nabla\varphi) = 0 \tag{3-1}$$

否则电位函数 φ 满足泊松方程

$$-\nabla \cdot (\varepsilon\nabla\varphi) = \rho \tag{3-2}$$

由于拉普拉斯方程是泊松方程的特例，故下面只给出泊松方程边值问题的描述。二维静电场泊松方程边值问题可表示为以下形式[1]：

$$\begin{cases} -\nabla \cdot (\varepsilon\nabla\varphi) = \rho,\text{在区域 } \Omega \text{ 中} & \text{(3-3a)} \\[4pt] \varphi\mid_{\varGamma_1} = \varphi_0 & \text{(3-3b)} \\[4pt] -\dfrac{\partial\varphi}{\partial n}\bigg|_{\varGamma_2} = -\nabla\varphi \cdot n\mid_{\varGamma_2} = \vec{E} \cdot n\mid_{\varGamma_2} = 0 & \text{(3-3c)} \\[4pt] -\varepsilon_1\dfrac{\partial\varphi}{\partial n_{12}}\bigg|_{\varGamma_{12}} = -\varepsilon_2\dfrac{\partial\varphi}{\partial n_{12}}\bigg|_{\varGamma_{12}} & \text{(3-3d)} \end{cases}$$

式中，ε 为介电常数；ρ 为自由电荷密度。边界条件式（3-3b）为 $\varGamma_1$ 上给定的电位边界条件，φ_0 可以是常数或者随空间坐标位置变化。边界条件式（3-3c）为 $\varGamma_2$ 上给定的电场线平行边界条件。材料界面衔接条件或者内边界条件式（3-3d）表示电位移通量 $\vec{D}$ 的法向分量连续。关于材料界面 $\varGamma_{12}$ 处 $\vec{E}$ 的切向分量连续性，当电位 φ 本身连续时自然得到满足。

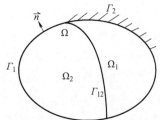

图 3-1　静电场求解区域 Ω

3.1.1　二维平面静电场控制方程

直角坐标系下，二维平面静电场满足的泊松方程表达式为

$$-\frac{\partial}{\partial x}\left(\varepsilon\frac{\partial\varphi}{\partial x}\right) - \frac{\partial}{\partial y}\left(\varepsilon\frac{\partial\varphi}{\partial y}\right) = \rho \tag{3-4}$$

二维静电场问题的激励源及约束主要有三类，包括：

1）电荷激励源。电荷激励根据电荷存在的形式，可分为点电荷、线电荷、面电荷及体电荷等（注意二维平行平面下的面电荷对应于真实三维问题的体电荷）。实际应用中一般指定带电体的总电荷量或者给定电荷密度。

2）电压源。静电场问题电压源的施加方式通常是给定电极/导体的电位作为边界/约束条件，一般可以给定计算区域外部边界、内部边界或者内部子区域的电位。

3）另外静电场问题中通常会遇到浮动导体（floating conductor），其作用一般是为了均匀电场。静电平衡之后，浮动导体为等势体，数值上可以认为该导体关联一个自由度，自由度的值需要通过求解而确定[2]。直角坐标系下二维静电场的泊松方程边值问题表示为

$$\begin{cases} -\dfrac{\partial}{\partial x}\left(\varepsilon\dfrac{\partial\varphi}{\partial x}\right) - \dfrac{\partial}{\partial y}\left(\varepsilon\dfrac{\partial\varphi}{\partial y}\right) = \rho,\text{在区域 } \Omega \text{ 中} & \text{(3-5a)} \\[4pt] \varphi\mid_{\varGamma_1} = \varphi_0 & \text{(3-5b)} \\[4pt] -\dfrac{\partial\varphi}{\partial n}\bigg|_{\varGamma_2} = -\nabla\varphi \cdot n\mid_{\varGamma_2} = \vec{E} \cdot n\mid_{\varGamma_2} = 0 & \text{(3-5c)} \\[4pt] -\varepsilon_1\dfrac{\partial\varphi}{\partial n_{12}}\bigg|_{\varGamma_{12}} = -\varepsilon_2\dfrac{\partial\varphi}{\partial n_{12}}\bigg|_{\varGamma_{12}} & \text{(3-5d)} \end{cases}$$

3.1.2 二维平面静电场有限元计算格式

对于微分形式的二维平面静电场泊松方程边值问题式（3-5），为推导其等效积分形式，首先将微分方程两边同乘以任意检验函数 W_i 并在区域 Ω 上积分得到

$$\int_\Omega W_i \left\{ \frac{\partial}{\partial x}\left(\varepsilon \frac{\partial \varphi}{\partial x} \right) + \frac{\partial}{\partial y}\left(\varepsilon \frac{\partial \varphi}{\partial y} \right) + \rho \right\} \mathrm{d}\Omega = 0 \tag{3-6}$$

然后应用格林公式对上式进行分部积分，可得到以下与边值问题等效的弱形式：

$$\int_\Omega \varepsilon \left(\frac{\partial W_i}{\partial x} \frac{\partial \varphi}{\partial x} + \frac{\partial W_i}{\partial y} \frac{\partial \varphi}{\partial y} \right) \mathrm{d}\Omega = \int_\Omega W_i \rho \mathrm{d}\Omega \tag{3-7}$$

式（3-7）对 Soblev 函数空间 $H^{1[5]}$ 中的任意检验函数 W_i 成立，同时试探函数 φ 也属于 H^1 空间（注意，这里不再要求函数 φ 二阶偏导数存在，比微分方程式（3-5）对 φ 的光滑性要求更低，因此式（3-7）称为式（3-5）的弱形式；电位 φ 在 Γ_1 上取值为给定的函数分布 φ_0，它一般是常数，也可以随空间坐标位置变化；式（3-5c）为齐次 Neumann 边界条件，弱形式的解将自然满足；式（3-5d）为 Γ_{12} 上的界面衔接条件或者内边界条件，关于有限元方法将自动满足 $\vec{D}$ 在 Γ_{12} 上的法向分量连续性的数学推导可以参考本章参考文献 [5]。第一类边界条件在有限元计算中需要进行处理，详细方法可以参考本章参考文献 [1,5]。浮动导体的处理有多种方法，比较方便实现并能保证足够精度的方法可以参考本章参考文献 [6]，其中将等势体的相对介电常数人工设置为非常大的数值（比如 10^6）。

为数值求解式（3-7），需要在有限维空间中进行分析计算，并定义相应自由度。因此对计算区域 Ω 进行有限元网格划分（其中二维下网格单元可以是三角形或者四边形单元[1]），并记 $\Omega = \bigcup_{e=1}^{N_e} \Omega_e$。其中，$\Omega_e$ 表示任意网格单元；e 表示网格单元顺序编号；N_e 为网格单元总数。有限元计算将在函数空间 H^1 的有限维线性子空间 V_h 中寻找试探函数 φ_h（其中 h 表示有限元网格单元的最大尺寸，为后续讨论方便继续用 φ 表示有限维子空间的试探函数 φ_h）。记 N_{dof} 维有限维空间 $V_h = \mathrm{span}\{N_1, N_2, \cdots, N_{\mathrm{dof}}\}$，其中 $N_j = N_j(x, y)$ 为局部非零的有限元空间基函数，可以是分片线性 P^1、分片二次 P^2 或者分片高次多项式[5]，N_{dof} 为有限元空间的自由度数量。那么有限维空间 V_h 中的任意函数 φ 可以线性展开为

$$\varphi(x, y) = \sum_{j=1}^{N_{\mathrm{dof}}} \varphi_j N_j(x, y) \tag{3-8}$$

展开系数 φ_j 称成为自由度，当采用 P^1 单元离散 V_h 时，φ_j 的意义为网格顶点或节点 j 处的电位值（但高阶基函数时的展开系数没有这样的物理意义）。同理，网格单元 Ω_e 任意坐标位置 (x, y) 处的电位值可以通过以下插值函数获得：

$$\varphi^e(x, y) = \sum_{j=1}^{N_{\mathrm{dof}}^e} \varphi_j N_j^e(x, y) \tag{3-9}$$

式中，N_{dof}^e 为一个单元内的自由度数量（对于三角形 P^1 单元，$N_{\mathrm{dof}}^e = 3$；对于三角形 P^2 单元，$N_{\mathrm{dof}}^e = 6$）；$N_j^e(x, y)$ 为有限元空间基函数限制在单元 Ω_e 上得到的形状函数。

采用伽辽金有限元法时，检验函数与试探函数空间相同，即对第 i 个自由度对应的方程而言，将式（3-8）代入式（3-7），检验函数取作 $W_i = N_i$，另外实际程序实现时，一般还需

将整体区域的积分表示为每个单元的离散加和形式。

$$\int_\Omega \varepsilon \left(\frac{\partial W_i}{\partial x} \frac{\partial \varphi}{\partial x} + \frac{\partial W_i}{\partial y} \frac{\partial \varphi}{\partial y} \right) \mathrm{d}\Omega - \int_\Omega W_i \, \rho \, \mathrm{d}\Omega \tag{3-10a}$$

$$= \sum_{j=1}^{N_\mathrm{dof}} \left\{ \int_\Omega \varepsilon \left(\frac{\partial W_i}{\partial x} \frac{\partial N_j}{\partial x} + \frac{\partial W_i}{\partial y} \frac{\partial N_j}{\partial y} \right) \mathrm{d}\Omega \right\} \varphi_j - \int_\Omega W_i \, \rho \, \mathrm{d}\Omega = 0 \tag{3-10b}$$

$$= \sum_{j=1}^{N_\mathrm{dof}} \left\{ \int_\Omega \varepsilon \left(\frac{\partial N_i}{\partial x} \frac{\partial N_j}{\partial x} + \frac{\partial N_i}{\partial y} \frac{\partial N_j}{\partial y} \right) \mathrm{d}\Omega \right\} \varphi_j - \int_\Omega N_i \, \rho \, \mathrm{d}\Omega = 0 \tag{3-10c}$$

$$= \sum_{j=1}^{N_\mathrm{dof}} \left\{ \sum_{e=1}^{N_e} \int_{\Omega_e} \varepsilon^e \left(\frac{\partial N_i^e}{\partial x} \frac{\partial N_j^e}{\partial x} + \frac{\partial N_i^e}{\partial y} \frac{\partial N_j^e}{\partial y} \right) \mathrm{d}\Omega \right\} \varphi_j - \sum_{e=1}^{N_e} \int_{\Omega_e} N_i^e \, \rho^e \mathrm{d}\Omega = 0 \tag{3-10d}$$

将式（3-7）写成单元加和形式［见式（3-10）］的好处是在数值实现时，可以通过对逐个单元进行单元分析（此时检验函数取遍每个单元形状函数），然后进行合成形成整体系数矩阵或者刚度矩阵[5]。整体合成过程中需要将自由度局部编号 i, j 和其整体编号 I, J 进行对应，即单元矩阵 (i, j) 位置的元素将被累加到整体系数矩阵 (I, J) 位置上[5]。其中，Ω_e 上的单元矩阵 (i, j) 元素 K_{ij}^e 为

$$K_{ij}^e = \int_{\Omega_e} \varepsilon^e \left(\frac{\partial N_i^e}{\partial x} \frac{\partial N_j^e}{\partial x} + \frac{\partial N_i^e}{\partial y} \frac{\partial N_j^e}{\partial y} \right) \mathrm{d}\Omega \tag{3-11}$$

单元右端向量元素为

$$F_i^e = \int_{\Omega_e} N_i^e \, \rho^e \mathrm{d}\Omega \tag{3-12}$$

整体合成之后，得到的矩阵形式为

$$\boldsymbol{K}\varphi = \boldsymbol{F} \tag{3-13}$$

这里 $\boldsymbol{K}$ 为总体刚度矩阵，由各单元刚度矩阵合成；$\boldsymbol{F}$ 为方程右端列向量，由各单元右端列向量合成。单元刚度矩阵及方程右端列向量中的各元素可采用高斯积分方式进行计算[5]。处理完第一类边界条件之后，最终的矩阵 $\boldsymbol{K}$ 稀疏正定，有限元代数方程可以用共轭梯度法及直接法进行求解。

3.1.3　二维轴对称静电场控制方程

当分析具有轴对称几何结构的静电场问题时，可将静电场的基本控制方程转化为柱坐标系表达，从而降低计算量[3]。假设 z 轴为旋转对称轴，柱面坐标系下的二维轴对称静电场基本控制方程表示为下面的泊松方程[4]：

$$-\frac{1}{r} \frac{\partial}{\partial r} \left(r\varepsilon \frac{\partial \varphi}{\partial r} \right) - \frac{\partial}{\partial z} \left(\varepsilon \frac{\partial \varphi}{\partial z} \right) = \rho \tag{3-14}$$

变形后可得

$$-\frac{\partial}{\partial r} \left(r\varepsilon \frac{\partial \varphi}{\partial r} \right) - \frac{\partial}{\partial z} \left(r\varepsilon \frac{\partial \varphi}{\partial z} \right) = r\rho \tag{3-15}$$

二维柱坐标系下静电场问题的求解中，激励源、边界条件等施加与直角坐标系的一致。

3.1.4　二维轴对称静电场有限元计算格式

采用伽辽金有限元法，可以先将式（3-15）转化为以下的加权余量积分形式[4]：

$$-\int_{\Omega} N_i \left\{ \frac{\partial}{\partial r}\left(r\varepsilon\frac{\partial\varphi}{\partial r}\right) + \frac{\partial}{\partial z}\left(r\varepsilon\frac{\partial\varphi}{\partial z}\right) \right\} \mathrm{d}r\mathrm{d}z = \int_{\Omega} r\rho N_i \mathrm{d}r\mathrm{d}z \tag{3-16}$$

进行分部积分后，式（3-16）变为与微分方程等价的有限元弱形式

$$\int_{\Omega} r\varepsilon \left(\frac{\partial N_i}{\partial r}\frac{\partial\varphi}{\partial r} + \frac{\partial N_i}{\partial z}\frac{\partial\varphi}{\partial z} \right) \mathrm{d}r\mathrm{d}z = \int_{\Omega} r\rho N_i \mathrm{d}r\mathrm{d}z \tag{3-17}$$

同二维平面电场问题一致，轴对称模型离散后，单元刚度矩阵元素 K_{ij}^e 的表达式为

$$K_{ij}^e = \int_{\Omega_e} r\varepsilon^e \left(\frac{\partial N_i^e}{\partial r}\frac{\partial N_j^e}{\partial r} + \frac{\partial N_i^e}{\partial z}\frac{\partial N_j^e}{\partial z} \right) \mathrm{d}r\mathrm{d}z \tag{3-18}$$

方程右端列向量中元素 F_i^e 为

$$F_i^e = \int_{\Omega_e} r\rho^e N_i^e \mathrm{d}r\mathrm{d}z \tag{3-19}$$

3.1.5　算例 1　TEAM 33B 静电场问题

这里以国际电磁计算协会提出的基准问题 33B（TEAM Workshop Problem 33B）[7] 为例，求解带电导体周围空间静电场及绝缘介质受到的静电力密度分布。该问题通过给两块垂直布置的铜导体 A、B 施加直流电压从而产生电场，当将绝缘样品 C 放置在该电场中时，样件受到电场力作用会产生形变，其示意图如图 3-2 所示，各部分几何结构尺寸如图 3-3 所示。该实验系统置于空气环境中，相对介电常数为 1，样品 C 的相对介电常数为 78.5。为节省计算量，该电场计算问题可以采用 x-y 二维平面电场计算（见图 3-4），其中静电力的后处理计算可以参考本章参考文献［7］，详细的 FreeFEM 实现代码如下：

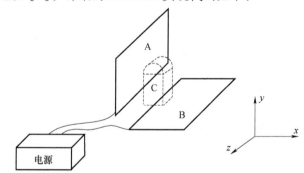

图 3-2　TEAM Workshop Problem 33B 几何模型示意图

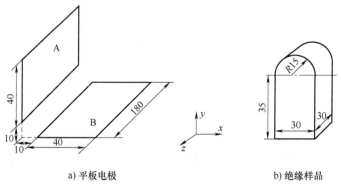

a) 平板电极　　　　　　　　　　　　　b) 绝缘样品

图 3-3　平板电极 A、B 及绝缘样品的几何结构及尺寸（单位：mm）

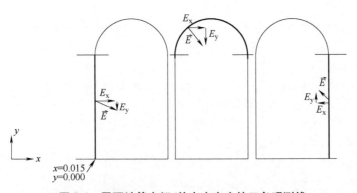

图 3-4　需要计算电场/静电力密度的三条观测线

（左侧直线段，圆弧段，右侧直线段）

文件下载 3.1

```
//-------------------------------------------------------------------------
// TEAM Workshop Problem No.33,2D electrostatic problem(Example 3.1)
//    -div(eps * grad(phi))=0
// Yanpu Zhao,created Jan-22-2021
//-------------------------------------------------------------------------
load "Element_p3"
mesh Th("Mesh33.mshf");              // load external mesh
cout<<"Number of triangles:"<<Th.nt << endl;
real eps0=8.854187817E-12;           // air object
real eps1=78.5 * eps0;               // sea water object
real HV=11E3;                        // high voltage excitation value
macro Grad2(u)[dx(u),dy(u)]          // EOM


//-------------------------------------------------------------------------
// FE spaces and variational form
//-------------------------------------------------------------------------
fespace Vh(Th,P2);                   // for unknown u
fespace Ph(Th,P0);                   // piecewise constant
Vh u,v;                              // trial and test functios
Ph epsr,eps;

epsr=1.0+(78.5-1.0) * (region==7);   // region==7 is dielectric
eps=eps0 * epsr;

varf Laplace(u,v)=int2d(Th)(eps * Grad2(u)' * Grad2(v))+on(200,u=0);   // FE matrix
varf LapRHS(u,v)  =on(200,u=0);      // right hand side vector

real[int] rhs=LapRHS(0,Vh);

matrix A=Laplace(Vh,Vh);             // sparse matrix

//-------------------------------------------------------------------------
```

```
    // Voltage excitations for electrodes,big diagonal element method
    //---------------------------------------------------------------------------------------------
    for(int k=0;k<Th.nt;k++){
        if(Th[k].region==9){              // electrode 1,phi=0
            for(int j=0;j<Vh.ndofK;j++){
                A(Vh(k,j),Vh(k,j))=1E30;
                rhs[Vh(k,j)]=0;       // ground
            }
        }
        if(Th[k].region==10){             // electrode 2,phi=11kV
            for(int j=0;j<Vh.ndofK;j++){
                A(Vh(k,j),Vh(k,j))=1E30;
                rhs[Vh(k,j)]=HV*1E30;
            }
        }
    }


    //---------------------------------------------------------------------------------------------
    // Call sparse direct solver
    //---------------------------------------------------------------------------------------------
    set(A,solver=sparsesolver);
    u[]=A^-1*rhs;// solve A*u=rhs


    //---------------------------------------------------------------------------------------------
    // output the E field along the observation line
    //---------------------------------------------------------------------------------------------
    ofstream outfileE1("EL.txt");         // left vertical edge
    int Nseg=14;
    for(int i=0;i<Nseg+1;i++){
        real yi=35E-3/Nseg*i;
        outfileE1 << yi <<"  "<<-dx(u)(14.9E-3,yi)<<"  "<<-dy(u)(14.9E-3,yi)<<
"  "<<endl;
    }

    ofstream outfileE2("ER.txt");         // right vertical edge
    for(int i=0;i<Nseg+1;i++){
        real yi=35E-3/Nseg*i;
        outfileE2 << yi <<"  "<<-dx(u)(45.1E-3,yi)<<"  "<<-dy(u)(45.1E-3,yi)<<
"  "<<endl;
    }

    //---------------------------------------------------------------------------------------------
    // output the force density along the observation line
```

```
//---------------------------------------------------------------------------------------
ofstream outfileF("Fcurve.txt");
Nseg=18;
real r=15E-3,pi=4*atan(1.0),ds=(pi*r)/18.0;
real[int] Xi=[15.015,15.465,16.355,17.660,19.335,21.330,23.585,26.035,28.700,
31.300,33.965,36.415,38.670,40.665,42.340,43.645,44.500,44.985];
real[int] Yi=[36.400,38.965,41.415,43.670,45.665,47.340,48.645,49.535,50.885,
50.885,49.535,48.645,47.340,45.665,43.670,41.415,38.965,36.400];
for(int i=1;i<Nseg;i++){
    real theta=(180-i*10)/180.0*pi;
    real xi=30E-3+r*cos(theta)*1.005;                        // Xi(i-1)/1000
    real yi=35E-3+r*sin(theta)*1.005;                        // Yi(i-1)/1000

    real n1=cos(theta),n2=sin(theta);
    real t1=-n2,t2=n1;

    real Dn=eps0*(dx(u)(xi,yi)*n1+dy(u)(xi,yi)*n2);  // in air
    real Et=dx(u)(xi,yi)*t1+dy(u)(xi,yi)*t2;

    real Fi=0.5*(1.0/eps0-1.0/eps1)*Dn^2
            +0.5*(eps1-eps0)*Et^2;// stress (N/m^2)
    outfileF << i+14 <<"  "<<Fi*ds*n1<<"  "<< Fi*ds*n2 <<endl;  // N/n
}
```

该问题有限元计算得到的电位及电场强度分布分别如图 3-5 和图 3-6 所示。图 3-7 所示

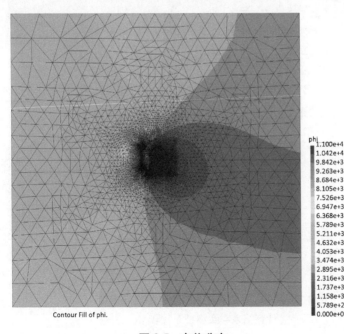

Contour Fill of phi.

phi
1.100e+4
1.042e+4
9.842e+3
9.263e+3
8.684e+3
8.105e+3
7.526e+3
6.947e+3
6.368e+3
5.789e+3
5.211e+3
4.632e+3
4.053e+3
3.474e+3
2.895e+3
2.316e+3
1.737e+3
1.158e+3
5.789e+2
0.000e+0

扫码看彩图

图 3-5　电位分布

曲线为两条竖直边界线上观测点的电场强度及参考解的对比；图 3-8 所示曲线为半圆形边界线上观测点处的静电力密度与参考解的对比。

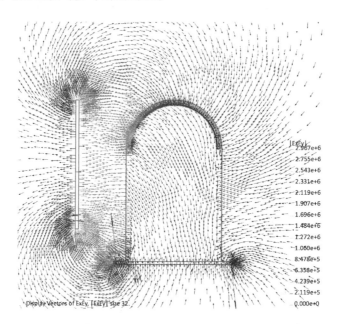

图 3-6 电场强度分布

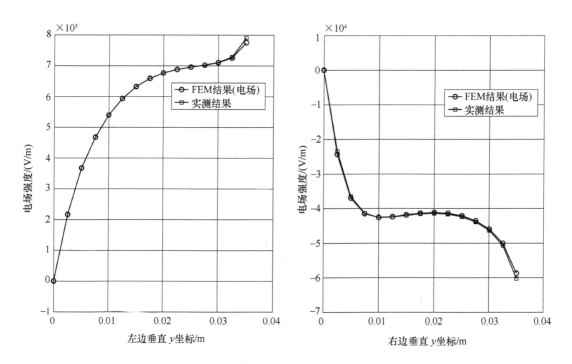

图 3-7 两条竖直边界线上观测点的电场强度

(计算结果与实测结果比较)

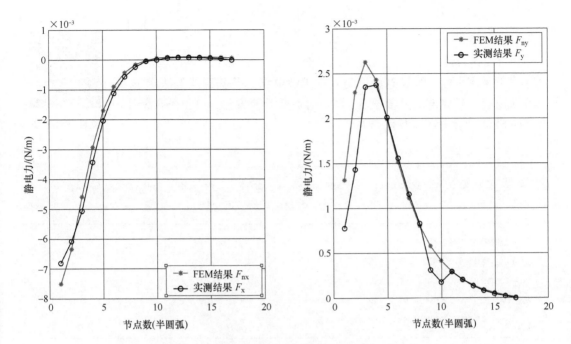

图 3-8　半圆形边界线上观测点处的静电力密度分布

（计算结果与实测结果比较）

3.1.6　算例 2　多导体系统电容矩阵的计算

对于图 3-9 所示的两条平行输电导线（$d \gg a$，$h \gg a$），试计算考虑大地影响时的多导体系统部分电容及自电容。本案例中，$a = 0.01\text{m}$，$d = 1\text{m}$，$h = 1\text{m}$，空气的相对介电常数 $\varepsilon_\text{r} = 1$。

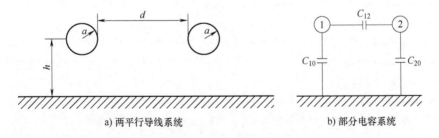

a) 两平行导线系统　　　　　　　　b) 部分电容系统

图 3-9　两条平行输电导线部分电容系统

考虑大地影响时，两个传输线系统的导体间的部分电容解析公式为[8]

$$C_{12} = C_{21} = \frac{2\pi\varepsilon_0 \ln\dfrac{\sqrt{4h^2 + d^2}}{d}}{\left(\ln\dfrac{2h}{a}\right)^2 - \left(\ln\dfrac{\sqrt{4h^2 + d^2}}{d}\right)^2} \tag{3-20}$$

导体与大地间的部分电容解析公式为[7]，

$$C_{10} = C_{20} = \frac{2\pi\varepsilon_0}{\ln\dfrac{2h\sqrt{4h^2+d^2}}{ad}} \qquad (3\text{-}21)$$

本案例采用平面二维静电场控制方程求解电场，并基于能量法求解多导体系统电容。具体方法可参考第 1 章电容参数计算方法，这里不再赘述。采用 FreeFEM 计算电容，其代码如下：

文件下载 3.2

```
//-------------------------------------------------------------------
// 2D electrostatic problem,for computation of capacitance matrix(Example 3.2)
// Hailing Li and Yanpu Zhao,created Jan-22-2022
//-------------------------------------------------------------------
load "MUMPS_seq"
real eps0=8.854187817E-12;
real epsr=1;
//-------------------------------------------------------------------
// geometry parameters conductors
//-------------------------------------------------------------------
bool debug=true;
real r=1e-2;          //r-radius of conductor
real d=1;             //d-distance of conductors
real h=1;             //distance to the ground
real RecA=80*d;       //surroundings air domain width
real RecB=280*h;      //surroundings air domain length
border Ground(t=0,RecA){x=t;y=0;label=1;}
border right(t=0,RecB){x=RecA;y=t;label=2;}
border top(t=RecA,0){ x=t;y=RecB;label=3;}
border left(t=RecB,0){x=0;y=t;label=4;}
border conduA(t=2*pi,0){x=0.5*(RecA-d)+r*cos(t);y=h+r*sin(t);label=5;}
border conduB(t=2*pi,0){x=0.5*(RecA+d)+r*cos(t);y=h+r*sin(t);label=6;}
border auxLine1(t=RecA/2-2,RecA/2+2){x=t;y=0.2*h;label=0;}
border auxLine2(t=RecA/2-2,RecA/2+2){x=t;y=0.4*h;label=0;}
border auxLine3(t=RecA/2-2,RecA/2+2){x=t;y=0.6*h;label=0;}
int E1=200;
int E2=40;
mesh Th = buildmesh ( Ground ( 3 * E1 ) + left ( E1/4 ) + top ( E1/4 ) + right ( E1/4 ) +
conduA(E2)+conduB(E2)+auxLine1(E1)+auxLine2(E1)+auxLine3(E1));
//-------------------------------------------------------------------
// FE space for unknowns,3 computations will be needed
//-------------------------------------------------------------------
fespace Vh(Th,P2);
Vh u1,v1;
```

```
Vh u2,v2;
Vh u3,v3;
// conductor 1-1V excited,conductor 2 andground-0V excited
solve Poisson1(u1,v1,solver=sparsesolver)=
      int2d(Th)(dx(u1)*dx(v1)+dy(u1)*dy(v1))
      +on(5,u1=1)+on(6,u1=0)+on(1,u1=0)+on(3,u1=0);
// conductor 2-1V excited,conductor 1+ground--0V excited
solve Poisson2(u2,v2,solver=sparsesolver)=
      int2d(Th)(dx(u2)*dx(v2)+dy(u2)*dy(v2))
      +on(5,u2=0)+on(6,u2=1)+on(1,u2=0)+on(3,u2=0);
// conductor G-1V excited,conductor 1 and conductor 2--0V excited
solve Poisson3(u3,v3,solver=sparsesolver)=
      int2d(Th)(dx(u3)*dx(v3)+dy(u3)*dy(v3))
      +on(5,u3=0)+on(6,u3=0)+on(1,u3=1)+on(3,u3=0);
//----------------------------------------------------------------
// Post-process the capacitance matrix
//----------------------------------------------------------------
real C12=int2d(Th)((dx(u1)*dx(u2)+dy(u1)*dy(u2))*epsr*eps0);//
real C10=int2d(Th)((dx(u1)*dx(u3)+dy(u1)*dy(u3))*epsr*eps0);//
real C20=int2d(Th)((dx(u2)*dx(u3)+dy(u2)*dy(u3))*epsr*eps0);//
cout<<"Mutual CAPACITOR C12="<< C12*1e12 <<"pF"<<endl;
cout<<"SELF CAPACITOR C10="<< C10*1e12 <<"pF"<<endl;
cout<<"SELF CAPACITOR C20="<< C20*1e12 <<"pF"<<endl;
```

运行程序，输出的计算结果为

```
Mutual CAPACITOR C12=1.63228pF
SELF CAPACITOR C10=-9.07807pF
SELF CAPACITOR C20=-9.07807pF
```

即导体与大地间电容 $C_{10}=C_{20}=9.07807\text{pF}$，导体间电容 $C_{12}=1.63228\text{pF}$。解析计算结果为 $C_{10}=C_{20}=9.1154\text{pF}$，$C_{12}=1.6324\text{pF}$，可见 FreeFEM 计算结果与解析计算结果最大相对误差仅约为 0.4%，达到了很高的精度。

3.1.7　算例 3　圆柱形电容器自电容的计算

圆柱形电容器的几何模型如图 3-10 所示，电容器长度为 $L=40\text{mm}$，内部有一圆柱形实心电极，外半径为 $a=5\text{mm}$；外部电极接地，内半径为 $b=6\text{mm}$。电极二者之间填充的均匀介电材料的相对介电常数 $\varepsilon_{\text{r}}=2$，不考虑边缘效应时，计算该模型的电容值。

该问题电容的解析计算公式可以参考[9]

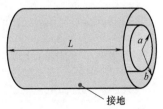

图 3-10　圆柱形电容器的几何模型

$$C = \frac{2\pi\varepsilon_0\varepsilon_r L}{\ln(b/a)} = 2.44 \times 10^{-11} \text{ F} = 24.41075 \text{pF} \tag{3-22}$$

由于该模型的轴对称性，采用有限元计算时可采用二维轴对称静电场控制方程进行离散求解，电容计算仍旧采用能量法进行后处理提取计算。FreeFEM 实现代码如下：

文件下载 3.3

```
//-------------------------------------------------------------------
// 2D electrostatic problem,for computation of capacitance matrix(Example 3.3)
// Yanpu Zhao and Hailin Li,created Jan-22-2022
//-------------------------------------------------------------------
real a=5e-3;                 // a-radius of the inner conductor
real b=6e-3;                 // b-radius of the out ground
real L=40e-3;                // length of Cylindrical Capacitors
real eps0=8.8542E-12;        // electrical parameters
real epsr=2;

border bottom(t=a,b){x=t;y=0;label=1;}
border right (t=0,L){x=b;y=t;label=2;}
border top   (t=b,a){x=t;y=L;label=3;}
border left  (t=L,0){x=a;y=t;label=4;}

mesh Th=buildmesh(bottom(20)+right(400)+top(20)+left(400));
//-------------------------------------------------------------------
// FE space and FE equation
//-------------------------------------------------------------------
fespace Vh(Th,P2);
Vh u,v;
solve Poisson(u,v,solver=LU)=int2d(Th)((dx(u)*dx(v)+dy(u)*dy(v))*eps0*
epsr*x)+on(4,u=1)+on(2,u=0);
//-------------------------------------------------------------------
// Postprocess the capacitance by calculating the energy
//-------------------------------------------------------------------
real We=epsr*eps0*int2d(Th)(2*pi*x*(dx(u)^2+dy(u)^2));
                              // electro static energy
real C11=We;
cout<<"SELF CAPACITOR C11 ="<<C11<<endl;
```

运行程序，输出的计算结果为

```
Self Capacitance C11=2.44108e-011 F
```

即自电容 $C_{11} = 24.4108$pF，与解析结果 24.41075pF 相比，前五位有效数字相同，数值计算误差达到了非常高的精度。

3.2　二维直流传导电场问题

直流传导电场也称为恒定电场，其计算区域为导电媒质。关于媒质是否导电，取决于对所研究问题的建模，通常需要设置一个电导率 σ 的门槛值，当电导率大于门槛值时认为是导体，否则近似为理想电介质。在电压直流输电装备及部件分析中，通常很多介质并不能看作是理想绝缘体，即使微小的泄漏电流也需要进行计算分析。与前文所提到的静电场不同，恒定电场中的电荷并不是静止的，但电荷在导体中的分布是不随时间变化的，每一个瞬间都是动态平衡的状态。电荷的定向移动形成电流，电源或者电动势、电压是维持这一动态平衡状态的激励源。导电媒质（除电源区以外的区域）中的恒定电场满足的基本控制方程为

$$-\nabla \cdot (\sigma \nabla \varphi) = 0 \tag{3-23}$$

可见该控制方程与式（3-1）形式上完全一致，因此二维直流传导电场的有限元方法推导与静电场时也保持一致，只需要将介电常数换为电导率即可，故只简要给出表达式。

3.2.1　二维平面直流传导电场控制方程

二维平面导电媒质中的直流传导电场满足以下的拉普拉斯方程边值问题：

$$\begin{cases} -\dfrac{\partial}{\partial x}\left(\sigma\,\dfrac{\partial \varphi}{\partial x}\right) - \dfrac{\partial}{\partial y}\left(\sigma\,\dfrac{\partial \varphi}{\partial y}\right) = 0, \text{在区域 } \Omega \text{ 中} & \text{(3-24a)} \\[2mm] \varphi\,\big|_{\varGamma_1} = \varphi_0(x,y) & \text{(3-24b)} \\[2mm] \sigma\,\dfrac{\partial \varphi}{\partial n}\bigg|_{\varGamma_2} = 0 & \text{(3-24c)} \end{cases}$$

式中，$\varGamma_1$ 上给定第一类电位边界条件；$\varGamma_2$ 上给定齐次第二类边界条件（电流密度矢量法向分量为 0）。

3.2.2　二维平面恒定电流场有限元计算格式

对于二维平面直流传导电场的拉普拉斯方程边值问题，采用有限元方法进行数值计算时，单元刚度矩阵中元素 K_{ij}^e 表达式为

$$K_{ij}^e = \int_{\Omega_e} \sigma^e \left(\frac{\partial N_i}{\partial x}\,\frac{\partial N_j}{\partial x} + \frac{\partial N_i}{\partial y}\,\frac{\partial N_j}{\partial y} \right) \mathrm{d}\Omega_e \tag{3-25}$$

该积分可通过高斯数值积分法求解得到。

3.2.3　二维轴对称直流传导电场

对于轴对称结构直流传导电场问题的求解，可将基本控制方程在柱坐标系中进行表达。假设 z 轴为对称轴，二维轴对称直流传导电场满足以下拉普拉斯方程边值问题：

$$\begin{cases} -\dfrac{\partial}{\partial r}\left(r\sigma\,\dfrac{\partial \varphi}{\partial r}\right) - \dfrac{\partial}{\partial z}\left(r\sigma\,\dfrac{\partial \varphi}{\partial z}\right) = 0, \text{在区域 } \Omega \text{ 中} & \text{(3-26a)} \\[2mm] \varphi\,\big|_{\varGamma_1} = \varphi_0(r,z) & \text{(3-26b)} \\[2mm] \sigma\,\dfrac{\partial \varphi}{\partial n}\bigg|_{\varGamma_2} = 0 & \text{(3-26c)} \end{cases}$$

3.2.4　二维轴对称恒定电流场有限元计算格式

对于二维平面直流传导电场的拉普拉斯方程边值问题，采用有限元方法进行数值计算时，单元刚度矩阵中元素 K_{ij}^e 表达式为[10]

$$K_{ij}^e = \int_{\Omega_e} r\sigma^e \left(\frac{\partial N_i^e}{\partial r} \frac{\partial N_j^e}{\partial r} + \frac{\partial N_i^e}{\partial z} \frac{\partial N_j^e}{\partial z} \right) drdz \qquad (3\text{-}27)$$

3.2.5　算例 4　金属薄片电阻计算

对于形状规则的矩形导体棒，可以直接用公式计算其电阻，但对于一般情况，需要用数值方法进行分析。本算例对厚度为 $d = 1\text{mm}$ 的矩形金属薄片计算其电阻，其中电极位置如图 3-11 所示（电极端口尺寸均为 $h = 0.6\text{mm}$），金属材料的电导率 $\sigma = 1 \times 10^7 \text{S/m}$。当 $g = 20\text{mm}$，电极电位差 $U = 0.02\text{V}$ 时，计算电流流经薄片时的电阻。对于该几何模型，其直流电阻计算的近似解析公式由本章参考文献［11］给出

$$R = \frac{\dfrac{g}{h} + 0.469}{\sigma d} = 3.80 \times 10^{-4} \Omega \qquad (3\text{-}28)$$

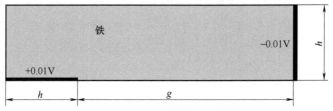

图 3-11　金属薄片几何模型

对于该模型电阻的计算可通过给在电极间施加电压 U，并计算流过端口的电流 I，根据欧姆定律，电阻可由 $R = U/I$ 进行计算。FreeFEM 代码如下：　　文件下载 3.4

```
//---------------------------------------------------------------
// Thin film resistance computation using FEM(Example 3.4)
//   -div(sigma * grad(phi))=0
// Yanpu Zhao@ Sep-27-2022
//---------------------------------------------------------------
load "MUMPS_seq"
real h=6e-3;              //electrode width
real g=20e-3;            //width of thin film
real sigma=1e7;          //electrical conductivity of the thin film
real thickFilm=1e-3;     //thickness of the thin film
real U=0.02;
//---------------------------------------------------------------
// mesh
//---------------------------------------------------------------
border electrod1(t=0,h)   {x=t;y=0;label=1;}     // horizontal
border thinFilm1(t=h,h+g){x=t;y=0;label=2;}
```

```
border electrod2(t=0,h)  {y=t;x=h+g;label=3;}    // vertical
border thinFilm2(t=h+g,0){x=t;y=h;label=4;}
border thinFilm3(t=h,0)  {x=0;y=t;label=5;}
int NPort=100;
mesh Th=buildmesh(electrod1(NPort)+thinFilm1(NPort*2)
    +electrod2(NPort)+thinFilm2(NPort*2)+thinFilm3(NPort));

//-------------------------------------------------------------------------------------------
// FE space and build,solve FE equation
//-------------------------------------------------------------------------------------------
fespace Vh(Th,P2);
Vh u,v;
real cpu=clock();
solve Poisson(u,v)=int2d(Th)(dx(u)*dx(v)+dy(u)*dy(v))+on(1,u=0.01)+on(3,
u=-0.01);

//-------------------------------------------------------------------------------------------
// Post process to get the current
//-------------------------------------------------------------------------------------------
real Icur2=int1d(Th,3)(-dx(u)*sigma*thickFilm);//current,better choose
this surface
cout<<"Current    I="<<Icur2<<endl;
cout<<"Resistance R="<<U/Icur2<<endl;
```

运行程序，输出的计算结果为

```
Current     I=52.6161
Resistance  R=0.000380112
```

从计算结果来看，数值结果与解析结果式（3-28）几乎一致。注意计算电流时，选择水平电流端口（程序中以 1 标识）和竖直端口（程序中以 3 标识）从理论上讲没有差别。但是有限元计算时，选择端口 3 更准确。另外，金属薄片区域的电位以及电流矢量分别如图 3-12 和图 3-13 所示。从图 3-13 可见，

扫码看彩图

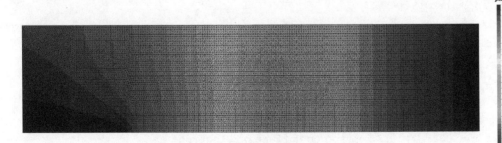

Contour Fill of phi.

图 3-12　网格及电位分布

电流在端口 1 的右侧处出现了明显偏转，而端口 3 的电流则均匀没有明显变化，因此选择端口 3 更容易保证后处理结果的精度。这只是针对特例而得到的观察结论，对于一般情况为了保证结果的精度，还是需要进行多次自适应有限元计算，通过观察后处理量的收敛情况来判断是否足够精确。

扫码看彩图

Display Vectors of JxJy, |JxJy| factor 6.1494e-11.

图 3-13　电场分布

3.2.6　算例 5　半球接地极接地电阻计算

接地电阻指的是当电流流经接地极并散流至周围土壤介质中时遇到的电阻。设半球形接地体半径 $a = 0.1$m，土壤电导率 $\sigma = 0.002$S/m。为了近似无穷大土壤区域，选取充分大（半径 20m 的半球）的有限截断区域进行分析，并在截断区域的边界上设置零电位边界条件。对于半球形接地体，当土壤区域无穷大时，接地电阻解析解表达式为[8]

$$R = \frac{1}{2\pi\sigma a} = 795.8\Omega \qquad (3-29)$$

计算方法与上例类似，对电极（由于接地体与土壤相比可以近似认为是理想导体即等势体，无需建模电极内部）与土壤交界面施加电压激励 U，再计算流经交界面的电流 I，即可计算出接地电阻 $R = U/I$。

文件下载 3.5

```
//----------------------------------------------------------------
// earth resistance of half ball conductor in 2D RZ coordinate(Example 3.5)
//    -div(sigma * grad(phi)) = 0
// Yanpu Zhao@ Sep-28-2022
//----------------------------------------------------------------
load "MUMPS_seq"
real rBall = 0.1;     // radius of electrode sphere
real rEarth = 20;     // size of  earth domain
real sigma = 0.002;   // sigma of earth

real u1 = 1000;       // voltage on surface of electrode
real u2 = 0;          // voltage on infinite boundary
```

```
//-------------------------------------------------------------------------------------------------
// Make mesh
//-------------------------------------------------------------------------------------------------
int N=100;
int NConductor=200;
real small=1E-5;
border EarthLeft(t=-rBall,-rEarth){x=0;y=t;label=1;}   // vertical,J.n=0
border Earth(t=-pi/2,0){ x=rEarth*cos(t);y=rEarth*sin(t);label=2;}     // V=u2
border EarthTop(t=rEarth,rBall){x=t;y=0;label=3;}     // horizontal,J.n=0
border Electrode(t=0,-pi/2){ x=rBall*cos(t);y=rBall*sin(t);label=4;}
                                                   // V=u1
border Elec1(t=-small,-pi/2+small){ x=1.2*rBall*cos(t);y=1.2*rBall*
sin(t);label=0;}                                   // line1
border Elec2(t=-small,-pi/2+small){ x=1.5*rBall*cos(t);y=1.5*rBall*
sin(t);label=0;}                                   // line2
mesh Th=buildmesh(EarthLeft(2*N)+EarthTop(2*N)+Earth(N/5)
    +Electrode(NConductor)+Elec1(N)+Elec2(N));


//-------------------------------------------------------------------------------------------------
// FE computation
//-------------------------------------------------------------------------------------------------
fespace Vh(Th,P2);
Vh u,v;
solve Poisson(u,v)=
    int2d(Th)((dx(u)*dx(v)+dy(u)*dy(v))*sigma*x)
  +on(4,u=u1)+on(2,u=u2);


//-------------------------------------------------------------------------------------------------
// Post-process the current through the surface of the electrode
//-------------------------------------------------------------------------------------------------
real current=0;
for (int i=0;i<NConductor;i++){
    real dtheta=-(pi/2.0/NConductor);
    real t0=i*dtheta;
    real t1=(i+1)*dtheta;
    real Jn=sqrt((-dx(u)(rBall*cos(t0),rBall*sin(t0))*sigma)^2
            +(-dy(u)(rBall*cos(t0),rBall*sin(t0))*sigma)^2)
          +sqrt((-dx(u)(rBall*cos(t1),rBall*sin(t1))*sigma)^2
            +(-dy(u)(rBall*cos(t1),rBall*sin(t1))*sigma)^2);
    real rmid=(rBall*cos(t0)+rBall*cos(t1))/2;
    real darc=abs(rBall*dtheta);
    current=current+2*pi*rmid*darc*Jn/2;
```

```
    }

    cout<<"current="<<current<<endl;
    cout<<"Resistance R="<<u1/current<<endl;
```

运行程序，输出的计算结果为

```
current=1.25307
Resistance R=798.04
```

可见 FreeFEM 有限元计算结果 798.04Ω 与解析解 795.8Ω 非常接近（相对误差约为 3%）。误差存在的原因之一是有限元计算区域并非无穷大，另外有限元网格节点的布置尚未优化，通过采用近似无穷远人工边界方法[12]及自适应有限元方法可以改进计算精度，这里不详细展开。

3.3   二维交流传导电场问题

交流传导电场（也称为时谐电场）仿真计算可用于分析由时谐电压激励等引起的非理想/有损电介质中的电场。此时所分析的计算区域中的介质一般只具有微小的电导率，并且系统的电磁场能量主要集中在电场部分，磁场能量可忽略不计。需要数值计算分析的对象包括电位、电场、电流分布及后处理计算导纳、介质损耗和电场能量等集总参数。求解交流传导电场时，假定所有的激励源及场量均以相同的频率做正弦变化，因此采用频域相量变量来进行分析可以简化计算，只需要求解一次复数方程组而无须考虑时间变量的离散。严格来讲，为了满足交流传导电场场量（电位、电场及电流等）时谐变化，所有材料参数应该为线性或者分片线性（但材料特性可以随频率变化，且材料特性参数可以为复数）。但是如果只关心介质损耗等参数，那么即使材料的电导率为非线性[13]，也可以通过等效进行频域交流电场分析并满足工程精度要求，这种近似等效方法这里不做探讨。

3.3.1   二维平面交流传导电场控制方程

对于激励源做时谐变化的线性电场问题，可用复相量法表示待求变量，从而省去时域分析时的瞬态时间步进（transient time-stepping）计算，只需要求解一次复数代数方程组。当低频（激励源电磁波的波长比场域大许多倍时）交流传导电场过渡到稳定状态时，可以忽略由于磁场的时间变化产生的感应电场（或者说忽略介质中感应的涡流，此时感应电场远小于库仑电场）。当空间自由电荷量为 0 时，以复数相量标量电位 $\dot{\varphi}$ 表示的交流传导电场所满足的拉普拉斯方程为

$$-\nabla \cdot [(\mathrm{j}\omega\varepsilon+\sigma)\nabla\dot{\varphi}] = 0 \tag{3-30}$$

在二维平面直角坐标系下，交流传导电场满足的控制方程为

$$-\frac{\partial}{\partial x}\left[(\mathrm{j}\omega\varepsilon+\sigma)\frac{\partial\dot{\varphi}}{\partial x}\right] - \frac{\partial}{\partial y}\left[(\mathrm{j}\omega\varepsilon+\sigma)\frac{\partial\dot{\varphi}}{\partial y}\right] = 0 \tag{3-31}$$

式中，j 为虚数单位；ω 为角频率。另外二维交流传导电场与直流传导电场边值问题的控制方程及边界条件等形式一致，区别仅在于未知函数为复数变量（故后续在有限元基函数下

的展开系数也为复数），这在求解过程中需要注意。

3.3.2　二维平面交流传导电场的有限元计算格式

对计算区域进行空间离散得到有限元网格后，可以进行单元分析及整体合成，所形成的方程组系数矩阵为复数对称形式。其中单元刚度矩阵中的元素 K_{ij}^e 为

$$K_{ij}^e = \int_{\Omega_e} (\sigma^e + j\omega\varepsilon^e)\left(\frac{\partial N_i}{\partial x}\frac{\partial N_j}{\partial x} + \frac{\partial N_i}{\partial y}\frac{\partial N_j}{\partial y}\right)\mathrm{d}\Omega_e \tag{3-32}$$

对于第一类电位边界条件的处理，仍然可以采用类似前面二维静电场时的处理方法。另外，FreeFEM 软件中也可以方便地调用直接法求解复数代数方程组。

3.3.3　二维轴对称交流传导电场控制方程

对于轴对称有损电介质结构，在进行模型有限元求解时，可将直角坐标系的交流传导电场边值问题变换到柱面坐标系。假设 z 轴为对称轴，柱面坐标系下的二维交流传导电流场所满足的拉普拉斯方程边值问题为

$$\begin{cases} -\dfrac{\partial}{\partial z}\left((\sigma + j\omega\varepsilon)\dfrac{\partial\dot{\varphi}}{\partial z}\right) - \dfrac{1}{r}\dfrac{\partial}{\partial r}\left(r(\sigma + j\omega\varepsilon)\dfrac{\partial\dot{\varphi}}{\partial r}\right) = 0, \text{在区域 } \Omega \text{ 中} & (3\text{-}33a) \\[2mm] \dot{\varphi}\,|_{\Gamma_1} = \dot{\varphi}_0 & (3\text{-}33b) \\[2mm] \dfrac{\partial\dot{\varphi}}{\partial n}\bigg|_{\Gamma_2} = 0 & (3\text{-}33c) \end{cases}$$

式中，在 Γ_1 上给定第一类电位边界条件；Γ_2 上给定齐次第二类边界条件（电流密度矢量法向分量为 0）。

3.3.4　二维轴对称交流传导电场的有限元计算格式

同理，类比于二维轴对称静电场恒定电场时的有限元格式推导，将二维轴对称交流传导电场控制方程式（3-33a）通过采用伽辽金法推导得到与之等效的积分形式。给式（3-33a）两边同乘以检验函数 N_i 并采用格林公式进行分部积分，可将上述微分方程边值问题式（3-33a～c）转化为如下积分形式的等效弱形式：

$$\int_{\Omega} r(\sigma + j\omega\varepsilon)\left(\frac{\partial N_i}{\partial r}\frac{\partial\dot{\varphi}}{\partial r} + \frac{\partial N_i}{\partial z}\frac{\partial\dot{\varphi}}{\partial z}\right)\mathrm{d}r\mathrm{d}z = 0 \tag{3-34}$$

式（3-35）给出了二维轴对称交流传导电场有限元方法单元刚度矩阵元素的计算公式，即

$$K_{ij}^e = \int_{\Omega_e} r(\sigma^e + j\omega\varepsilon^e)\left(\frac{\partial N_i}{\partial r}\frac{\partial N_j}{\partial r} + \frac{\partial N_i}{\partial z}\frac{\partial N_j}{\partial z}\right)\mathrm{d}r\mathrm{d}z \tag{3-35}$$

3.3.5　算例6　有损电介质平板电容器的介质损耗计算

对于如图 3-14 所示的有损介质平板电容器，两端电极施加频率 $f = 100\text{kHz}$，有效值 $U = 220\text{V}$ 的正弦电压激励，忽略边缘效应，计算此时电容器的介质损耗。模型的几何尺寸如图 3-14 所示（$d = 1\text{mm}$，$L = h = 10\text{mm}$），电介质的相对介电常数 $\varepsilon_r = 2.3$，介质损耗角正切值 $\tan\delta = 0.0075$。复数介电常数可表示为 $\varepsilon = \varepsilon_0(\varepsilon_r - j\varepsilon_r'') = \varepsilon_0\varepsilon_r(1 - j\tan\delta)$[14]，其中介电损耗角正切 $\tan\delta$ 为

$$\tan\delta = \frac{\varepsilon_r''}{\varepsilon_r} \tag{3-36}$$

图 3-14　有损介质平板电容器[15]

文件下载 3.6

　　该三维平板电容器的厚度 d 远小于其他方向尺寸，故可将该案例简化为频域的二维平面交流传导电场求解，其中 FreeFEM 源代码实现如下：

```
//------------------------------------------------------------------------
// 2D plane,lossy capacitor,compute the dielectric loss(Example 3.6)
//    -div((j*w*eps+sigma)*grad(phi))=0
// Yanpu Zhao@ Sep-27-2022
//------------------------------------------------------------------------
load "MUMPS_seq"

//------------------------------------------------------------------------
// parameters
//------------------------------------------------------------------------
real eps0=8.854187817E-12;
real epsr=2.3;
real Losstan=0.0075;
real freq=1E5;
real U0=220*sqrt(2);
real omega=2*pi*freq;
real sigma=omega*eps0*epsr*Losstan;  // apparent conductivity[15]
complex jweps=1i*omega*eps0*epsr;

//------------------------------------------------------------------------
// Make mesh
//------------------------------------------------------------------------
real Length=10E-3;
real Thick=1E-3;
real Width=Length;
border Edge1(t=Length,0){x=0;     y=t;label=1;}
border Edge3(t=0,Length){x=Thick;y=t;label=3;}
border Edge2(t=0,Thick)  {x=t;     y=0;label=2;}
```

```
border Edge4(t=Thick,0)  {x=t;    y=Length;label=4;}

int N=10;
mesh Th=buildmesh(Edge1(10 * N)+Edge2(N)+Edge3(10 * N)+Edge4(N));

//--------------------------------------------------------------------------
// FE computation
//--------------------------------------------------------------------------
fespace Vh(Th,P2);
Vh<complex> u,v;
solve PoissonAC(u,v,solver=sparsesolver)=
    int2d(Th)(jweps * (1.0-1i * Losstan) * (dx(u) * dx(v)+dy(u) * dy(v)))
  +on(1,u=0)+on(3,u=U0);

//--------------------------------------------------------------------------
// Compute the active power loss
//--------------------------------------------------------------------------
macro Ex()-dx(u)// EOM
macro Ey()-dy(u)// EOM

macro Jx()(sigma * Ex+jweps * Ex)  //
macro Jy()(sigma * Ey+jweps * Ey)  //

complex S=int2d(Th)(Ex * conj(Jx)+Ey * conj(Jy));
real PA=0.5 * real(S);
real PR=0.5 * imag(-S);
cout<<endl <<endl;
cout<< "Active  power=" << PA * Width <<endl;
cout<< "Reactive power=" << PR * Width <<endl;
cout<< "Loss tangent  =" << PA/PR <<endl;
```

　　运行程序，输出的计算结果为 Active power=0.000464476，即有限元计算得到的有损电容器的介质损耗为 0.464mW，这与本章参考文献［15］给出的结果一致。

3.3.6　算例 7　电缆接头的交流电场计算

　　电缆接头的电场分析是典型的工程应用问题，在此对其简化建模分析。图 3-15 给出了电缆接头结构对称面的示意图和部分相关尺寸[16]。其中，绿色区域为等效的电力电缆载流导体部分，材料为紫铜。区域①②为包裹电缆的绝缘外表皮，为了使电缆接头与原来的电缆外皮紧密结合，在电缆接头的绝缘材料削出了一个较小的倾斜角，同时也可以达到使绝缘外皮中的电场强度分布均匀化的目的。区域①的 RZ 坐标系中的角点坐标值为 $A(7.5,75)$、$B(10.5,75)$、$C(10.5,46.79)$、$D(7.5,57.99)$、$E(15,30)$、$F(15,0)$、$G(7.5,0)$，单位为 mm。由于结构对称性，故只取 RZ 坐标系的第一象限部分进行分析。

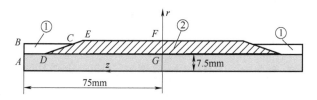

图 3-15　电缆接头几何模型

子区域①相对介电常数为 $\varepsilon_r = 4$，体积电导率为 $\sigma = 10S/m$；子区域②相对介电常数为 $\varepsilon_r = 5$，体积电导率为 $\sigma = 10S/m$（与本章参考文献［16］不同，这里考虑了介电材料的体积电导率损耗），频率为 $f = 50Hz$，绝缘电缆铜芯（绿色区域）施加电压激励幅值为 14140V，电缆绝缘外表面护套接地（即令 BC、CE、EF 线段部分电位为 0）。FreeFEM 源代码如下：

文件下载 3.7

```
//-----------------------------------------------------------
// 2D RZ,AC conduction,cable joint(Example 3.7)
// Yanpu Zhao@ Oct-07-2022
//-----------------------------------------------------------
load "MUMPS_seq"

//-----------------------------------------------------------
// parameters
//-----------------------------------------------------------
real eps0=8.854187817E-12;
real epsrDie1=4;
real epsrDie2=5;
real freq=50;                            // unit:Hz
real sigma=10;                           // Unit:S/m
real omega=2*pi*freq;


//-----------------------------------------------------------
// geometry model
//-----------------------------------------------------------
real CopLength=75e-3;                    // unit:m
real CopThick=7.5e-3;                    // origin
real Die1Width=3e-3;
real Die1Right=28.21e-3;
real Die2Left=57.99e-3;
real Die2Width=7.5e-3;
real Die2Right=30e-3;
real LegthVac=CopLength*2;               // surroundings Y
real WidthVac=(CopThick+Die2Width)*2;    // surroundings X
```

```
border DG(t=Die2Left,0){x=CopThick;y=t;label=1;}
border AD(t=CopLength,Die2Left){x=CopThick;y=t;label=2;}
border CopTop(t=0,CopThick){x=t;y=CopLength;label=3;}

border VacLeft(t=LegthVac,CopLength){x=0;y=t;label=4;}
border VacTop(t=WidthVac,0){x=t;y=LegthVac;label=5;}
border VacRigth(t=0,LegthVac){x=WidthVac;y=t;label=6;}
border VacBot(t=CopThick+Die2Width,WidthVac){x=t;y=0;label=7;}

border EF(t=Die2Right,0){x=CopThick+Die2Width;y=t;label=8;}
border CE(t=CopThick+Die1Width,CopThick+Die2Width){x=t;y=-3.73*t+85.955*
1e-3;label=9;}
border BC(t=CopLength,CopLength-Die1Right){x=CopThick+Die1Width;y=t;
label=10;}

border AB(t=CopThick,CopThick+Die1Width){x=t;y=CopLength;label=11;}
border CD(t=CopThick+Die1Width,CopThick){x=t;y=-3.73*t+85.955*1e-3;
label=12;}
border VacBot2(t=CopThick+Die2Width,CopThick){x=t;y=0;label=13;}

int n1=15,n2=2*n1,n3=4*n1,n4=6*n1,n5=10*n1;
mesh Th = buildmesh(CopTop(n2)+VacLeft(n4)+VacTop(n3)+VacRigth(n5)+
VacBot(n2)
        +BC(n4)+AB(n1)+EF(n3)+CE(n3)
        +CD(n3)+DG(n3)+VacBot2(-n2)+AD(n2));


//-------------------------------------------------------------------------------------
// FE computation
//-------------------------------------------------------------------------------------
fespace Vh(Th,P2);
Vh<complex> u,v;
int Vac=Th(LegthVac*0.6,WidthVac*0.6).region;
int die2=Th(CopThick+Die2Width*0.5,Die2Right).region;
int die1=Th(CopThick+Die1Width*0.5,CopLength-Die1Right*0.5).region;

Vh epsr=epsrDie1*(region==die1)+epsrDie2*(region==die2)+1*(region==Vac);
Vh sigmaX=sigma*(region==die1)+sigma*(region==die2)+1*(region==Vac);


solve Poisson(u,v,solver=sparsesolver)=
    int2d(Th)((1i*omega*eps0*epsr+sigma)*x*(dx(u)*dx(v)+dy(u)*dy(v)))
  +on(1,2,3,u=14140)+on(8,9,10,u=0);
```

运行程序，计算得到的电缆接头处的电位、电场强度矢量及幅值分布如图 3-16 所示（其中只对实部进行了展示），这与本章参考文献［16］中所展示的结果接近。另外对于铜导体，由于它是等势体，所以这里并没有对导体区域进行建模，只是将导体的外边界设置了高电位。这与本章参考文献［16］中介绍的方法不同，但是不影响计算结果。

扫码看彩图

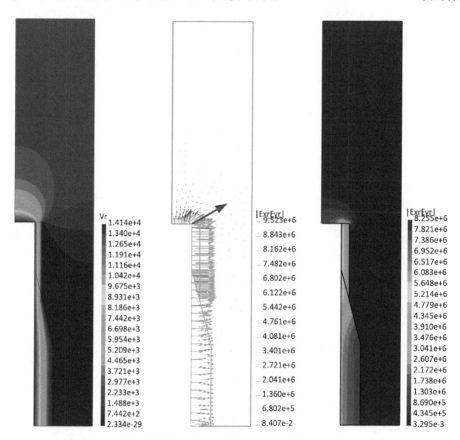

图 3-16　电缆接头处的电位、电场强度矢量及幅值分布（实部）

3.4　二维瞬态电场问题

前面各节分别讲述了静电场、恒定电场和交流传导电场边值问题的有限元方法及求解过程。在电力装备的实际运行过程中，可能遭受诸如电压极性反转、短路、冲击电压等瞬态激励的作用，此时采用时域瞬态电场分析更加方便。另外，即使激励源呈正弦变化，但求解区域含有非线性电介质时，严格来说电磁场分布也是非正弦的，采用交流电场分析需要等效近似处理并引入误差。因此在高压电力装备、器件的低频仿真中，瞬态电场分析的应用非常广泛[13,17]。

3.4.1　二维平面瞬态电场控制方程

在高电压电力装备绝缘分析计算领域，为了分析绝缘介质中的瞬态电场分布，往往可以忽略材料中的磁场能量，采用瞬态电场模型。瞬态电场求解不仅需要给出边值条件，还需要提供待求解问题的初值条件。一般情况下，时域瞬态电场满足以下方程及边界条件[17]：

$$\begin{cases} -\nabla \cdot \left(\sigma \nabla \varphi + \dfrac{\partial}{\partial t}(\varepsilon \nabla \varphi) \right) = 0, \text{在区域 } \Omega \text{ 中} & (3\text{-}37\text{a}) \\[2mm] \varphi \mid_{\varGamma_1} = \varphi_{\text{bc}}(t) & (3\text{-}37\text{b}) \\[2mm] \dfrac{\partial \varphi}{\partial n} \bigg|_{\varGamma_2} = 0 & (3\text{-}37\text{c}) \\[2mm] \varphi \mid_{t=0} = \varphi_0 & (3\text{-}37\text{d}) \end{cases}$$

直角坐标系下，二维线性瞬态电场为求解满足以下初边值问题：

$$\begin{cases} -\left(\sigma + \varepsilon \dfrac{\partial}{\partial t} \right) \left(\dfrac{\partial^2 \varphi}{\partial x^2} + \dfrac{\partial^2 \varphi}{\partial y^2} \right) = 0, \text{在区域 } \Omega \text{ 中} & (3\text{-}38\text{a}) \\[2mm] \varphi \mid_{\varGamma_1} = \varphi_{\text{bc}}(x, y, t) & (3\text{-}38\text{b}) \\[2mm] \dfrac{\partial \varphi}{\partial n} \bigg|_{\varGamma_2} = 0 & (3\text{-}38\text{c}) \\[2mm] \varphi \mid_{t=0} = \varphi_0(x, y) & (3\text{-}38\text{d}) \end{cases}$$

每一时刻，介质 1 与介质 2 分界面处的衔接条件为

$$\begin{cases} \varphi_1 = \varphi_2 & (3\text{-}39\text{a}) \\[2mm] \sigma_2 \dfrac{\partial \varphi_2}{\partial n} - \sigma_1 \dfrac{\partial \varphi_1}{\partial n} = -\dfrac{\partial}{\partial t}\left(\varepsilon_2 \dfrac{\partial \varphi_2}{\partial n} - \varepsilon_1 \dfrac{\partial \varphi_1}{\partial n} \right) \Rightarrow & (3\text{-}39\text{b}) \\[2mm] \sigma_2 \dfrac{\partial \varphi_2}{\partial n} + \varepsilon_2 \dfrac{\partial}{\partial t} \dfrac{\partial \varphi_2}{\partial n} = \sigma_1 \dfrac{\partial \varphi_1}{\partial n} + \varepsilon_1 \dfrac{\partial}{\partial t} \dfrac{\partial \varphi_1}{\partial n} & (3\text{-}39\text{c}) \end{cases}$$

式中，n 为分界面处的单位法向量，方向从介质 1 指向介质 2。由于不同介质介电常数及电导率的不同，故电荷会在分界面处累积。分界面处的面电荷密度 τ 为

$$\tau = \varepsilon_2 E_{2\text{n}} - \varepsilon_1 E_{1\text{n}} \tag{3-40}$$

这里，$E_{1\text{n}}$、$E_{2\text{n}}$ 分别表示介质 1、2 分界面处的电场强度法向分量，其中

$$\begin{cases} E_{2\text{n}} = -\dfrac{\partial \varphi_2}{\partial n} & (3\text{-}41\text{a}) \\[2mm] E_{1\text{n}} = -\dfrac{\partial \varphi_1}{\partial n} & (3\text{-}41\text{b}) \end{cases}$$

3.4.2　二维平面瞬态电场有限元计算格式

与稳态电场中电位满足的边值问题的有限元方法类似，为了采用有限元方法求解上述关于电位的偏微分方程初边值问题，需要将控制方程转化为与之等效的弱形式。对于二维平面瞬态电场的初边值问题，将方程两边同时乘以权函数 W_i 并分部积分，可以得到式（3-38）等效的弱积分形式

$$\begin{aligned} & \int_\Omega \nabla W_i \cdot \left(\sigma \nabla \varphi + \frac{\partial}{\partial t}(\varepsilon \nabla \varphi) \right) \mathrm{d}x \mathrm{d}y \\ & = \int_\Omega \sigma \left(\frac{\partial W_i}{\partial x} \frac{\partial \varphi}{\partial x} + \frac{\partial W_i}{\partial y} \frac{\partial \varphi}{\partial y} \right) \mathrm{d}x \mathrm{d}y + \frac{\partial}{\partial t} \int_\Omega \varepsilon \left(\frac{\partial W_i}{\partial x} \frac{\partial \varphi}{\partial x} + \frac{\partial W_i}{\partial y} \frac{\partial \varphi}{\partial y} \right) \mathrm{d}x \mathrm{d}y = 0 \end{aligned} \tag{3-42}$$

对于伽辽金有限元法,取权函数与有限元基函数相等,即 $W_i = N_i$。注意,在推导弱形式时同时用到了内边界条件式(3-39c)的处理方法[18],即内边界条件与齐次自然边界条件式(3-38c)一样,并不会出现在有限元弱形式中,这也是有限元方法处理复杂边界条件的优势所在。式(3-42)的矩阵形式为

$$K_\sigma \varphi + K_\varepsilon \frac{\mathrm{d}\varphi}{\mathrm{d}t} = 0 \tag{3-43}$$

对于任意有限单元 e,与其关联的单元刚度矩阵 K_σ^e 中的元素表达式为

$$K_{\sigma,ij}^e = \int_{\Omega_e} \sigma \left(\frac{\partial N_i}{\partial x} \frac{\partial N_j}{\partial x} + \frac{\partial N_i}{\partial y} \frac{\partial N_j}{\partial y} \right) \mathrm{d}x\mathrm{d}y \tag{3-44}$$

单元矩阵 K_ε^e 中的元素表达式为

$$K_{\varepsilon,ij}^e = \int_{\Omega_e} \varepsilon \left(\frac{\partial N_i}{\partial x} \frac{\partial N_j}{\partial x} + \frac{\partial N_i}{\partial y} \frac{\partial N_j}{\partial y} \right) \mathrm{d}x\mathrm{d}y \tag{3-45}$$

对于式(3-43)的空间半离散有限元方程,时间导数项的处理可以采用向后欧拉法及 Crank-Nicolson 法等进行时间导数离散[17,18]。

3.4.3　二维轴对称瞬态电场

对于二维轴对称结构或者近似轴对称结构,采用柱面坐标系进行建模分析最为方便,同时可以达到降维计算的目的。柱面坐标系下的二维轴对称瞬态电场满足以下初边值问题[19]:

$$\begin{cases} -\left(\sigma + \varepsilon \frac{\partial}{\partial t} \right) \left(\frac{1}{r} \frac{\partial}{\partial r} \left(r \frac{\partial \varphi}{\partial r} \right) + \frac{\partial^2 \varphi}{\partial z^2} \right) = 0, \text{在区域 } \Omega \text{ 中} & (3\text{-}46\mathrm{a}) \\[2mm] \varphi \mid_{\Gamma_1} = \varphi_{\mathrm{bc}}(t,r,z) & (3\text{-}46\mathrm{b}) \\[2mm] \frac{\partial \varphi}{\partial n} \Big|_{\Gamma_2} = 0 & (3\text{-}46\mathrm{c}) \\[2mm] \varphi \mid_{t=0} = \varphi_0(r,z) & (3\text{-}46\mathrm{d}) \end{cases}$$

3.4.4　二维轴对称瞬态电场有限元计算格式

类比二维轴对称静电场有限元格式推导,二维轴对称瞬态电场的初边值问题最终可离散化为代数形式。对于任意有限单元 e,与其关联的单元刚度矩阵 K_σ^e 的元素为

$$K_{\sigma,ij}^e = \int_{\Omega_e} r\sigma^e \left(\frac{\partial N_i}{\partial x} \frac{\partial N_j}{\partial x} + \frac{\partial N_i}{\partial y} \frac{\partial N_j}{\partial y} \right) \mathrm{d}r\mathrm{d}z \tag{3-47}$$

单元矩阵 K_ε^e 中的元素为

$$K_{\varepsilon,ij}^e = \int_{\Omega_e} r\varepsilon^e \left(\frac{\partial N_i}{\partial x} \frac{\partial N_j}{\partial x} + \frac{\partial N_i}{\partial y} \frac{\partial N_j}{\partial y} \right) \mathrm{d}r\mathrm{d}z \tag{3-48}$$

3.4.5　算例8　多层电容器瞬态电场分析

本案例展示如何利用 FreeFEM 软件对二维平面瞬态电场进行分析,所分析的对象是一个三层平板电介质复合绝缘结构,目标是计算在极性反转电压作用下的绝缘特性。模型结构如图 3-17 所示,其中高 $a = 50\mathrm{mm}$,宽 $b = 50\mathrm{mm}$,厚 $d_1 = 10\mathrm{mm}$,$d_2 = 4\mathrm{mm}$,$d_3 = 10\mathrm{mm}$,且三

种电介质的材料属性见表 3-1[20]。

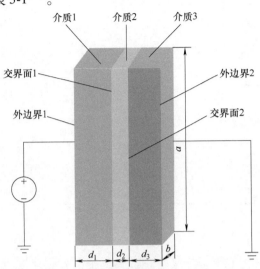

图 3-17　三层平板电介质模型结构

表 3-1　三种电介质的材料属性

介质	电阻率 $\rho/(G\Omega \cdot m)$	相对介电常数 ε_r
介质 1	10	2.2
介质 2	1000	3.4
介质 3	100	2.2

该模型中的电压激励波形随时间的变化如图 3-18 所示。电压源先在负极性运行一段时间，这里取 $t_1 = 200s$，从而保证其已进入直流稳态，而后在 $\Delta t = 1ms$ 时间内完成极性反转，电压源变为正极性，继续运行 $t_1 = 200s$ 时间之后，即 $t_2 = 400s + \Delta t$，保证其重新进入直流稳态。对此多层平板电介质模型，若忽略边缘效应，则可简化为二维平面瞬态电场求解。FreeFEM 源代码如下：

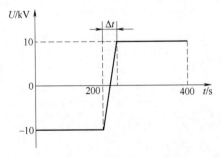

图 3-18　电压激励波形随时间变化示意图

文件下载 3.8

```
//------------------------------------------------------------------------
// Using the standard FEM to solve 2D transient electric field problem in
// XY coordinate(Example 3.8)
// Yanpu Zhao@ Oct-2022
//------------------------------------------------------------------------
```

```
//   ^y
//   |
//   D-------------------------C
//   |          1           |
//   E-------------------------H
//   |          2           |
//   F-------------------------G
//   |          3           |
//   A-------------------------B---->x
//
//----------------------------------------------------------------------------------
load "MUMPS_seq"

real d1=10.0/1000;        // (m)
real d2=4.0/1000;         // (m)
real d3=d1;
real b  =50.0/1000;       // (m)

real eps0=8.8542E-12;     //
real eps1=2.2*eps0;
real eps2=3.4*eps0;
real eps3=2.2*eps0;

real sgm1=1E-10;
real sgm2=1E-12;
real sgm3=1E-11;

int Nmesh=4;
int N1=400;                   // time interval number for steady phase
int N2=50;                    // time interval number for reversal phase


ofstream of1("voltage.txt");of1.precision(12);
ofstream of2("Efield.txt");  of2.precision(12);
int iMax=4;

//----------------------------------------------------------------------------------
// Make mesh
//----------------------------------------------------------------------------------
int C0=1,C1=100,C2=200;
int M1=Nmesh*10,M2=Nmesh*2,M3=Nmesh;
```

```
// (1)the whole rectangle region of the solution domain
border AB(t=0,b)        { x=t;     y=0;  label=C1;}
border BG(t=0,d3)       { x=b;     y=t;  label=C0;}
border GH(t=d3,d3+d2){ x=b;     y=t;  label=C0;}
border HC(t=d3+d2,d3+d2+d1)  { x=b;     y=t;label=C0;}
border CD(t=b,0)             { x=t;     y=d3+d2+d1;label=C2;}
border DE(t=d3+d2+d1,d3+d2)  { x=0;     y=t;label=C0;}
border EF(t=d2+d3,d3)        { x=0;     y=t;label=C0;}
border FA(t=d3,0)            { x=0;     y=t;label=C0;}


// (2)EH and FG
border EH(t=0,b){ x=t;  y=d2+d3;  label=C0;}  // -n
border FG(t=0,b){ x=t;  y=d3;      label=C0;}  // -n,Axn=0==>B.n=0
mesh Th=buildmesh(AB(M1)+BG(M2)+GH(M3)+HC(M2)
    +CD(M1)+DE(M2)+EF(M3)+FA(M2)+FG(M1)+EH(M1));


//-------------------------------------------------------------------------------
// FE part,backward Euler Scheme for time-stepping
//-------------------------------------------------------------------------------
macro Grad2(u)[dx(u),dy(u)]                   // EOM

real T1=200.0,Tr=1E-3,T2=T1+Tr,T3=T2+T1;
real dt1=T1/N1;                              // positive or negative
real dt2=(T2-T1)/N2;                          // switch process
int r1=Th(b/2,d2+d3+d1/2). region;
int r2=Th(b/2,d3+d2/2). region;
int r3=Th(b/2,d3/2). region;

fespace Vh(Th,P2);
fespace Wh(Th,P0);
Wh sgm,eps;
Vh u,v,uold;

sgm=sgm1*(region==r1)+sgm2*(region==r2)+sgm3*(region==r3);
eps=eps1*(region==r1)+eps2*(region==r2)+eps3*(region==r3);

varf MatSgm(u,v)=int2d(Th)(sgm*Grad2(u)'*Grad2(v))+on(C1,u=0)+on(C2,u=1);
varf MatEps1(u,v)=int2d(Th)(eps/dt1*Grad2(u)'*Grad2(v));
varf MatEps2(u,v)=int2d(Th)(eps/dt2*Grad2(u)'*Grad2(v));

matrix Mat0=MatSgm(Vh,Vh);
matrix Mat1=MatEps1(Vh,Vh);
```

```
matrix Mat2 =MatEps2(Vh,Vh);

matrix AA=Mat0+Mat1;
matrix BB=Mat0+Mat2;
cout<<"matrix AA and BB are done…"<<" matrix size is:" <<Vh.ndof<< endl;
set(AA,solver=sparsesolver);
set(BB,solver=sparsesolver);

real Vmax=10E3;
real tNow;
func uex=-Vmax*(tNow<=T1)+Vmax*(tNow>=T2)
        +(-Vmax+2*Vmax*(tNow-T1)/Tr)*(tNow>T1&&tNow<T2);
varf RHS(u,v)=on(C2,u=uex);
tNow=0;        // initial time
u=0;           // initial condition
uold=u;        // last-time-step solution
for(int i=0;i<N1;i++){
    tNow=tNow+dt1;
    real[int] rhs=RHS(0,Vh);
    real[int] rhs2=Mat1*uold[];
    rhs=rhs+rhs2;
    u[]=AA^-1*rhs;
    uold=u;
    of1<<tNow<<" " << uex <<endl;
    of2<<tNow<<" " << dy(u)(b/2,d3/2)<<" "<<dy(u)(b/2,d3+d2/2)<<" "<<dy
(u)(b/2,d3+d2+d1/2)<<endl;
}
for(int i=0;i<N2;i++){
    tNow=tNow+dt2;
    real[int] rhs=RHS(0,Vh);
    real[int] rhs2=Mat2*uold[];
    rhs=rhs+rhs2;
    u[]=BB^-1*rhs;
    uold=u;
    of1<<tNow<<" " << uex <<endl;
    of2<<tNow<<" " << dy(u)(b/2,d3/2)<<" "<<dy(u)(b/2,d3+d2/2)<<" "<<dy
(u)(b/2,d3+d2+d1/2)<<endl;
}
for(int i=0;i<N1;i++){
    tNow=tNow+dt1;
    real[int] rhs=RHS(0,Vh);
    real[int] rhs2=Mat1*uold[];
```

```
      rhs=rhs+rhs2;
      u[]=AA^-1 * rhs;
      uold=u;
      of1<<tNow<<" " << uex <<endl;
      of2<<tNow<<" " << dy(u)(b/2,d3/2)<<" "<<dy(u)(b/2,d3+d2/2)<<" "<<dy
(u)(b/2,d3+d2+d1/2)<<endl;
    }
```

采用上述源代码可计算得到不同电介质层的电场强度分布，并绘制出不同时刻三层电介质层的电场强度随时间变化曲线，如图 3-19 所示，多层电介质在电压极性反转作用下最大场强出现在中间层电介质，电压极性反转过程中场强变化幅度达到了约 4000kV/m，绝缘设计过程中需要特别关注。

扫码看彩图

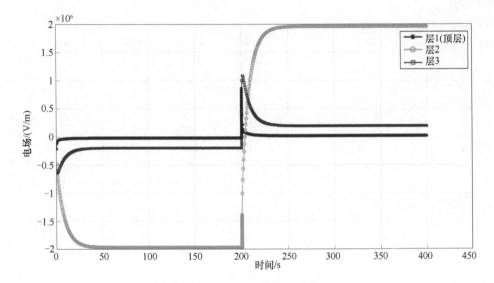

图 3-19 三层电介质层的电场强度瞬态变化

3.4.6 算例 9 圆盘形电容器瞬态电场分析

本算例中，将计算外加交变电流时，通过圆盘形电容器的电流。假设电容器中电介质为理想电介质，即电导率 $\sigma = 0$，相对介电常数 $\varepsilon_r = 4$。圆盘形电容器模型及几何尺寸如图 3-20 所示。极板两端施加幅值 $U = 100V$，频率 $f = 1000Hz$ 的正弦交变电压。忽略边缘效应，圆盘形电容器的电容值解析公式为

$$C = \frac{\varepsilon \pi r^2}{h} \tag{3-49}$$

那么通过电容器的电流解析解为

$$i = C\frac{\mathrm{d}u}{\mathrm{d}t} = \frac{2\varepsilon f U \pi^2 r^2}{h}\cos(2\pi ft) \tag{3-50}$$

采用有限元发求解时，由于圆盘形电容器几何结构的轴对称性，故该问题可等效为二维

轴对称瞬态电场问题求解。FreeFEM 实现源代码如下：

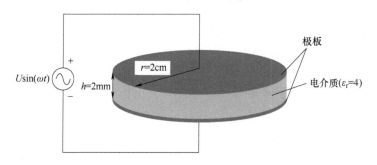

图 3-20　圆盘形电容器模型及几何尺寸

文件下载 3.9

```
//-------------------------------------------------------------------
// Using the standard FEM to solve 2D RZ transient electric field problem
// (Example 3.9)
// Yanpu Zhao@ Dec-2022
//-------------------------------------------------------------------
//  ^z(y)
//  |
//  D-------------------------C
//  |                         |
//  |                         |
//  A-------------------------B---->r(x)
//-------------------------------------------------------------------
load "MUMPS_seq"

real R=0.02;              // (m)
real H=2.0/1000;          // (m)

real eps=4 * 8.8542E-12;  //
real sgm=0;               //
real Cap=eps * pi * R * R/H;

int Nmesh=4;
int N1=400;               // time interval number
real freq=1E3;
real Tend=4/freq;
real dt=Tend/N1;

ofstream of1("voltage.txt"); of1.precision(12);
ofstream of2("current.txt"); of2.precision(12);

//-------------------------------------------------------------------
```

```
// Mesh
//-------------------------------------------------------------------------------------------------------
int C0=1,C1=100,C2=200;
int M1=Nmesh*10,M2=Nmesh;

// (1)the whole rectangle region of the solution domain
border AB(t=0,R)  { x=t;   y=0;   label=C1;}
border BC(t=0,H)  { x=R;   y=t;   label=C0;}
border CD(t=R,0)  { x=t;   y=H;   label=C2;}
border DA(t=H,0)  { x=0;   y=t;   label=C0;}


mesh Th=buildmesh(AB(M1)+BC(M2)+CD(M1)+DA(M2));


//plot(Th,wait=1);


//-------------------------------------------------------------------------------------------------------
// FE part,backward Euler Scheme for time-stepping
//-------------------------------------------------------------------------------------------------------
fespace Vh(Th,P2);
Vh u,v,uold;

macro Grad2(u)[dx(u),dy(u)]   // EOM
macro Jz()    (-sgm*dy(u)-eps/dt*(dy(u)-dy(uold)))    // EOM

varf MatSgm(u,v)=int2d(Th)(x*sgm*Grad2(u)'*Grad2(v))+on(C1,u=0)+on(C2,
u=1);
varf MatEps(u,v)=int2d(Th)(x*eps/dt*Grad2(u)'*Grad2(v));

matrix Mat0=MatSgm(Vh,Vh);
matrix Mat1=MatEps(Vh,Vh);

matrix AA=Mat0+Mat1;
cout<<"matrix AA is done…"<<" matrix size is:" <<Vh.ndof<< endl;
set(AA,solver=sparsesolver);

real Vmax=1E2;
real tNow;
func uex=Vmax*sin(2*pi*freq*tNow);


varf RHS(u,v)=on(C2,u=uex);
```

```
tNow=0;        // initial time
u=0;           // initial condition
uold=u;        // last-time-step solution
for(int i=0;i<N1;i++){
    tNow=tNow+dt;
    real[int] rhs=RHS(0,Vh);
    real[int] rhs2=Mat1*uold[];
    rhs=rhs+rhs2;
    u[]=AA^-1*rhs;

    of1<<tNow<<" " << uex <<endl;
    of2<<tNow<<" " << int1d(Th,C1)(-2*pi*x*Jz)<<" "
        <<Cap*Vmax*2*pi*freq*cos(2*pi*freq*tNow)<<endl;

    uold=u;
}
```

有限元计算得到圆盘形电容器在四个周期内的电流，并将计算结果与解析结果比较，如图 3-21 所示，从图中可看出二者达到了高度吻合。

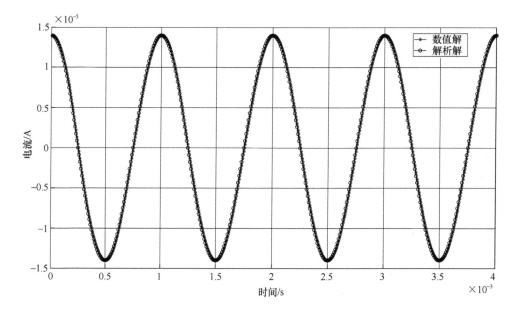

图 3-21 通过圆盘形电容器的电流随时间的变化（数值解与解析解对比）

参 考 文 献

［1］ 颜威利，杨庆新，汪友华. 电气工程电磁场数值分析［M］. 北京：机械工业出版社，2005.

［2］ GERSEM H D，BELMANS R，HAMEYER K. Floating Potential Constraints and Field-circuit Couplings for Electrostatic and Electrokinetic Finite Element Models［J］. COMPEL-The International Journal For Computation and Mathematics in Electrical and Electronic Engineering, 2003, 22 (1): 20-29.

[3]　DOMINGUEZ D C, ESPINO-CORTES F P, GOMEZ P. Optimized Design of Electric Field Grading Systems in 115 KV Non-Ceramic Insulators [J]. IEEE Transactions on Dielectrics and Electrical Insulation, 2013, 20 (1): 63-70.

[4]　CSENDES Z J, HAMANN J R. Surge Arrester Voltage Distribution Analysis by the Finite Element Method [J]. IEEE Transactions on Power Apparatus and Systems, 1981, PAS-100 (4): 1806-1813.

[5]　胡建伟, 汤怀民. 微分方程数值方法 [M]. 北京: 科学出版社, 1999.

[6]　KONRAD A, GRAOVAC M. The Finite Element Modeling of Conductors and Floating Potentials, IEEE Transactions on Magnetics, 1996, 32 (5): 4329-4331.

[7]　TEAM Problems 33b: Experimental Validation of Magnetic Local Force Formulations. https://www.compumag. org/wp/team/.

[8]　冯慈璋, 马西奎. 工程电磁场导论 [M]. 北京: 高等教育出版社, 2000.

[9]　Cylindrical capacitor. https://quickfield.com/advanced/cylindrical_capacitor.htm.

[10]　胡之光. 电机电磁场的分析与计算 [M]. 北京: 机械工业出版社, 1989.

[11]　Thin film resistance. https://quickfield.com/advanced/thin_film_resistance.htm.

[12]　MEEKER D C. Improvised Asymptotic Boundary Conditions for Electrostatic Finite Elements [J]. IEEE Transactions on Magnetics, 2014, 50 (6): No. 7400609.

[13]　EGIZIANO L, TUCCI V, PETRARCA C, et al. A Galerkin Model to Study the Field Distribution in Electrical Components Employing Nonlinear Stress Grading Materials [J]. IEEE Transactions on Dielectrics and Electrical Insulation, 1999, 6 (6): 765-773.

[14]　KRUPKA J, BREEZE J, CENTENO A, et al. Measurements of Permittivity, Dielectric Loss Tangent, and Resistivity of Float-Zone Silicon at Microwave Frequencies [J]. IEEE Transactions on Microwave Theory and Techniques, 2006, 54 (11): 3995-4001.

[15]　Dielectric losses. https://quickfield. com/advanced/dielectric_losses. htm.

[16]　赵博. Ansoft12 在工程电磁场中的应用 [M]. 北京: 中国水利水电出版社, 2010.

[17]　WEN T, CUI X, LI X, et al. Time-Domain Finite Element Method for Transient Electric Field and Transient Charge Density on Dielectric Interface [J]. CSEE Journal of Power and Energy Systems, 2022, 8 (1): 143-154.

[18]　胡建伟, 汤怀民. 微分方程数值方法 [M]. 北京: 科学出版社, 1999.

[19]　彭丽丹, 李琳, 张宁. 换流变压器极性反转三维瞬态电场计算 [J]. 高压电器, 2018, 54 (6): 6.

[20]　张启民, 张良县, 陈模生. 基于场路耦合方法的多层电介质极性反转绝缘特性研究 [J]. 高压电器, 2013, 49 (8): 102-106, 111.

第 4 章
二维磁场计算的有限元方法及 FreeFEM 代码

日常生产生活及输变电应用中常见的电磁装置多含有线圈及铁心，装置内都分布着稳态或者瞬态磁场。为了保证电磁装置（电机、电压器、电抗器等）的设计合理及造价最优，磁场计算被广泛应用于局部磁场及全局参数提取。本章主要针对二维磁场（包括平面直角坐标系及柱面对称坐标系下的静磁场、时谐磁场以及瞬态磁场）分析的有限元方法，包括变分形式的推导、边界条件和激励条件的处理及参数后处理方法等。基于 FreeFEM 软件，结合丰富的案例，展示二维磁场有限元代码实现过程及计算结果。

4.1 二维静磁场问题

静磁场也称为稳定磁场，是指有恒定电流或永磁体产生的磁场，它是有旋场。实际中绝大多数需要求解的问题严格来说都是三维问题，但是在工程精度范围内，且电磁场量在某个坐标方向几乎恒定不变时，可以进行二维分析。二维磁场包括二维平行平面场和轴对称场，此时矢量磁位都只有一个方向的分量。对应的微分方程为二维椭圆标量泊松方程。

4.1.1 二维平行平面静磁场控制方程

对于二维 x-y 平面静磁场问题，电流密度 J_s 和矢量磁位 $\vec{A}$ 互相平行，且平行于 z 轴，即 $A_z = A$，$A_x = A_y = 0$；$J_z = J_s$，$J_x = J_y = 0$。同时，磁感应强度 $\vec{B}$ 和磁场强度 $\vec{H}$ 在 z 轴方向的分量为零，只有 x 及 y 方向分量。二维平行平面静磁场满足的偏微分方程为

$$-\frac{\partial}{\partial x}\left(\nu \frac{\partial A}{\partial x}\right) - \frac{\partial}{\partial y}\left(\nu \frac{\partial A}{\partial y}\right) = J_s + \nabla \times (\nu\mu_0 \vec{M}_r) = J_s + \nu\mu_0\left(\frac{\partial M_y}{\partial x} - \frac{\partial M_x}{\partial y}\right) \tag{4-1}$$

式中，$A = A_z$ 为矢量磁位的 z 方向分量；J_s 为电流密度矢量的 z 轴分量；$\vec{B}_r = \mu_0 \vec{M}_r$ 为永磁体的剩余磁通密度，只有 x 和 y 方向分量。可以验证对于满足 $\vec{A} = [0, 0, Az(x, y)]$ 形式分布的矢量磁位，库仑规范自动满足。当计算场域中存在铁磁物质时，一般情况下磁场强度 $H = |\vec{H}|$ 与磁感应强度 $B = |\vec{B}|$ 之间呈非线性关系，磁阻率 $\nu = H/B$ 不仅依赖空间坐标变化，而且是磁感应强度模的非线性函数。

对于二维平面场，磁通密度矢量可以通过磁位求旋度而得到

$$\vec{B} = \nabla \times (0,0,A) = \frac{\partial A}{\partial y}\vec{i} - \frac{\partial A}{\partial x}\vec{j} = B_x\vec{i} + B_y\vec{j} \tag{4-2}$$

式（4-2）只给出了 $\vec{B}$ 的非零分量的表达式，其中 $\vec{i}$、$\vec{j}$ 分别为 x 轴、y 轴方向的单位矢量。$\vec{B}$ 的模可以表示为

$$|\vec{B}| = B = \sqrt{B_x^2 + B_y^2} = \sqrt{\left(\frac{\partial A}{\partial x}\right)^2 + \left(\frac{\partial A}{\partial y}\right)^2} \tag{4-3}$$

因此对非线性磁性材料，其磁阻 ν 实际为磁位 A 的非线性函数

$$\nu = \nu(B) = \nu\left(\sqrt{\left(\frac{\partial A}{\partial x}\right)^2 + \left(\frac{\partial A}{\partial y}\right)^2}\right) \tag{4-4}$$

在实际的电磁装置分析计算中，对于静磁场满足的偏微分方程式（4-1），为了确定唯一解，还需要给定恰当的边界条件。通常可以施加的边界条件为以下两种简单的类型[1]：

1）第一类边界条件，即给定矢量磁位 $\vec{A} = (0,0,A)$ 在边界 Γ_1 上的分布，$A(x,y) = A_0(x,y)$；

2）第二类边界条件，边界 Γ_2 为矢量磁位 $\vec{A} = (0,0,A)$ 的对称面，矢量磁位 $\vec{A}$ 沿边界的外法线方向的变化率为 0，即 $\partial A/\partial n = 0$。综上所述，二维平面静磁场满足以下边值问题：

$$\begin{cases} -\dfrac{\partial}{\partial x}\left(\nu\dfrac{\partial A}{\partial x}\right) - \dfrac{\partial}{\partial y}\left(\nu\dfrac{\partial A}{\partial y}\right) = J_s + \nu\mu_0\left(\dfrac{\partial M_y}{\partial x} - \dfrac{\partial M_x}{\partial y}\right), \text{在区域 } \Omega \text{ 中} & \text{(4-5a)} \\[2mm] A\big|_{\Gamma_1} = A_0(x,y) & \text{(4-5b)} \\[2mm] \nu\dfrac{\partial A}{\partial n}\bigg|_{\Gamma_2} = 0 & \text{(4-5c)} \end{cases}$$

4.1.2　二维平面静磁场有限元格式

直角坐标系下，二维静磁场控制方程表达形式与 3.1 节二维静电场的泊松方程一致，因此可类比得到二维静磁场的有限元计算格式。根据伽辽金（Galerkin）有限元方法的原理，将式（4-5a）两边乘以检验函数（即有限元基函数 N）并分部积分，可将式（4-5a）中关于 A 的二阶偏导数转化为其空间一阶导数的积分弱形式，整理后得

$$-\int_{\Omega} N\left\{\frac{\partial}{\partial x}\left(\nu\frac{\partial A}{\partial x}\right) + \frac{\partial}{\partial y}\left(\nu\frac{\partial A}{\partial y}\right)\right\}\mathrm{d}S \tag{4-6a}$$

$$= \int_{\Omega} \nu\left(\frac{\partial N}{\partial x}\frac{\partial A}{\partial x} + \frac{\partial N}{\partial y}\frac{\partial A}{\partial y}\right)\mathrm{d}S \tag{4-6b}$$

$$= \int_{\Omega} NJ_s\mathrm{d}S + \iint_V \nu\mu_0\left(M_x\frac{\partial N}{\partial y} - M_y\frac{\partial N}{\partial x}\right)\mathrm{d}S \tag{4-6c}$$

将计算区域 Ω 进行网格单元剖分之后，上述积分表示为各网格单元积分和的形式，即

$$\sum_{e=1}^{N_e}\int_{\Omega_e}\nu^e\frac{\partial N_i}{\partial x}\frac{\partial A}{\partial x}\mathrm{d}S + \sum_{e=1}^{N_e}\int_{\Omega_e}\nu^e\frac{\partial N_i}{\partial y}\frac{\partial A}{\partial y}\mathrm{d}S = \sum_{e=1}^{N_e}\int_{\Omega_e}N_iJ_s^e\mathrm{d}S + \sum_{e=1}^{N_e}\int_{\Omega_e}\nu^e\mu_0\left(M_x^e\frac{\partial N_i}{\partial y} - M_y^e\frac{\partial N_i}{\partial x}\right)\mathrm{d}S \tag{4-7}$$

式中，N_i 为与单元自由度节点 i 相关的有限元基函数；N_e 为三角单元总数；ν^e 为单元 e 的磁阻率；J_s^e 为单元 e 中的电流密度。网格单元非节点位置的矢量磁位值可通过节点磁位插值得到，表示为有限元基函数的线性组合

$$A = \sum_{j=1}^{n_d} N_j A_j \tag{4-8}$$

式中，n_d 为单元自由度总数；N_j 为有限元基函数；A_j 是待定磁位系数。若采用线性单元，则展开系数 A_j 为 A 在网格节点 j 上的矢量磁位值；但对于高阶单元，展开系数并没有如此直观的解释。将 A 的表达式（4-8）代入式（4-7），可得网格单元 e 的单元刚度矩阵中元素 K_{ij}^e 的表达式为

$$K_{ij}^e = \int_{\Omega_e} \nu^e \frac{\partial N_i}{\partial x} \frac{\partial N_j}{\partial x} dS + \int_{\Omega_e} \nu^e \frac{\partial N_i}{\partial y} \frac{\partial N_j}{\partial y} dS \tag{4-9}$$

上述积分号中的被积函数可采用高斯公式进行数值积分计算。对于给定的激励电流密度，可以计算单元 e 上的列向量元素 F_i^e

$$F_i^e = \int_{\Omega_e} N_i J_s^e dS + \int_{\Omega_e} \nu^e \mu_0 \left(M_x^e \frac{\partial N_i}{\partial y} - M_y^e \frac{\partial N_i}{\partial x} \right) dS \tag{4-10}$$

计算出各个单元的刚度矩阵及右端激励向量后，可以进行遍历合成得到总体系数矩阵 $\boldsymbol{K}$，在处理完第一类边界条件后（最简单的方法是将整体刚度矩阵中与第一类边界条件自由度编号对应的对角线位置设为充分大的数，并相应修改右端项元素），最终形成的有限元线性代数方程组为

$$\boldsymbol{KA} = \boldsymbol{F} \tag{4-11}$$

以上代数线性方程组可通过迭代法（FreeFEM 中提供了 CG 和 GMRES 算法）及直接法（FreeFEM 中提供了 MUMPS 及 UMFPACK）进行求解。

4.1.3　二维轴对称静磁场控制方程

如果电磁装置的结构呈轴对称分布，并且激励线圈中的电流密度 J_s 均匀且垂直于 r-z 平面，则此时矢量磁位 $\vec{A}$ 也只有 θ 方向的分量。将 z 轴作为对称轴，可采用圆柱坐标系描述磁场分布，从而实现对问题的降维处理并极大缩减计算量。设 $A_\theta = A$，$A_r = A_z = 0$，$J_\theta = J_s$，$J_r = J_z = 0$，则 A 满足的二维轴对称静磁场控制方程的微分形式为[1]

$$-\frac{\partial}{\partial z}\left(\nu \frac{\partial A}{\partial z}\right) - \frac{\partial}{\partial r}\left(\frac{\nu}{r} \frac{\partial(rA)}{\partial r}\right) = J_s \tag{4-12}$$

对于二维轴对称静磁场，其激励为恒定的均匀电流密度 J_s。当给定总安匝电流激励 I，且线圈厚度远小于线圈半径时，可以由 $J_s = I/S$ 计算得到电流密度，其中 S 是线圈横截面积。对于二维轴对称静磁场，其边界条件通常也为以下两种类型：

1）第一类边界条件，即已知矢量磁位 $\vec{A} = [0, A, 0]$ 在边界上 Γ_1 的分布，$A(r, z) = A_0(r, z)$；

2）第二类边界条件，边界 Γ_2 为矢量磁位 $\vec{A}$ 的对称面，矢量磁位 $\vec{A}$ 沿边界的外法线方向的变化率为 0，即 $\partial A / \partial n = 0$。

总之，对于二维轴对称静磁场，满足以下泊松方程边值问题：

$$\begin{cases} -\dfrac{\partial}{\partial z}\left(\nu \dfrac{\partial A}{\partial z}\right) - \dfrac{\partial}{\partial r}\left(\dfrac{\nu}{r} \dfrac{\partial(rA)}{\partial r}\right) = J_s, \text{在区域 } \Omega \text{ 中} & (4\text{-}13a) \\[2mm] A \big|_{\Gamma_1} = A_0(r, z) & (4\text{-}13b) \\[2mm] \nu \dfrac{\partial A}{\partial n} \bigg|_{\Gamma_2} = 0 & (4\text{-}13c) \end{cases}$$

4.1.4　二维轴对称静磁场有限元格式

对于式（4-12）中的二维轴对称静磁场控制方程，可将其方程稍作变形，使其形式上与式（4-1）保持一致。为此，令 $A' = rA$，$\nu' = \nu/r$，则轴对称场的微分方程可写成椭圆形方程的形式[1]

$$-\frac{\partial}{\partial r}\left(\nu'\frac{\partial A'}{\partial r}\right) - \frac{\partial}{\partial z}\left(\nu'\frac{\partial A'}{\partial z}\right) = J_{\mathrm{s}} \tag{4-14}$$

于是（4-13a~c）可以写成

$$\begin{cases} -\dfrac{\partial}{\partial r}\left(\nu'\dfrac{\partial A'}{\partial r}\right) - \dfrac{\partial}{\partial z}\left(\nu'\dfrac{\partial A'}{\partial z}\right) = J_{\mathrm{s}}，在区域 \Omega 中 & (4\text{-}15a) \\[3mm] A'\big|_{\Gamma_1} = rA_0(r,z) & (4\text{-}15b) \\[3mm] \nu'\dfrac{\partial A'}{\partial n}\bigg|_{\Gamma_2} = 0 & (4\text{-}15c) \end{cases}$$

对应地将坐标 z、r 变为 x、y，就可用与二维平面静磁场相同的方法求解。这里直接给出有限元刚度矩阵元素以及方程右端列向量元素的表达式

$$K_{ij}^e = \int_{\Omega_e} \nu'^e\left(\frac{\partial N_i}{\partial x}\frac{\partial N_j}{\partial x} + \frac{\partial N_i}{\partial y}\frac{\partial N_j}{\partial y}\right)\mathrm{d}S \tag{4-16}$$

$$F_i^e = \int_{\Omega_e} J_{\mathrm{s}}^e N_i \mathrm{d}S \tag{4-17}$$

其中，$\nu'^e = \nu^e/r$。对于二维轴对称静磁场，引入如下矢量：

$$\vec{B}' = \frac{\partial A'}{\partial r}\vec{i}_z - \frac{\partial A'}{\partial z}\vec{i}_r \tag{4-18}$$

式中，$\vec{i}_z$、$\vec{i}_r$ 分别为 z 和 r 方向的单位矢量。则圆柱坐标系下，磁通密度 $\vec{B}$ 的计算公式为

$$\vec{B} = \frac{1}{r}\frac{\partial(rA)}{\partial r}\vec{i}_z - \frac{\partial A}{\partial z}\vec{i}_r \tag{4-19}$$

故式（4-18）中定义的矢量 $\vec{B}' = r\vec{B}$。

4.1.5　算例 1　两块矩形永磁体的作用力（xy 平面坐标）

本案例将展示如何通过有限元方法计算两块相互平行排列的长方体永磁体（长度 1m）的相互作用力。如图 4-1 所示的截面，永磁体的尺寸为 20mm×10mm×1m，剩磁密度 $B_{\mathrm{r}} = 1.1\mathrm{T}$，周围环境磁导率 $\mu = \mu_0$。两块永磁体二者沿水平方向（x 方向）偏移 10mm。当 y 方向垂直距离 d 取不同值时，计算两块永磁体之间的相互作用力。对于这个测试案例，本章参考文献［2］给出了二者作用力的解析公式。当采用有限元法求解作用力时，磁场力的后处理方法采用了鸡蛋壳法[3]。该后处理方法需要在与计算受力的物体接触的一层单元内积分，相较于经典的麦克斯韦应力张量法，鸡蛋壳法的计算精度对网格单元的依赖程度不高。该案例的 FreeFEM 有限元计算源代码如下：

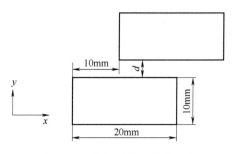

图 4-1　两块矩形永磁体截示意图

文件下载 **4.1**

```
//-------------------------------------------------------------------
// Two PMs,2D force computation(Example 4.1)
// Yanpu Zhao
//-------------------------------------------------------------------
load "Element_p3"
load "Element_Mixte3d"
load "msh3"
load "MUMPS_seq"

real mu0 =4 * pi * 1.0E-7;
real nu0 =1.0/mu0;
real Br  =1.1;                    // remnant flux density
real Hc  =Br * nu0;
real LX=2.0,LY=2.0;              // domain size
real X1=1.0,Y1=1.0;             // PM1,lower left corner
real Lx=0.02,Ly=0.01;           // size of PMs
real dist=1e-3;                  // distance in y direction (m)
real X2=X1+Lx/2,Y2=Y1+Ly+dist;  // PM2,lower left corner


//-------------------------------------------------------------------
// Geometry and Mesh
//-------------------------------------------------------------------
border AB(t=0,LX)   {x=t;     y=0;    label=100;}          // domain
border BC(t=0,LY)   {x=LX;  y=t;     label=100;}
border CD(t=0,LX)   {x=LX-t;y=LY;  label=100;}
border DA(t=0,LY)   {x=0;     y=LY-t;label=100;}
border AB1(t=0,Lx)  {x=X1+t;    y=Y1;      label=1;}       // PM-1
border BC1(t=0,Ly)  {x=X1+Lx;  y=Y1+t;    label=1;}
border CD1(t=0,Lx)  {x=X1+Lx-t;y=Ly+Y1;  label=1;}
border DA1(t=0,Ly)  {x=X1;      y=Ly+Y1-t;label=1;}
border AB2(t=0,Lx)  {x=X2+t;    y=Y2;      label=2;}       // PM-2
border BC2(t=0,Ly)  {x=X2+Lx;  y=Y2+t;    label=2;}
border CD2(t=0,Lx)  {x=X2+Lx-t;y=Ly+Y2;  label=2;}
```

```
border DA2(t=0,Ly)   {x=X2;        y=Ly+Y2-t;label=2;}


int M1=40;
mesh Th=buildmesh(AB(M1)+BC(M1)+CD(M1)+DA(M1)
    +AB1(M1)+BC1(M1)+CD1(M1)+DA1(M1)
    +AB2(M1)+BC2(M1)+CD2(M1)+DA2(M1));
int o1=Th(LX/2,0).region;              // air domain
int o2=Th(X1+Lx/2,Y1+Ly/2).region;    // PM1
int o3=Th(X2+Lx/2,Y2+Ly/2).region;    // PM2
cout<<"Regions are:"<<o1<<" "<<o2<<" "<<o3<<endl;


//-------------------------------------------------------------------
// Eggshell One/more Layer Elements
//-------------------------------------------------------------------
fespace P1Egg(Th,P1);                  // egg shell for force calculation,from 1 to 0
P1Egg u,v;
varf rhsTmp(u,v)=on(1,u=1);
real[int] rr=rhsTmp(0,P1Egg);
u=0;
for(int i=0;i<rr.n;++i){
    if(abs(rr(i))>1E10){               // source ESP field
        u[](i)=1.0;
    }
}


//-------------------------------------------------------------------
// Macros,FE spaces,materials and weak forms
//-------------------------------------------------------------------
macro Curl2(U)[-dy(U),dx(U)]     // EOM
macro Bx()(-dy(U))               //
macro By()(dx(U))                //
macro BB()(Bx^2+By^2)            //

fespace Vh(Th,P2);
Vh U,Un,V;
fespace Wh(Th,P0);
Wh mu,nu;

mu=(region==o2 || region==o3)*1.0*mu0+(region==o1)*mu0;
nu=1.0/mu;
real HcM1=Hc,HcM2=Hc;
```

```
solve a(U,V)=
    int2d(Th)(nu*Curl2(U)'*Curl2(V))
-int2d(Th,o2)(HcM1*dx(V))
-int2d(Th,o3)(HcM2*dx(V))
+on(100,U=0);


//------------------------------------------------------------------------------
// Force computation by postprocessing A
//------------------------------------------------------------------------------
real Fx=int2d(Th,o1)(nu0*[Bx*Bx-0.5*BB,Bx*By]'*[dx(u),dy(u)]);
real Fy=int2d(Th,o1)(nu0*[By*Bx,By*By-0.5*BB]'*[dx(u),dy(u)]);
cout<<"\nEggshell Method:d,Fx,Fy="<<dist << " "<<Fx<<" "<<Fy<<endl;
```

当永磁体间距离 d 取不同值时（以均匀步长 1mm，从 1mm 变化至 10mm），永磁体间的作用力见表 4-1。从表 4-1 可以看出，采用鸡蛋壳法的计算结果与解析解吻合度良好。

表 4-1　解析解与 FreeFEM 数值解结果比较

d/mm	解析解/N[2,4]		数值解/N	
	F_x	F_y	F_x	F_y
1	1791.17	547.83	1791.55	547.93
2	1604.74	541.83	1604.57	541.93
3	1433.03	530.22	1433.7	530.02
4	1276.87	514.36	1277.46	514.18
5	1136.30	495.47	1136.89	495.36
6	1010.70	474.57	1010.92	474.11
7	899.12	452.52	900.156	452.47
8	800.36	429.95	800.959	429.94
9	713.16	407.39	713.657	407.28
10	636.27	385.18	637.54	385.13

4.1.6　算例 2　无限长平行输电线回路单位长度的电感（xy 坐标）

本案例计算无限长平行输电线的自感。如图 4-2 所示，设有半径为 R_0，相距为 D 的平行双输电线。当 $D \gg R_0$ 时，单位长度平行双输电线的自感解析公式为

$$L = \frac{\mu_0}{\pi}\left(\ln\frac{D}{R_0} + \frac{1}{4}\right) \tag{4-20}$$

假设传输线中心距离 $D=1\text{m}$，导线半径 $R_0=10\text{mm}$，周围环境的相对磁导率为 1。此时，根据解析公式计算得到单位长度平行输电线的自感 $L=1.9421\mu\text{H}$。通过有限元方法对上述问题进行求解时，通过两根导线组成的回路的电流 I 分别为 1A 以及 −1A。计算出磁位的解之后，进而后处理积分计算导线及周围空间中的磁场能量 W_e 便可以计算出电感，即 $L=2W_e/I^2$。采用有限元计算的 FreeFEM 源代码如下：

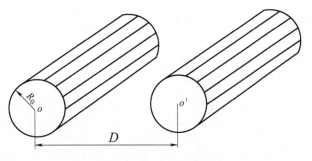

图 4-2　平行输电线模型

文件下载 4.2

```
//-------------------------------------------------------------------------------------
// Inductance of two parallel transmission line(Example 4.2)
// Yanpu Zhao and Hailin Li @ 2023
//-------------------------------------------------------------------------------------
real mu0 = 4 * pi * 1.0E-7;
real nu0 = 1.0/mu0;

real r=10e-3;           // r-radius of conductor (m)
real d=1;               // d-distance of conductors (m)
real h=40;              // distance of line to ground (m)
real RecB=2 * h;        // domain height
real RecA=RecB;         // domain width

border Ground(t=0,RecA){x=t;      y=0;      label=1;}
border right(t=0,RecB)  {x=RecA;y=t;      label=1;}
border top(t=RecA,0)    {x=t;      y=RecB;label=1;}
border left(t=RecB,0)   {x=0;      y=t;      label=1;}
border conduA(t=0,2 * pi){x=0.5 * (RecA-d)+r * cos(t);y=h+r * sin(t);label=5;}
border conduB(t=0,2 * pi){x=0.5 * (RecA+d)+r * cos(t);y=h+r * sin(t);label=6;}

border auxLine1(t=RecA/2-3 * d,RecA/2+3 * d){x=t;y=h-1./3 * d;label=0;}
border auxLine2(t=RecA/2-3 * d,RecA/2+3 * d){x=t;y=h-1./2 * d;label=0;}
border auxLine3(t=RecA/2-3 * d,RecA/2+3 * d){x=t;y=h-d;label=0;}

border auxLine4(t=RecA/2-3 * d,RecA/2+3 * d){x=t;y=h+d;label=0;}
border auxLine5(t=RecA/2-3 * d,RecA/2+3 * d){x=t;y=h+1./2 * d;label=0;}
border auxLine6(t=RecA/2-3 * d,RecA/2+3 * d){x=t;y=h+1./3 * d;label=0;}

int E1=200;
int E2=100;

mesh Th=buildmesh(
```

```
    Ground(E1)+left(E2)+top(E2)+right(E2)
  +conduA(E2)+conduB(E2)
  +auxLine1(E1)+auxLine2(E1)+auxLine3(E1)
  +auxLine4(E1)+auxLine5(E1)+auxLine6(E1)
  );

int o1=Th(RecA/2,RecB/2).region;          // air region
int o2=Th(0.5*(RecA-d),h).region;         // current1 region
int o3=Th(0.5*(RecA+d),h).region;         // current-1 region
cout<<"Regions are:"<<o1<<" "<<o2<<" "<<o3<<endl;

//-----------------------------------------------------------------
// Macros and FE spaces
//-----------------------------------------------------------------
macro Bx()(dy(U))                         //
macro By()(-dx(U))                        //
macro BB()(Bx^2+By^2)                     //

fespace Vh(Th,P2);
Vh U,V;
fespace Wh(Th,P0);
Wh Js;

real current=1.0;
Js=(region==o2)*current/(pi*r^2)+(region==o3)*(-1)*current/(pi*r^2);
solve a(U,V)=int2d(Th)( nu0*[dx(U),dy(U)]'*[dx(V),dy(V)])
        -int2d(Th)( Js*V )
        +on(1,U=0);

//-----------------------------------------------------------------
// Compute inductance of unit length
//-----------------------------------------------------------------
real InductanceInternal=int2d(Th,o2,o3)(nu0*(Bx*Bx+By*By));
real InductanceExternal=int2d(Th,o1)(nu0*(Bx*Bx+By*By));
real Inductance=InductanceInternal+InductanceExternal;
cout<<"Inductance [int] is:"<<InductanceInternal*1E6<<"uH"<<endl;
cout<<"Inductance [ext] is:"<<InductanceExternal*1E6<<"uH"<<endl;
cout<<"Inductance [all] is:"<<Inductance*1E6<<"uH"<<endl;
```

经过计算，电感（包括内自感和外自感）的数值解为 $L = 1.9395\mu H$，与解析解 $L = 1.9421\mu H$ 高度吻合，相对误差仅为 0.13%，完全满足工程计算精度要求。同时程序还计算了外自感和内自感，与解析解也达到了高度吻合。

4.1.7　算例 3　两个线圈的作用力（rz 坐标）

本案例将计算空气中放置的两个相同大小的同轴心直流载流线圈之间的电磁力，其中两线圈中电流同向且电流密度均匀分布。载流线圈的几何模型如图 4-3 所示，其中内径 $R_1 = 50\text{mm}$，外径 $R_2 = 60\text{mm}$，线圈厚度 $h = 10\text{mm}$，线圈之间距离 $d = 40\text{mm}$，载流线圈电流密度 $J = 3\text{A/mm}^2$[5]。根据本章参考文献 [5] 的参考结果，两个线圈相互作用的电磁力的精确解为 $F = 78\text{mN}$。该问题由于其几何旋转对称性及磁场分布特点，可利用二维轴对称静磁场问题进行求解。关于磁场力的后处理，同样采用了本章参考文献 [3] 中的鸡蛋壳法，有限元计算的 FreeFEM 源代码如下。经过计算，作用力的有限元分析结果为 $F_z = 0.07815\text{N}$，与参考解 $F_z = 78\text{mN}$ 高度吻合。

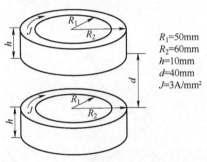

$R_1 = 50\text{mm}$
$R_2 = 60\text{mm}$
$h = 10\text{mm}$
$d = 40\text{mm}$
$J = 3\text{A/mm}^2$

图 4-3　两个载流线圈的几何模型示意图　　　　文件下载 4.3

```
//-------------------------------------------------------------------
// Two DC coils,2D-RZ force computation(Example 4.3)
// Yanpu Zhao and Hailin Li @ 2023
//-------------------------------------------------------------------
load "MUMPS_seq"

real jss=3e6;              // (A/m^2),current density
real R1=50e-3;            // (m)
real R2=60e-3;            // (m)
real mu0=4 * pi * 1.0E-7;
real nu0=1.0/mu0;
real XL=200.0e-3,YL=240.0e-3;
real h=10e-3;
real d=40e-3;             // (m)


//-------------------------------------------------------------------
// FE mesh
//-------------------------------------------------------------------
// (1)the whole rectangular solution domain
border AB(t=0,XL)         { x=t;  y=-YL/2;label=100;}
border BC(t=-YL/2,YL/2) { x=XL;  y=t;    label=100;}
```

```
border CD(t=0,XL)          { x=XL-t;y=YL/2;label=100;}
border DA(t=-YL/2,YL/2)  { x=0;  y=t;    label=100;}
// (2)the whole rectangular solution domain
border AB1(t=R1,R2)       { x=t;  y=d/2;    label=1;}
border BC1(t=d/2,d/2+h)  { x=R2;  y=t;     label=1;}
border CD1(t=R2,R1)       { x=t;  y=d/2+h;  label=1;}
border DA1(t=d/2+h,d/2)  { x=R1;  y=t;     label=1;}
// (3)the whole rectangular solution domain
border AB2(t=R1,R2)       { x=t;  y=-d/2-h;label=2;}
border BC2(t=-d/2-h,-d/2){ x=R2;  y=t;     label=2;}
border CD2(t=R2,R1)       { x=t;  y=-d/2;  label=2;}
border DA2(t=-d/2,-d/2-h){ x=R1;  y=t;     label=2;}


int Nmesh=20;
int M1=Nmesh,M2=20*2,M3=M2*2;
mesh Th=buildmesh(
     AB(M1)+BC(M1*4)+CD(M1)+DA(-M1*3)
 +AB1(M2)+BC1(M3)+CD1(M2)+DA1(M3)
 +AB2(M2)+BC2(M3)+CD2(M2)+DA2(M3));

int o1=Th(XL/2,YL/2).region;              // air
int o2=Th((R1+R2)*0.5,d/2+h/2).region;    // current1
int o3=Th((R1+R2)*0.5,-d/2-h/2).region;   // current2 or PM2
cout<<"Regions are:"<<o1<<" "<<o2<<" "<<o3<<endl;


//-------------------------------------------------------------------------------------------
// Eggshell One/more Layer Elements,Jul-3-2021
//-------------------------------------------------------------------------------------------
fespace P1Egg(Th,P1);    // egg shell function for force calculation,from 1 to 0
P1Egg u,v;

varf rhsTmp(u,v)= on(1,u=1);
real[int] rr=rhsTmp(0,P1Egg);
u=0;
for(int i=0;i<rr.n;++i){
     if(abs(rr(i))>1E10){                          // source ESP field
          u[](i)=1.0;
     }
}


//-------------------------------------------------------------------------------------------
// Macros and FE spaces
```

```
//---------------------------------------------------------------------------
macro Curl2(U)[-dy(U),U/x+dx(U)]      //EOM
macro Br()(-dy(U))                    //
macro Bz()(U/x+dx(U))                 //
macro BB()(Br^2+Bz^2)                 //

fespace Vh(Th,P2);
Vh U,V;
fespace Wh(Th,P0);
Wh Js;

Js=(region==o2)*jss+(region==o3)*jss;

solve a(U,V)=int2d(Th)(nu0*x*Curl2(U)'*Curl2(V))
    -int2d(Th)(Js   *x*V)
    +on(100,U=0);

//---------------------------------------------------------------------------
// Force post-processing computation
//---------------------------------------------------------------------------
real Fz=int2d(Th,o1)(nu0*2*pi*x*[Bz*Br,Bz*Bz-0.5*BB]'*[dx(u),dy(u)]);
cout<<"\nEggshell Method,Fz="<<Fz <<endl;
```

4.1.8　算例4　螺线管中心轴线 B_z 的解析解以及电感计算（rz 坐标）

本案例将展示如何计算空心螺线管线圈中心轴线上的磁通密度 $\vec{B}$ 的 z 分量 B_z 及线圈电感。螺线管线圈每匝导体通过的直流电流 $I=1\mathrm{A}$，线圈匝数为1000，螺线管线圈高度 $L=20\mathrm{cm}$，外径为 $R=5.2\mathrm{mm}$，内径为 $r=5\mathrm{mm}$，周围介质相对磁导率为1。如图4-4所示，对于有限长度空心螺线管绕组，可将其等效为空心圆柱载流导体。

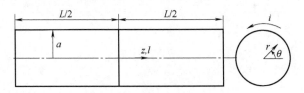

图4-4　空心螺线管模型

周围空间任意一点的磁通密度表达式如下[6]：

$$\begin{cases} B_r = -\dfrac{n\mu_0 I a}{2\pi}\int_0^\pi \left[\dfrac{\cos\theta}{\sqrt{\xi^2+a^2+r^2-2ar\cos\theta}}\right]_{\xi_-}^{\xi_+}\mathrm{d}\theta & (4\text{-}21\mathrm{a}) \\[4mm] B_z = \dfrac{n\mu_0 I a}{2\pi}\int_0^\pi \left[\dfrac{\xi(a-r\cos\theta)}{(a^2+r^2-2ar\cos\theta)\sqrt{\xi^2+a^2+r^2-2ar\cos\theta}}\right]_{\xi_-}^{\xi_+}\mathrm{d}\theta & (4\text{-}21\mathrm{b}) \end{cases}$$

式中，l 为电流环轴线到螺线管线圈原点（几何中心）的轴向距离；$\xi = z - l$，$\xi_\pm = z \pm L/2$；n 为匝数；a 为螺线管半径；I 为电流；μ_0 为真空磁导率；L 为螺线管长度；r 为空间一点到轴线的距离。

磁通密度径向分量 B_r 的显式表达式为

$$B_r = \frac{n\mu_0 I}{\pi} \sqrt{\frac{a}{r}} \left[\frac{2-k^2}{2k} K - \frac{E}{k} \right]_{\xi_-}^{\xi_+} \tag{4-22}$$

其中

$$k^2 = \frac{4ar}{\xi^2 + (a+r)^2} \tag{4-23}$$

磁通密度轴向分量 B_z 的显式表达式为

$$B_z = \frac{n\mu_0 I}{4} \left[\frac{\xi k}{\pi \sqrt{ar}} K + \frac{(a-r)\xi}{|(a-r)\xi|} \Lambda_0(\varphi, k) \right]_{\xi_-}^{\xi_+} \tag{4-24}$$

其中，$\varphi = \operatorname{atan} \dfrac{\xi}{a-r}$；$\Lambda_0(\varphi, k)$ 为 Heuman lamdba 函数；K、E 分别为第一、二类完全椭圆积分。本案例的 FreeFEM 有限元代码如下：

文件下载 4.4

```
//------------------------------------------------------------
// Using the standard FEM to solve the magstatic problem(Example 4.4)
// Set x=r,y=z,we can program like the following...
// Note the boundary condition on r=0:that should be A=0 (Axn=0==>B. n=0)
// Yanpu Zhao @ 2021
//------------------------------------------------------------
load "MUMPS_seq"

real turn=1000.0;           // 1A * 1000turn
real r1=5.0/1000;           // (m)
real r2=5.2/1000;           // (m)
real dr=(r2-r1)/4;
real L  =200.0/1000;        // (m),length of solenoid
real XL=500.0/1000;         // (m)
real YL=1500.0/1000;        // (m)
real mu0=4 * pi * 1.0E-7;   // (H/m)


//------------------------------------------------------------
// Mesh
//------------------------------------------------------------
int C1=99;
int Nmesh=80;
int M1=Nmesh,M2=4,M3=M2 * 10;


// (1)the whole rectangle region of the solution domain
```

```
border AB(t=0,XL)         { x=t;  y=-YL/2;label=C1+1;}
border BC(t=-YL/2,YL/2) { x=XL;  y=t;    label=C1;}
border CD(t=0,XL)         { x=XL-t;y=YL/2;label=C1+1;}   // -n
border DP(t=L,YL/2)       { x=0;  y=t;    label=C1;}     // -n,Axn=0==>B.n=0
border PQ(t=0,L)          { x=0;  y=t;    label=C1;}     // -n,Axn=0==>B.n=0
border QA(t=-YL/2,0)   { x=0;  y=t;    label=C1;}     // -n,Axn=0==>B.n=0

// (2)the interface boundary between air and Fe
border EF(t=r1,r2)        { x=t;  y=0;      label=C1+1;}
border FG(t=0,L)          { x=r2;  y=t;     label=C1+1;}
border GH(t=r1,r2)        { x=r1+r2-t;y=L;label=C1+1;}   // -n
border HE(t=0,L)          { x=r1;  y=L-t;  label=C1+1;}   // -n,Axn=0==>B.n=0

border L1(t=0,L)          { x=r1+dr*1;  y=t;}            // auxiliary line
border L2(t=0,L)          { x=r1+dr*2;  y=t;}            // auxiliary line
border L3(t=0,L)          { x=r1+dr*3;  y=t;}            // auxiliary line

mesh Th=buildmesh(
    AB(M1)+BC(M1*4)+CD(M1)+DP(-M1*3)+PQ(-M1*2)+QA(-M1*3)  // domain
    +EF(M2)+FG(M3)  +GH(M2)+HE(M3)                       // coil part
    +L1(-M3)+L2(-M3)  +L3(-M3));

//-------------------------------------------------------------------------------
// Macros,FE space,Material and Excitation
//-------------------------------------------------------------------------------
macro Curl2(u)[-dy(u),u/x+dx(u)]                         // curl of A
macro Br()(-dy(u))                                      // Br
macro Bz()(u/(x+1E-16)+dx(u))                           // Bz

fespace Vh(Th,P2);
fespace Wh(Th,P0);
Vh u,v;
Wh nu,Js;

int j1=Th(r1+dr*1.0/2.0,L/2).region;
int j2=Th(r1+dr*3.0/2.0,L/2).region;
int j3=Th(r1+dr*5.0/2.0,L/2).region;
int j4=Th(r1+dr*7.0/2.0,L/2).region;
cout<<"source current regions are:"<<j1<<" "<<j2<<" "<<j3<<" "<<j4<<endl;

nu  =1.0/mu0; // 1/mu=nu
Js  =(region==j1‖region==j2‖region==j3‖region==j4)
```

95

```
        *1.0/(r2-r1)/L;                              // source current density

solve a(u,v)=int2d(Th)( nu*x*Curl2(u)'*Curl2(v))
        -int2d(Th)( Js*x*v )
        +on(C1,u=0);


real RCenter=1E-10;
real zz=0.0;
ofstream ffBr("Br.dat");
ofstream ffBz("Bz.dat");
int NN=300;
for(int i=0;i<=NN;i++){
    zz=i*3.0*L/(NN+0.0)-L;
    ffBr<< zz+L <<"  "<<abs(dy(u)(RCenter,zz))<<endl;
    ffBz<< zz+L <<"  "<<abs(dx(u)(RCenter,zz)+u(RCenter,zz)/RCenter )<<endl;
}


//---------------------------------------------------------------------------
// Inductance value
//---------------------------------------------------------------------------
real InductanceA=int2d(Th)(2*pi*x*nu*(Br*Br+Bz*Bz))*turn^2;
cout<< "\nInductanceA is " << InductanceA <<endl<<endl;
```

取中心轴线上的一段观测线，坐标从 $-L \sim 2L$（螺线管长度为 L，最下端的 z 坐标为 0），提取 FreeFEM 的磁密分量 B_z，并与解析解进行比较。如图 4-5 所示曲线，有限元计算的结果与解析结果达到了高度吻合。

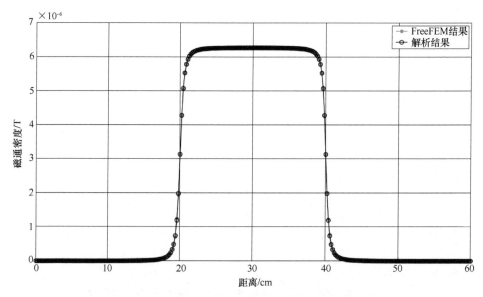

图 4-5　螺线管中心轴线上磁通密度分量 B_z 的分布

另外由能量法计算得到的螺线管电感为 0.4958mH。当 $L/r>40$ 时，螺线管电感解析计算公式为[7]

$$电感 \approx \frac{\mu_0(\pi r^2)N^2}{L} \tag{4-25}$$

式中，N 为匝数；L 为螺线管高度；r 为螺线管内径。计算得到解析自感值 0.4935mH，二者相对误差约为 0.47%。

4.2　二维涡流场（时谐磁场/交流磁场）问题

除了直流及稳态激励源，常见的电磁装置中的电磁场一般受到交流激励源的作用。当电磁装置的尺寸远小于最小工作波长时，与传导电流相比，位移电流可以忽略不计，为简化分析一般不需要考虑电磁场之间的全部耦合关系，即采用似稳态场模型即可描述足够精确的电磁场分布。本节讨论时谐涡流场问题的有限元求解方法，并假设媒质为线性，且各向同性。当存在非线性材料时，严格来说并不是所有电磁场量都按照正弦变化，但是如果只关心损耗及用于计算温升，则可以进行等效并简化计算，省去繁杂冗长的瞬态磁场计算过程[8]。对于随时间按正弦规律变化的电磁场，当求解达到交流稳态的电磁特性时，为简化有限元计算，可以像交流电路分析一样，对所采用的位函数或者电磁场量采用复数法或相量法。

4.2.1　二维平面涡流场控制方程

对于二维平行平面，时谐磁场通常也称为二维平面涡流场，此时所有电磁场量及电磁位均只有一个方向的分量。类比于二维平面静磁场，此时电位 φ 的 x 及 y 方向导数均为 0，绞线导体中的电流密度为 J_s，实体导体中的感应电流密度 $J_e = \sigma(\mathrm{j}\omega A + \mathrm{d}\varphi/\mathrm{d}z)$ 和矢量磁位 $\vec{A}$ 都平行于 z 轴，即 $A_z = A$，$A_x = A_y = 0$；$J_z = J_s$，$J_x = J_y = 0$。并且对于任意平行横截面，矢量磁位 $\vec{A}$ 及感应电流密度 J_e 应不依赖于沿 z 轴截面的位置，因此得知电位 φ 的 z 方向导数 $\mathrm{d}\varphi/\mathrm{d}z$ 应为常数。如果所分析问题不含有电压源或者外电路激励的实体导体，即所有实体导体为纯被动感应涡流的状态，则此时标量电位 φ 可以不出现控制方程中，原因是电位梯度这一未知常数包含在 A 所在的节点元空间中。但是如果需要考虑总电流激励下的实体导体的涡流场或者外电路电压源激励，则需要将实体导体的端口电位差 φ 或其梯度当作未知量与控制方程进行耦合，以平衡回路中给定的总电流自由度[9]。为叙述方便，本节不考虑场路耦合的问题，感兴趣的读者可以参考[9-11]。

当源电流随时间按正弦变化，并忽略位移电流时，以相量表示的直角坐标系下的二维涡流场控制方程为[9]

$$-\frac{\partial}{\partial x}\left(\nu \frac{\partial \dot{A}}{\partial x}\right) - \frac{\partial}{\partial y}\left(\nu \frac{\partial \dot{A}}{\partial y}\right) = \dot{J}_s - \mathrm{j}\omega\sigma\dot{A} \tag{4-26}$$

式中，$\dot{A} = \dot{A}_z$，ν 为媒质磁阻率；$\dot{J}_s$ 为绞线导体区域的已知电流密度；σ 为实体导体的导电率；ω 为角频率；j 为虚数单位。

二维时谐涡流场常见的边界条件与二维平面静磁场基本一致，主要为以下两类：

1）第一类边界条件，边界 Γ_1 上的矢量磁位 $\dot{A}$ 分布已知，即 $\dot{A}(x,y) = \dot{A}_0(x,y)$；

2）第二类边界条件，边界 Γ_2 为矢量磁位 $\dot{A}$ 的对称面，矢量磁位 $\dot{A}$ 沿边界的外法线方向的变化率为零，即 $\partial \dot{A}/\partial n = 0$。

综上，二维平面涡流场满足以下边值问题：

$$-\frac{\partial}{\partial x}\left(\nu\frac{\partial \dot{A}}{\partial x}\right)-\frac{\partial}{\partial y}\left(\nu\frac{\partial \dot{A}}{\partial y}\right)=\dot{J}_s-\mathrm{j}\omega\sigma\dot{A},\text{在区域 }\Omega\text{ 中} \tag{4-27a}$$

$$\dot{A}\mid_{\Gamma_1}=A_0(x,y) \tag{4-27b}$$

$$\nu\frac{\partial \dot{A}}{\partial n}\bigg|_{\Gamma_2}=0 \tag{4-27c}$$

4.2.2　二维平面涡流场有限元格式

为得到边值问题（4-27）的有限元代数离散方程，可以采用伽辽金形式的加权余量法建立上述二维平面涡流场的弱形式，即在微分方程两边同乘以检验函数（有限元基函数 N_i）并分部积分，可得

$$-\int_{\Omega}N_i\left\{\frac{\partial}{\partial x}\left(\nu\frac{\partial \dot{A}}{\partial x}\right)+\frac{\partial}{\partial y}\left(\nu\frac{\partial \dot{A}}{\partial y}\right)\right\}\mathrm{d}S \tag{4-28a}$$

$$=\int_{\Omega}\frac{\partial N_i}{\partial x}\left(\nu\frac{\partial \dot{A}}{\partial x}\right)\mathrm{d}\Omega+\int_{\Omega}\frac{\partial N_i}{\partial y}\left(\nu\frac{\partial \dot{A}}{\partial y}\right)\mathrm{d}S \tag{4-28b}$$

$$=\int_{\Omega}N_i\dot{J}_s\mathrm{d}S-\int_{\Omega}\mathrm{j}\omega\sigma N_i\dot{A}\mathrm{d}S \tag{4-28c}$$

将计算区域 Ω 进行网格划分后，Ω 上的积分可写成各离散网格单元积分加和的形式

$$\sum_{e=1}^{N_e}\int_{\Omega_e}\nu^e\frac{\partial N_i}{\partial x}\frac{\partial \dot{A}}{\partial x}\mathrm{d}S+\sum_{e=1}^{N_e}\int_{\Omega_e}\nu^e\frac{\partial N_i}{\partial y}\frac{\partial \dot{A}}{\partial y}\mathrm{d}S+\sum_{e=1}^{N_e}\int_{\Omega_e}\mathrm{j}\omega\sigma^e N_i\dot{A}\mathrm{d}S=\sum_{e=1}^{N_e}\int_{\Omega_e}N_i\dot{J}_s^e\mathrm{d}S \tag{4-29}$$

网格单元非节点位置的矢量磁位可以通过自由度节点磁位进行插值而获得，即

$$\dot{A}=\sum_{j=1}^{n_d}N_j\dot{A}_j \tag{4-30}$$

式中，n_d 为单元自由度总数；N_j 为给定的已知函数，称为自由度节点 j 处的基函数；复数 $\dot{A}_j$ 是待定系数，如果采用线性节点单元，则其意义为节点 j 上的矢量磁位值。

网格单元 e 上的单元刚度矩阵元素 K_{ij}^e 的表达式为

$$K_{ij}^e=\int_{\Omega_e}\left[\nu^e\left(\frac{\partial N_i}{\partial x}\frac{\partial N_j}{\partial x}+\frac{\partial N_i}{\partial y}\frac{\partial N_j}{\partial y}\right)+\mathrm{j}\omega\sigma^e N_iN_j\right]\mathrm{d}S \tag{4-31}$$

上述积分计算可采用高斯数值积分公式进行计算。单元 e 上的右端列向量中元素 F_i^e 为

$$F_i^e=\int_{\Omega_e}N_i\dot{J}_s^e\mathrm{d}S \tag{4-32}$$

同样可通过高斯数值积分公式计算。对所有单元进行单元分析之后，可以组装形成整体有限元方程组，在处理完第一类边界条件之后，就可以调用代数方程求解器求解自由度向量。对于复数方程组，FreeFEM 软件提供了 MUMPS 直接法求解器，用户可以方便地调用并高效求解。但对于大规模复数方程组，则需要采用迭代法及设计合适的预条件。

4.2.3　二维轴对称涡流场控制方程

对于轴对称结构电磁装置中的磁场分析，当所有电流激励只有柱面坐标系极角 θ 分量时，可以采用柱面坐标系进行求解并实现降维及有效降低计算量的目的。设矢量磁位 $\vec{A}$ 和电流密度 J_s 垂直于 r-z 平面，并且随时间正弦变化，即 $\dot{A} = \dot{A}_\theta$，$\dot{A}_r = \dot{A}_z = 0$；$\dot{j} = \dot{j}_\theta$，$\dot{j}_r = \dot{j}_z = 0$。二维轴对称涡流场的激励及边界条件与二维平面涡流场一致，这里不再赘述。一般地，二维轴对称涡流场问题满足以下边值问题[11]：

$$-\frac{\partial}{\partial z}\left(\nu\frac{\partial \dot{A}}{\partial z}\right) - \frac{\partial}{\partial r}\left(\frac{\nu}{r}\frac{\partial (r\dot{A})}{\partial r}\right) = \dot{J}_s - j\omega\sigma\dot{A}, \text{在区域 } \Omega \text{ 中} \quad (4\text{-}33a)$$

$$\dot{A}\big|_{\Gamma_1} = A_0(r, z) \quad (4\text{-}33b)$$

$$\nu\frac{\partial \dot{A}}{\partial n}\bigg|_{\Gamma_2} = 0 \quad (4\text{-}33c)$$

4.2.4　二维轴对称涡流场有限元格式

对于式（4-33）中的二维轴对称涡流场控制方程，可将其稍作变形，即令 $A' = rA$，$\nu' = \nu/r$，使其形式上与式（4-27）保持一致。经过推导，轴对称涡流场微分方程可写成以下形式：

$$-\frac{\partial}{\partial z}\left(\nu'\frac{\partial \dot{A}'}{\partial z}\right) - \frac{\partial}{\partial r}\left(\nu'\frac{\partial \dot{A}'}{\partial r}\right) = \dot{J}_s - j\omega\sigma'\dot{A}', \text{在区域 } \Omega \text{ 中} \quad (4\text{-}34a)$$

$$\dot{A}'\big|_{\Gamma_1} = r\dot{A}_0(r, z) \quad (4\text{-}34b)$$

$$\nu'\frac{\partial \dot{A}'}{\partial n}\bigg|_{\Gamma_2} = 0 \quad (4\text{-}34c)$$

同样，将坐标 z、r 相应地变成 x、y，就可用与平面场相同的方法求解。轴对称涡流场有限元格式的详细推导过程不再赘述，基于伽辽金有限元法，推导得到的网格单元 e 上的刚度矩阵元素 K_{ij}^e 以及方程右端列向量元素 F_i^e 计算格式与直角坐标系表达式形式一致，即

$$K_{ij}^e = \int_{\Omega_e}\left[\nu'^e\left(\frac{\partial N_i}{\partial x}\frac{\partial N_j}{\partial x} + \frac{\partial N_i}{\partial y}\frac{\partial N_j}{\partial y}\right) + j\omega\sigma'^e N_i N_j\right]\mathrm{d}S \quad (4\text{-}35)$$

$$F_i^e = \int_{\Omega_e} N_i \dot{j}_s^e \mathrm{d}S \quad (4\text{-}36)$$

式中，$\nu'^e = \nu^e/r$，$\sigma'^e = \sigma^e/r$。注意，这里给出的计算格式假设只有绞线导体的已知电流密度源，而所有实体导体均为纯被动导体，在绞线线圈激励的磁场中感应涡流。当二维轴对称涡流场有电压源激励时，需要增加额外的电位自由度进行场路耦合计算，感兴趣的读者可以参考本章参考文献［12-14］。

4.2.5　算例 5　TEAM Workshop Problem 30 A：二维平面涡流场分析

本算例将采用二维平面涡流场有限元方法仿真 TEAM Workshop 第 30 问题的三相光滑转子感应电动机模型[15]，并计算不同转速下的转矩及转子损耗。感应电动机结构及尺寸如

图 4-6 所示，定子最外层铁壳（$r_4 < r < r_5$），转子铁心（$r < r_1$）的相对磁导率 $\mu_r = 30$，电导率 $\sigma = 1.60 \times 10^6 \text{S/m}$；转子外层的铝环（$r_1 < r < r_2$）相对磁导率为 $\mu_r = 1$，电导率 $\sigma = 3.72 \times 10^7 \text{S/m}$。转子角频率 ω 从 0 到 1200rad/s，步长 200rad/s；其余部分材料相对磁导率为 1，均匀分布的三相绕组电流密度取值设置可参考本章参考文献 [16]，电流激励频率 $f = 60\text{Hz}$，电流密度峰值为 $310\sqrt{2}\,\text{A/cm}^2$。

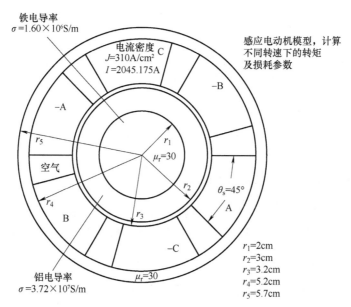

图 4-6 三相感应电动机基准问题（TEAM 30A）的问题描述

关于 TEAM 30A 问题三相电动机的网格生成程序已经在第 2 章中给出，下面给出采用有限元法对以上三相感应电动机的转子损耗及转矩进行求解，并与本章参考文献 [16] 中的解析解进行对比。FreeFEM 的代码如下：

文件下载 4.5

```
//------------------------------------------------------------------
// Using standard FEM for linear eddy-current-field problem in frequency domain
// (Example 4.5)
// TEAM-workshop 30A,three phase induction motor
// Yanpu Zhao @ 2023
//------------------------------------------------------------------
int dir=100;                          // domain boundary marker

real omega   =1200;                   // rad/s,speed of the rotor
real mu0     =4 * pi * 1.0E-7;        // (H/m)
real muIron =(30.0-1) * mu0;          // (-)
real sgmIron=1.6 * 1.0E6;             // (S/m)
real sgmAL   =3.72 * 1.0E7;           // (S/m)
real Jm     =3.1E6 * sqrt(2.0);       // A/m^2
real freq    =60.0;
```

```
real w=2*pi*freq;
complex jw=1i*w;


//----------------------------------------------------------------------------------------------------------
// Material,velocity and source current
//----------------------------------------------------------------------------------------------------------
fespace Wh(Th,P0);
Wh<complex> Js;


func sgm=(sqrt(x*x+y*y)<=R1)*sgmIron+(sqrt(x*x+y*y)>R1 &&
         sqrt(x*x+y*y)<=R2)*sgmAL;
func mu=mu0+(sqrt(x*x+y*y)>R4 && sqrt(x*x+y*y)<=R5)*muIron+
        (sqrt(x*x+y*y)<=R1)*muIron;
func nu=1.0/mu;
func vx=-omega*(sqrt(x*x+y*y)<=R2)*y;
func vy= omega*(sqrt(x*x+y*y)<=R2)*x;


// source current density Js
int APos=Th( (R33+R4)/2,0).region;
int ANeg=Th(-(R33+R4)/2,0).region;
int BNeg=Th( (R33+R4)/2*cos(pi/3),(R33+R4)/2*sin(pi/3)).region;
int BPos=Th(-(R33+R4)/2*cos(pi/3),-(R33+R4)/2*sin(pi/3)).region;
int CPos=Th( (R33+R4)/2*cos(2*pi/3),(R33+R4)/2*sin(2*pi/3)).region;
int CNeg=Th(-(R33+R4)/2*cos(2*pi/3),-(R33+R4)/2*sin(2*pi/3)).region;


Js=(region==APos)*Jm-(region==ANeg)*Jm                  // +A and-A phases
  +(region==BPos)*Jm*( cos(2*pi/3)+sin(2*pi/3)*1i )   // +B phase
  -(region==BNeg)*Jm*( cos(2*pi/3)+sin(2*pi/3)*1i )   // -B phase
  +(region==CPos)*Jm*( cos(4*pi/3)+sin(4*pi/3)*1i )   // C phase
  -(region==CNeg)*Jm*( cos(4*pi/3)+sin(4*pi/3)*1i );  // -C phase


//----------------------------------------------------------------------------------------------------------
// FE space and Weak form
//----------------------------------------------------------------------------------------------------------
fespace Vh(Th,P2);
Vh<complex> u,v;
solve a(u,v)=int2d(Th)(nu*(dx(u)*dx(v)+dy(u)*dy(v))     // diffusion term
      +sgm*jw*u*v                             // time induced eddy current
      +sgm*(dx(u)*vx+dy(u)*vy)*v)             // motional vXB term
      -int2d(Th)(Js*v)
      +on(dir,u=0);
```

```
//-------------------------------------------------------------------------------------------------------
// Get the torque values by line integration along R=RGap
//-------------------------------------------------------------------------------------------------------
macro Eind()  (jw*u+(vx*dx(u)+vy*dy(u)))              // EOM
macro JdotE()real(0.5*sgm*Eind*conj(Eind))            // EOM
macro BB()    (dy(u)*conj(dy(u))/mu0+dx(u)*conj(dx(u))/mu0)  // air gap BB
macro BX()    dy(u)                                   //
macro BY()    -dx(u)                                  //

real x0,x1,x2,y0,y1,y2;
real Nx,Ny,xm1,ym1,xm2,ym2,xm3,ym3;
real rr0,rr1,rr2;
real rotorLoss=0.0,rotorLossIron=0;
real tmp,torque=0.0,tt1,tt2,tt3;

int count1=0,count2=0;
for(int e=0;e<Th.nt;e++){
    x0=Th[e][0].x;x1=Th[e][1].x;x2=Th[e][2].x;
    y0=Th[e][0].y;y1=Th[e][1].y;y2=Th[e][2].y;
    rr0=sqrt(x0*x0+y0*y0);
    rr1=sqrt(x1*x1+y1*y1);
    rr2=sqrt(x2*x2+y2*y2);

    // the 1st edge in the triangle element---torque integration curve R=RGap
    if(abs(rr0-RGap)<1.0E-6 && abs(rr1-RGap)<1.0E-6 && rr2<RGap){    // 0->1
        Ny=-(x1-x0);  Nx=y1-y0;
        Nx=Nx/sqrt(Nx*Nx+Ny*Ny);  Ny=Ny/sqrt(Nx*Nx+Ny*Ny);
        xm1=x0;ym1=y0;
        xm2=x1;ym2=y1;
        xm3=(xm1+xm2)/2.0;
        ym3=(ym1+ym2)/2.0;
        tt1=real(-0.25*BB(xm1,ym1)*Ny+0.5*(Nx*BX(xm1,ym1)/mu0+
            Ny*BY(xm1,ym1)/mu0)*conj(BY(xm1,ym1)))*xm1
            -real(-0.25*BB(xm1,ym1)*Nx+0.5*(Nx*BX(xm1,ym1)/mu0+
            Ny*BY(xm1,ym1)/mu0)*conj(BX(xm1,ym1)))*ym1;
        tt2=real(-0.25*BB(xm2,ym2)*Ny+0.5*(Nx*BX(xm2,ym2)/mu0+
            Ny*BY(xm2,ym2)/mu0)*conj(BY(xm2,ym2)))*xm2
            -real(-0.25*BB(xm2,ym2)*Nx+0.5*(Nx*BX(xm2,ym2)/mu0+
            Ny*BY(xm2,ym2)/mu0)*conj(BX(xm2,ym2)))*ym2;
        tt3=real(-0.25*BB(xm3,ym3)*Ny+0.5*(Nx*BX(xm3,ym3)/mu0+
            Ny*BY(xm3,ym3)/mu0)*conj(BY(xm3,ym3)))*xm3
            -real(-0.25*BB(xm3,ym3)*Nx+0.5*(Nx*BX(xm3,ym3)/mu0+
            Ny*BY(xm3,ym3)/mu0)*conj(BX(xm3,ym3)))*ym3;
```

```
            // quadratic quadrature formula
            torque=torque+(tt1*1.0/6.0+tt2*1.0/6.0+tt3*4.0/6.0)*sqrt((xm1-
                xm2)*(xm1-xm2)+(ym1-ym2)*(ym1-ym2));
            count1++;
    }
    // the 2nd edge in the triangle element---outer circle
    if(abs(rr1-RGap)<1.0E-6 && abs(rr2-RGap)<1.0E-6 && rr0<RGap){       // 1->2
            Ny=-(x2-x1);   Nx=y2-y1;
            Nx=Nx/sqrt(Nx*Nx+Ny*Ny);   Ny=Ny/sqrt(Nx*Nx+Ny*Ny);
            xm1=x1;ym1=y1;
            xm2=x2;ym2=y2;
            xm3=(xm1+xm2)/2.0;
            ym3=(ym1+ym2)/2.0;
            tt1=real(-0.25*BB(xm1,ym1)*Ny+0.5*(Nx*BX(xm1,ym1)/mu0+
                Ny*BY(xm1,ym1)/mu0)*conj(BY(xm1,ym1)))*xm1
                -real(-0.25*BB(xm1,ym1)*Nx+0.5*(Nx*BX(xm1,ym1)/mu0+
                Ny*BY(xm1,ym1)/mu0)*conj(BX(xm1,ym1)))*ym1;
            tt2=real(-0.25*BB(xm2,ym2)*Ny+0.5*(Nx*BX(xm2,ym2)/mu0+
                Ny*BY(xm2,ym2)/mu0)*conj(BY(xm2,ym2)))*xm2
                -real(-0.25*BB(xm2,ym2)*Nx+0.5*(Nx*BX(xm2,ym2)/mu0+
                Ny*BY(xm2,ym2)/mu0)*conj(BX(xm2,ym2)))*ym2;
            tt3=real(-0.25*BB(xm3,ym3)*Ny+0.5*(Nx*BX(xm3,ym3)/mu0+
                Ny*BY(xm3,ym3)/mu0)*conj(BY(xm3,ym3)))*xm3
                -real(-0.25*BB(xm3,ym3)*Nx+0.5*(Nx*BX(xm3,ym3)/mu0+
                Ny*BY(xm3,ym3)/mu0)*conj(BX(xm3,ym3)))*ym3;
            // quadratic quadrature formula
            torque=torque+(tt1*1.0/6.0+tt2*1.0/6.0+tt3*4.0/6.0)*sqrt((xm1-
                xm2)*(xm1-xm2)+(ym1-ym2)*(ym1-ym2));
            count1++;
    }
    // the 3rd edge in the triangle element---outer circle
    if(abs(rr2-RGap)<1.0E-6 && abs(rr0-RGap)<1.0E-6 && rr1<RGap){       // 2->0
            Ny=-(x0-x2);   Nx=y0-y2;
            Nx=Nx/sqrt(Nx*Nx+Ny*Ny);   Ny=Ny/sqrt(Nx*Nx+Ny*Ny);
            xm1=x2;ym1=y2;
            xm2=x0;ym2=y0;
            xm3=(xm1+xm2)/2.0;
            ym3=(ym1+ym2)/2.0;
            tt1=real(-0.25*BB(xm1,ym1)*Ny+0.5*(Nx*BX(xm1,ym1)/mu0+
                Ny*BY(xm1,ym1)/mu0)*conj(BY(xm1,ym1)))*xm1
                -real(-0.25*BB(xm1,ym1)*Nx+0.5*(Nx*BX(xm1,ym1)/mu0+
                Ny*BY(xm1,ym1)/mu0)*conj(BX(xm1,ym1)))*ym1;
```

```
            tt2=real(-0.25*BB(xm2,ym2)*Ny+0.5*(Nx*BX(xm2,ym2)/mu0+
                Ny*BY(xm2,ym2)/mu0)*conj(BY(xm2,ym2)))*xm2
                -real(-0.25*BB(xm2,ym2)*Nx+0.5*(Nx*BX(xm2,ym2)/mu0+
                Ny*BY(xm2,ym2)/mu0)*conj(BX(xm2,ym2)))*ym2;
            tt3=real(-0.25*BB(xm3,ym3)*Ny+0.5*(Nx*BX(xm3,ym3)/mu0+
                Ny*BY(xm3,ym3)/mu0)*conj(BY(xm3,ym3)))*xm3
                -real(-0.25*BB(xm3,ym3)*Nx+0.5*(Nx*BX(xm3,ym3)/mu0+
                Ny*BY(xm3,ym3)/mu0)*conj(BX(xm3,ym3)))*ym3;
            // quadratic quadrature formula
            torque=torque+(tt1*1.0/6.0+tt2*1.0/6.0+tt3*4.0/6.0)*sqrt((xm1-
                xm2)*(xm1-xm2)+(ym1-ym2)*(ym1-ym2));
            count1++;
        }
}
cout<< "Torque is:"<< torque*2  <<endl;


//-------------------------------------------------------------------------------------------------
// Get the loss values
//-------------------------------------------------------------------------------------------------
int rotorAL=Th((R1+R2)/2,0).region;
int rotorFE=Th(0,0).region;
rotorLoss=int2d(Th,rotorAL,rotorFE)(JdotE);
rotorLossIron=int2d(Th,rotorFE)(JdotE);
cout<< "RotorLoss[AL+Iron] is:"<< rotorLoss <<endl;
cout<< "RotorLoss[Iron]        is:"<< rotorLossIron <<endl;
```

表 4-2 给出了不同转速下，转子的转矩及损耗。其中第三列为数值解，第四列为参考解析解。为了使数值解充分精确，在有限元计算中计算区域取为半径为 2m 的圆，并在圆周上施加近似无穷远边界条件。转矩以及损耗的后处理计算方法可以参考本章参考文献 [17]。本案例中的有限元网格含有 61932 个三角形单元，所采用的有限元基函数为分片二次多项式。由表 4-2 中的计算结果可以看出，有限元数值解的精度非常高，对于所测试的转速，最大相对误差为千分之二。

表 4-2　不同转速下转子的转矩及损耗

转速/（rad/s）	转矩及损耗	数值解	参考解[15]	相对误差（%）
0	转矩（Nm）	3.83337	3.825857	0.20
	转子损耗（W）	1454.88	1455.644	0.05
	转子铁耗（W）	17.3834	17.40541	0.13
200	转矩（Nm）	6.51549	6.505013	0.16
	转子损耗（W）	1179.00	1179.541	0.05
	转子铁耗（W）	16.9647	16.98615	0.13

（续）

转速/（rad/s）	转矩及损耗	数值解	参考解[15]	相对误差（%）
400	转矩（Nm）	-3.89906	-3.89264	0.16
	转子损耗（W）	119.986	120.0092	0.02
	转子铁耗（W）	1.38594	1.383889	0.15
600	转矩（Nm）	-5.76777	-5.75939	0.15
	转子损耗（W）	1314.03	1314.613	0.04
	转子铁耗（W）	17.8565	17.87566	0.11
800	转矩（Nm）	-3.5959	-3.59076	0.14
	转子损耗（W）	1547.63	1548.24	0.04
	转子铁耗（W）	16.8705	16.88702	0.10
1000	转矩（Nm）	-2.70443	-2.70051	0.15
	转子损耗（W）	1710.14	1710.686	0.03
	转子铁耗（W）	14.3079	14.32059	0.09
1200	转矩（Nm）	-2.25331	-2.24996	0.15
	转子损耗（W）	1878.47	1878.926	0.02
	转子铁耗（W）	12.0016	12.01166	0.08

4.2.6　算例 6　单匝实体线圈之间的互感

本算例将展示利用 FreeFEM 在频域进行二维柱对称涡流场的有限元计算，求解对象主要是两个同心共平面单匝实体线圈之间的互感。两个圆环线圈的半径分别为 $r_1 = 100\text{mm}$，$r_2 = 10\text{mm}$，导体的半径为 1mm，线圈周围的介质为空气。当外线圈通入频率为 f 的 1A 交流电流时，求出内线圈开路时（此时线圈截面的总感应电流积分为 0，因此需要引入一个电位自由度 $V^{[14]}$）所感应的电位差，可以计算二者的互感 $M = \text{real}(Z_{12})$，其中 $Z_{12} = V/\text{j}\omega I$。运行以下的 FreeFEM 程序，得到频率 $f = 1000\text{Hz}$ 下的线圈互感为 $M = 1.9756\text{nH}$，这与直流稳态下的静磁场解析结果 1.974nH 已经相当接近。在图 4-7 中给出了线圈俯视图以及内线圈导体所感应的涡流的实部在柱对称截面上的分布。

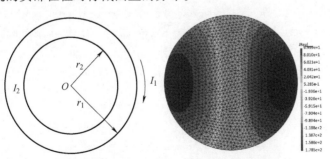

图 4-7　双线圈模型俯视图，外线圈施加 1A 电流，
内线圈开路时的导体截面涡流实部分布（实部）

扫码看彩图

文件下载 4.6

```
//---------------------------------------------------------------------------------
// Using  FEM to solve the 2D RZ time-harmonic eddy-current problem(Example 4.6)
// Yanpu Zhao @ 2023
//---------------------------------------------------------------------------------
load "MUMPS_seq"

real  frequency=1000;        // f=200,skin depth=6mm
real  w=2*pi*frequency;
complex jw=1i*w;
complex scale=1.0/(2.0*pi*jw);

real current1=1.0;           // total current excitation for the big conductor loop
real current2=0.0;           // open circuit,net current zero excitation for the
                                small conductor loop
real R1=100.0/1000;          // loop1 radius (m)
real R2=10.0/1000;           // loop2 radius (m)
real radius=1.0/1000;        // conductor radius (m)
real XL=400.0/1000;          // (m)
real YL=400.0/1000;          // (m)
real sgm=5.8E7;              // (S/m)
real mu0=4*pi*1.0E-7;        // (H/m)


//---------------------------------------------------------------------------------
// Make Mesh
//---------------------------------------------------------------------------------
int IDdir=99;
int Nmesh=40;
int M0=Nmesh*2,M1=Nmesh*2;

// (1)the coil section region
border C1(t=0,2*pi){x=R1+radius*cos(t);y=radius*sin(t);}
border C2(t=0,2*pi){x=R2+radius*cos(t);y=radius*sin(t);}
border Ca(t=0,2*pi){x=R1+5*radius*cos(t);  y=5*radius*sin(t);}
border Cb(t=0,2*pi){x=R1+10*radius*cos(t);y=10*radius*sin(t);}
border Cc(t=0,2*pi){x=R2+2*radius*cos(t);  y=2*radius*sin(t);}
border Cd(t=0,2*pi){x=R2+4*radius*cos(t);  y=4*radius*sin(t);}

// (2)the whole rectangle region of the solution domain
border AB(t=0,XL)            { x=t;     y=-YL/2;label=IDdir;}
border BC(t=-YL/2,YL/2)      { x=XL;  y=t;    label=IDdir;}
border CD(t=0,XL)            { x=XL-t;y=YL/2;  label=IDdir;}
border DA(t=-YL/2,YL/2)      { x=0;     y=-t;  label=IDdir;}
```

```
mesh Th=buildmesh( C1(M0)+C2(M0)                // two conductor loops
    +Ca(M0)+Cb(M0)+Cc(M0)+Cd(M0)                // other loops for good mesh quality
    +AB(M1/2)+BC(M1/2)+CD(M1/2)+DA(M1));  // domain boundaries
// plot(Th,wait=1);


int region1=Th(R1,0).region;
int region2=Th(R2,0).region;
mesh ThC=trunc(Th,region==region2);      // the small solid conductor


//-------------------------------------------------------------------------------------------
// Macros and FE space
//-------------------------------------------------------------------------------------------
macro Curl2(u)[-dy(u),u/x+dx(u)]             // Feb-15-2021
macro Br()(-dy(A))                           //
macro Bz()(A/(x+1E-12)+dx(A))                //
macro BM()(sqrt(Br*Br+Bz*Bz))                //

fespace Vh(Th,P2);
fespace Ph(Th,P0);
Vh<complex> u,v,A;
Ph<complex> nu,mu,sigma,sigma1,sigma2;

nu   =1.0/mu0;                               // 1/mu=nu
sigma  =sgm*(region==region1 ‖ region==region2);
sigma1=sgm*(region==region1);
sigma2=sgm*(region==region2);


//-------------------------------------------------------------------------------------------
// Weak form,x=r,y=z,[A as variable,r*dr*dz=dV]
//-------------------------------------------------------------------------------------------
varf L11(u,v)=int2d(Th)(nu*x*Curl2(u)'*Curl2(v)+jw*sigma*x*u*v)+
on(IDdir,u=0);
varf L12(u,v)=int2d(Th)(sigma1/2.0/pi*v);
varf L13(u,v)=int2d(Th)(sigma2/2.0/pi*v);


matrix<complex> M11=L11(Vh,Vh);
complex[int]    M12=L12(0,  Vh);
complex[int]    M13=L13(0,  Vh);

// only need to integrate on the conductor cross section
complex M22=int2d(Th)(sigma1/2.0/pi*scale*1.0/x);
complex M33=int2d(Th)(sigma2/2.0/pi*scale*1.0/x);
```

```
matrix<complex> M=[[M11, M12,M13],// main FE blocks
                   [M12',M22, 0],// current1
                   [M13',0, M33] // current2
                   ];
set(M,solver=sparsesolver);

complex[int] AV(Vh.ndof+2),rhs(Vh.ndof+2),solution(Vh.ndof+2);
rhs[Vh.ndof]  =-current1*scale;
rhs[Vh.ndof+1]=-current2*scale;

complex V1,V2;
solution=M^-1*rhs;
[A[],V1,V2]=solution;

cout<<"Voltage is "<<V2<<endl<<endl;
cout<<"Z12    is "<<V2/(jw)<<endl<<endl;
```

4.3　二维瞬态磁场问题

虽然激励源呈正弦变化，但求解区域含有非线性材料或者含有运动部件时，电磁场分布一般也是非正弦的，不满足时谐涡流场所有场量正弦变化的假设。另外电磁装置的瞬态过渡过程也是重要的仿真应用场景，比如设备的起动过程、绕组短路、异常工况、直流偏磁等情况下的电磁场仿真计算，此时采取时域或瞬态磁场计算更为方便。在电机、变压器等低频电磁设备仿真中，在大多数情况下设备内的位移电流与传导电流相比可以忽略不计（设备尺寸远远小于激励频率的最小波长），因此电小尺寸时的电磁仿真一般采用似稳场或者拟静态磁场模型。瞬态磁场问题的仿真计算中，除了对计算场域进行空间离散以外，还需要对时间变量进行离散。因此瞬态磁场的求解不仅需要给出边值条件，还需要提供待求解问题的初值条件。

4.3.1　二维平面瞬态磁场控制方程

直角坐标系下，当场域中的实体导体不含电压激励或者外电路连接时，本章参考文献[10]中给出了二维平面瞬态磁场的控制方程。关于瞬态磁场边界条件的施加，与二维平面静态磁场类似。为进行瞬态场求解还需要给出初值条件，即 $t=0$ 时刻变量 A 的初始值 A_0，一般这个初值可以通过求解 $t=0$ 时刻的相应稳态磁场（令所有时间导数为 0，激励取 $t=0$ 时刻的表达式）而得到。综上，二维平面瞬态磁场问题满足以下初边值问题：

$$\sigma \frac{\partial A}{\partial t} - \frac{\partial}{\partial x}\left(\nu \frac{\partial A}{\partial x}\right) - \frac{\partial}{\partial y}\left(\nu \frac{\partial A}{\partial y}\right) = J_s(t)，在区域 \Omega 中 \tag{4-37a}$$

$$A(t)\big|_{\Gamma_1} = A_{bc}(x,y,t) \tag{4-37b}$$

$$\nu \frac{\partial A(t)}{\partial n}\bigg|_{\Gamma_2} = 0 \tag{4-37c}$$

$$A\big|_{t=0} = A_0(x,y) \tag{4-37d}$$

4.3.2　二维平面瞬态磁场有限元格式

类似平面静磁场有限元格式的推导过程，二维瞬态平面磁场有限元计算格式推导将计算区域 Ω 离散，并将控制方程转化为其等效积分的弱形式，对于二维平面瞬态磁场的初边值问题，式（4-37）的等效弱积分形式为

$$-\int_{\Omega} W\left[\frac{\partial}{\partial x}\left(\nu\,\frac{\partial A}{\partial x}\right)+\frac{\partial}{\partial y}\left(\nu\,\frac{\partial A}{\partial y}\right)\right]\mathrm{d}S-\int_{\Omega}WJ_{s}\mathrm{d}S+\int_{\Omega}W\sigma\,\frac{\partial A}{\partial t}\mathrm{d}S=0 \tag{4-38}$$

采用分部积分及格林公式，整理后的等效积分弱形式为

$$\int_{\Omega}\nu\left(\frac{\partial W}{\partial x}\,\frac{\partial A}{\partial x}+\frac{\partial W}{\partial y}\,\frac{\partial A}{\partial y}\right)\mathrm{d}S+\int_{\Omega}W\sigma\,\frac{\partial A}{\partial t}\mathrm{d}S=\int_{\Omega}WJ_{s}\mathrm{d}S \tag{4-39}$$

将计算区域 Ω 网格划分，可将式（4-39）在计算域 Ω 内的积分等效为离散的网格单元积分加和的形式，即

$$\sum_{e=1}^{N_{e}}\int_{\Omega_{e}}\nu^{e}\left(\frac{\partial W_{i}}{\partial x}\,\frac{\partial A}{\partial x}+\frac{\partial W_{i}}{\partial y}\,\frac{\partial A}{\partial y}\right)\mathrm{d}S+\frac{\partial}{\partial t}\sum_{e=1}^{N_{e}}\int_{\Omega_{e}}W_{i}\sigma^{e}A\mathrm{d}S=\sum_{e=1}^{N_{e}}\int_{\Omega_{e}}W_{i}J_{s}^{e}\mathrm{d}S \tag{4-40}$$

将矢量磁位 $\vec{A}$ 表示为磁位自由度（全部自由度数量为 N_{dof}）的插值函数，即未知函数 A 表示为有限元空间基函数的线性组合

$$A(x,y,t)=\sum_{i=1}^{N_{\mathrm{dof}}}A_{i}(t)N_{i}(x,y) \tag{4-41}$$

取权函数即 $W_{i}=N_{i}$，可以得到由伽辽金有限元法离散形成的矩阵方程组

$$\boldsymbol{K}A(t)+\boldsymbol{M}\,\frac{\mathrm{d}A(t)}{\mathrm{d}t}=\boldsymbol{F}(t) \tag{4-42}$$

注意，与静磁场时不同，由于瞬态场的激励电流一般是随时间变化的，所以这里的右端向量也依赖于时间。另外当求解区域存在非线性铁磁材料的时候，矩阵 $\boldsymbol{K}$ 还依赖于未知量 A（由于电导率一般是线性的分片常数，因此矩阵 $\boldsymbol{M}$ 不随时间变化；但如果进行多物理场分析，并考虑电导率随温度的变化，则 $\boldsymbol{M}$ 随时间变化）。非线性瞬态磁场的分析需要在每个时间步求解非线性方程组，和线性问题的计算量相比也将会增加很多。为讨论方便，下面只对线性问题给出全离散有限元格式。

对空间变量进行有限元离散之后得到的半离散格式式（4-42）是一个关于时间变量的常微分方程组，此时的未知系数向量 $\{A_{i}(t)\}_{i=1}^{N_{\mathrm{dof}}}$ 仅为时间变量的函数。总体刚度矩阵 $\boldsymbol{K}_{ij}$、总体质量矩阵 $\boldsymbol{M}_{ij}$ 及总体右端列向量 $\boldsymbol{F}_{i}(t)$ 中的元素表达式分别如下：

$$\boldsymbol{K}_{ij}=\int_{\Omega}\nu\left(\frac{\partial N_{i}}{\partial x}\,\frac{\partial N_{j}}{\partial x}+\frac{\partial N_{i}}{\partial y}\,\frac{\partial N_{j}}{\partial y}\right)\mathrm{d}S \tag{4-43}$$

$$\boldsymbol{M}_{ij}=\int_{\Omega}\sigma N_{i}N_{j}\mathrm{d}S \tag{4-44}$$

$$\boldsymbol{F}_{i}(t)=\int_{\Omega_{e}}N_{i}J_{s}(t)\mathrm{d}S \tag{4-45}$$

关于时间导数项离散方法，可以采用向后欧拉法及 Crank-Nicolson（CN）法等进行离散

得到最终的时间步进格式。采用均匀时间步长 Δt，则向后欧拉法对时间变量离散之后得到的全离散格式为

$$M\frac{A^{n+1}-A^n}{\Delta t}+KA^{n+1}=F^{n+1}=F(t^{n+1}) \tag{4-46}$$

采用向前欧拉及向后欧拉法的加权平均，得到的时间离散格式为

$$M\frac{A^{n+1}-A^n}{\Delta t}+K[\beta A^{n+1}+(1-\beta)A^n]=\beta F^{n+1}+(1-\beta)F^n \tag{4-47}$$

当参数 $\beta=1$ 时，式（4-47）即为式（4-46）的向后欧拉格式，该格式绝对稳定，但时间方向整体误差只有一阶精度 $O(\Delta t)$；当 $\beta=0.5$ 时，式（4-47）变为 CN 格式，该格式时间方向整体误差具有二阶精度 $O(\Delta t^2)$。

如果所求解的问题为线性，且不含有任何非线性材料，则当时间步长取固定值时，系数矩阵不随时间变化，只是每一步的右端项需要更新。此时可以采用直接法进行代数矩阵方程求解，只在第一步进行矩阵分解，后面时间步只调用回代过程，从而大大加快计算速度。另外当激励源以及数值解的时空变化不均匀时，可以采用自适应时间步长[18]或者自适应自由度等算法[19]来适应解的变化，从而保证计算精度并提升计算效率。

4.3.3　二维轴对称瞬态磁场控制方程

对具有轴对称几何模型的电磁装置进行瞬态磁场分析及求解时，当所有电流均只有极角方向分量时，可将瞬态磁场控制方程在柱坐标系中表达，以达到降维加速计算的目的。设 z 轴为对称轴，柱面坐标系下的二维轴对称瞬态磁场的控制方程及初边值条件如下：

$$\left\{\begin{array}{l} \sigma\dfrac{\partial A}{\partial t}-\dfrac{\partial}{\partial z}\left(\nu\dfrac{\partial A}{\partial z}\right)-\dfrac{\partial}{\partial r}\left(\dfrac{\nu}{r}\dfrac{\partial(rA)}{\partial r}\right)=J_s(t),\text{在区域 }\Omega\text{ 中} \qquad (4\text{-}48\mathrm{a}) \\[3mm] A(t)\mid_{\Gamma_1}=A_{\mathrm{bc}}(r,z,t) \qquad\qquad\qquad\qquad\qquad\qquad (4\text{-}48\mathrm{b}) \\[3mm] \dfrac{\partial A(t)}{\partial n}\bigg|_{\Gamma_2}=0 \qquad\qquad\qquad\qquad\qquad\qquad\qquad (4\text{-}48\mathrm{c}) \\[3mm] A\mid_{t=0}=A_0(r,z) \qquad\qquad\qquad\qquad\qquad\qquad\qquad (4\text{-}48\mathrm{d}) \end{array}\right.$$

4.3.4　二维轴对称瞬态磁场有限元格式

对于二维轴对称瞬态磁场，令 $\sigma'=\sigma/r$，$\nu'=\nu/r$，$A'=rA$ 并代入式（4-48a），则二维轴对称瞬态磁场控制方程与二维平面瞬态磁场的表达式形式上一致。整理后，二维轴对称瞬态磁场初边值问题为

$$\left\{\begin{array}{l} \sigma'\dfrac{\partial A'}{\partial t}-\dfrac{\partial}{\partial z}\left(\nu'\dfrac{\partial A'}{\partial z}\right)-\dfrac{\partial}{\partial r}\left(\nu'\dfrac{\partial A'}{\partial r}\right)=J_s(t),\text{在区域 }\Omega\text{ 中} \quad (4\text{-}49\mathrm{a}) \\[3mm] A'(t)\mid_{\Gamma_1}=rA_{\mathrm{bc}}(r,z,t) \qquad\qquad\qquad\qquad\qquad\qquad (4\text{-}49\mathrm{b}) \\[3mm] \nu'\dfrac{\partial A'(t)}{\partial n}\bigg|_{\Gamma_2}=0 \qquad\qquad\qquad\qquad\qquad\qquad\qquad (4\text{-}49\mathrm{c}) \\[3mm] A'\mid_{t=0}=rA_0(r,z) \qquad\qquad\qquad\qquad\qquad\qquad\qquad (4\text{-}49\mathrm{d}) \end{array}\right.$$

同样将 z、r 换成 x、y，类比二维平面瞬态磁场的有限元方法推导过程，得到类似式（4-42）的二维轴对称瞬态磁场半离散有限元形式。单元刚度 e 矩阵中的元素 K_{ij}^e 为

$$K_{ij}^e = \int_{\Omega_e} \nu'^e \left(\frac{\partial N_i}{\partial x} \frac{\partial N_j}{\partial x} + \frac{\partial N_i}{\partial y} \frac{\partial N_j}{\partial y} \right) dS \tag{4-50}$$

其中，$\nu'^e = \nu^e / r$；单元矩阵 M^e 中的元素 M_{ij}^e 为

$$M_{ij}^e = \int_{\Omega_e} \sigma'^e N_i N_j dS \tag{4-51}$$

其中，$\sigma'^e = \sigma^e / r$；单元 e 上的方程右端列向量中的元素 F_i^e 为

$$F_i^e = -\int_{\Omega_e} N_i J_s dS \tag{4-52}$$

计算出了全局刚度矩阵 K，全局质量矩阵 M 及右端激励向量 $\vec{F}$，并处理完第一类强制边界条件和对时间离散之后，就可以得到相应的全离散有限元时间步进格式，这里不再赘述。

4.3.5　算例 7　TEAM Workshop 第 30A 问题：二维平面瞬态磁场分析

本算例在时域求解 TEAM Workshop 第 30A 问题三相感应电动机的转矩随时间变化的过程。其几何模型图如前面案例的图 4-6 所示，电动机各部分材料属性、尺寸及激励设置这里不再列出[15-17]，另外由于转子是光滑的，所以可以采用固定坐标系来模拟运动涡流项，有限元弱形式具体可参考本章参考文献[20]。设定计算终止时刻 $T = 0.1\text{s}$，固定时间步长 $\Delta t = 0.25\text{ms}$，采用高阶 CN 时间离散有限元方法计算瞬态转矩的 FreeFEM 源代码如下：

文件下载 4.7

```
//-------------------------------------------------------------------------
// Using standard FEM for linear eddy-current-field problem in time domain
// (Example 4.7)
// TEAM-workshop 30A,three phase induction motor
// Yanpu Zhao @ 2023
//-------------------------------------------------------------------------
int M0=12*10,M1=M0/6,M2=M1/2,M3=2*M1;
int dir=100;
int NT=400;
real alpha=0.5;              // alpha=0.5=>CN scheme;alpha=1=>backward Euler
real Tend=0.1,dt=Tend/NT;

real omega   =0;             // rad/s,speed of the rotor
real mu0     =4*pi*1.0E-7;   // (H/m)
real muIron=(30.0-1.0)*mu0;  // (-)
real sgmIron=1.6*1.0E6;      // (S/m)
real sgmAL   =3.72*1.0E7;    // (S/m)
```

```
real Jm     =3.1E6 * sqrt(2.0);                    // A/m^2


//--------------------------------------------------------------------------------
// Material,velocity and source current
//--------------------------------------------------------------------------------
fespace Wh(Th,P0);
Wh Js1,Js2;

func sgm=(sqrt(x * x+y * y)<=R1) * sgmIron+(sqrt(x * x+y * y)>R1 &&
sqrt(x * x+y * y)<=R2) * sgmAL;
func mu=mu0+(sqrt(x * x+y * y)>R4 && sqrt(x * x+y * y)<=R5) * muIron+
(sqrt(x * x+y * y)<=R1) * muIron;
func nu=1.0/mu;
func vx=-omega * (sqrt(x * x+y * y)<=R2) * y;     // line speed
func vy=  omega * (sqrt(x * x+y * y)<=R2) * x;     // line speed

// source current density,material object markers
int APos=Th( (R33+R4)/2,0). region;
int ANeg=Th(-(R33+R4)/2,0). region;
int BNeg=Th( (R33+R4)/2 * cos(pi/3),  (R33+R4)/2 * sin(pi/3)). region;
int BPos=Th(-(R33+R4)/2 * cos(pi/3),  -(R33+R4)/2 * sin(pi/3)). region;
int CPos=Th( (R33+R4)/2 * cos(2 * pi/3),(R33+R4)/2 * sin(2 * pi/3)). region;
int CNeg=Th(-(R33+R4)/2 * cos(2 * pi/3),-(R33+R4)/2 * sin(2 * pi/3)). region;


//--------------------------------------------------------------------------------
// Macros,FE space,weak form,matrix
//--------------------------------------------------------------------------------
macro Grad(u)[dx(u),dy(u)]              // EOF
macro BX()(dy(u))                       //
macro BY()(-dx(u))                      //
macro BXBY()(BX * BY)                   //
macro Bx2By2()(BX * BX-BY * BY)         //

fespace Vh(Th,P2);
Vh u,v;
real time=0;


//--------------------------------------------------------------------------------
// Initial value needs to be considered hare
//--------------------------------------------------------------------------------
real TwoPiF=2.0 * pi * 60.0;
Js1=(region==APos) * Jm * sin(TwoPiF * time)          // +A phase
```

```
    -(region==ANeg) * Jm * sin(TwoPiF * time)                // -A phase
    +(region==BPos) * Jm * sin(TwoPiF * time+2 * pi/3)       // +B phase
    -(region==BNeg) * Jm * sin(TwoPiF * time+2 * pi/3)       // -B phase
    +(region==CPos) * Jm * sin(TwoPiF * time+4 * pi/3)       // C phase
    -(region==CNeg) * Jm * sin(TwoPiF * time+4 * pi/3);      // -C phase
solve a(u,v)=int2d(Th)( nu * Grad(u)' * Grad(v))
        +int2d(Th)( sgm * (dx(u) * vx+dy(u) * vy) * v )
        -int2d(Th)( Js1 * v )
        +on(dir,u=0);


//--------------------------------------------------------------------------------
// Variational forms,global matrices,sparse direct factorization
//--------------------------------------------------------------------------------
varf L1(u,v)=int2d(Th)(nu * Grad(u)' * Grad(v))
 +int2d(Th)(sgm * (dx(u) * vx+dy(u) * vy) * v)
 +on(dir,u=0);
varf L2(u,v)=int2d(Th)(sgm/dt * u * v);

varf Lrhs(u,v)=int2d(Th)((1-alpha) * Js1 * v+alpha * Js2 * v);  // note the sign

matrix KK=L1(Vh,Vh);
matrix MM=L2(Vh,Vh);
matrix KM=KK * alpha+MM;                                        // CN scheme matrix

set(KM,solver=sparsesolver);
real[int] solutionA(Vh.ndof),rhs(Vh.ndof);
real[int] solutionALast(Vh.ndof);
solutionA=u[];
solutionALast=solutionA;


//--------------------------------------------------------------------------------
// Time-stepping finite element computation
//--------------------------------------------------------------------------------
int Nseg=2000;                            // compute torque along circular line
real xm1,ym1,xm2,ym2,xm3,ym3,Nx,Ny;
real torque,tt1,tt2,tt3;
real weight=0.4;
real RTorque=weight * R2+(1-weight) * R33;
ofstream ff("torqueCN.dat");

for(int count=1;count<=NT;count++){                           //
   time=dt * count;
```

```
cout<<" Now:" <<count<<" of ["<<NT <<"]steps;TimeNow:"<< time <<endl;
cout<<"--------------------------------------------------------" <<endl;

Js1=(region==APos)*Jm*sin(TwoPiF*(time-dt))            // +A phase
   -(region==ANeg)*Jm*sin(TwoPiF*(time-dt))            // -A phase
   +(region==BPos)*Jm*sin(TwoPiF*(time-dt)+2*pi/3)     // +B phase
   -(region==BNeg)*Jm*sin(TwoPiF*(time-dt)+2*pi/3)     // -B phase
   +(region==CPos)*Jm*sin(TwoPiF*(time-dt)+4*pi/3)     // C phase
   -(region==CNeg)*Jm*sin(TwoPiF*(time-dt)+4*pi/3);    // -C phase

Js2=(region==APos)*Jm*sin(TwoPiF*time)                 // +A phase
   -(region==ANeg)*Jm*sin(TwoPiF*time)                 // -A phase
   +(region==BPos)*Jm*sin(TwoPiF*time+2*pi/3)          // +B phase
   -(region==BNeg)*Jm*sin(TwoPiF*time+2*pi/3)          // -B phase
   +(region==CPos)*Jm*sin(TwoPiF*time+4*pi/3)          // C phase
   -(region==CNeg)*Jm*sin(TwoPiF*time+4*pi/3);         // -C phase

rhs=Lrhs(0,Vh);
real[int] rhs1=MM*solutionALast;
real[int] rhs2=KK*solutionALast;
rhs=rhs+rhs1;
rhs=rhs-(1-alpha)*rhs2;
solutionA=KM^-1*rhs;
u[]=solutionA;
solutionALast=solutionA;                               // update


//----------------------------------------------------------------------------------
// get the torque value of the rotor
//----------------------------------------------------------------------------------
torque=0.0;                                            // reset it here
for(int i=0;i<Nseg;i++){
    real theta0=2.0*pi/Nseg*i;
    real theta1=2.0*pi/Nseg*(i+1);
    xm1=RTorque*cos(theta0);ym1=RTorque*sin(theta0);
    xm2=RTorque*cos(theta1);ym2=RTorque*sin(theta1);
    xm3=(xm1+xm2)/2;ym3=(ym1+ym2)/2;
    real dArc=sqrt((xm1-xm2)^2+(ym1-ym2)^2);
    Nx=xm3/sqrt(xm3*xm3+ym3*ym3);           // outward unit normal vector
    Ny=ym3/sqrt(xm3*xm3+ym3*ym3);

    tt1=(-0.5*Bx2By2(xm1,ym1)/mu0*Ny+BXBY(xm1,ym1)/mu0*Nx)*xm1
       -( 0.5*Bx2By2(xm1,ym1)/mu0*Nx+BXBY(xm1,ym1)/mu0*Ny)*ym1;
```

```
      tt2=(-0.5 * Bx2By2(xm2,ym2)/mu0 * Ny+BXBY(xm2,ym2)/mu0 * Nx) * xm2
          -( 0.5 * Bx2By2(xm2,ym2)/mu0 * Nx+BXBY(xm2,ym2)/mu0 * Ny) * ym2;
      tt3=(-0.5 * Bx2By2(xm3,ym3)/mu0 * Ny+BXBY(xm3,ym3)/mu0 * Nx) * xm3
          -( 0.5 * Bx2By2(xm3,ym3)/mu0 * Nx+BXBY(xm3,ym3)/mu0 * Ny) * ym3;

      // quadratic quadrature formula
      torque=torque+(tt1 * 1.0/6.0+tt2 * 1.0/6.0+tt3 * 4.0/6.0) * dArc;
  }
  ff<<time<<" "<<torque<<endl;ff.flush;
  cout<<endl<< "Torque is  "<< torque  <<endl<<endl;          //
}
```

由程序计算（采用了约 53000 二阶三角单元）得到的转子转矩在不同转速下随时间的变化曲线如图 4-8~图 4-10 所示。当转子转速 $\omega = 0\text{rad/s}$ 时的转矩波形由图 4-8 给出，其中

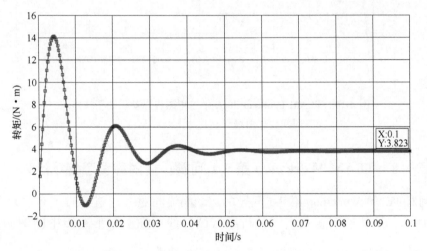

图 4-8　TEAM Problem 30 A 中三相感应电动机转子转矩随时间变化曲线（转速为 0rad/s）

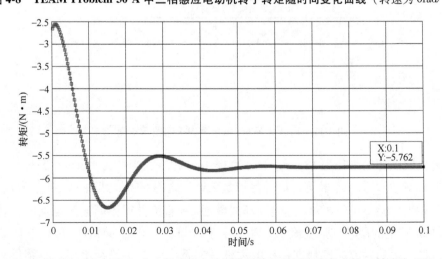

图 4-9　TEAM Problem 30 A 中三相感应电动机转子转矩随时间变化曲线（转速为 600rad/s）

115

$t=0.1$ 时刻的转矩为 $3.823\mathrm{N \cdot m}$（稳态解析解为 $3.825857\mathrm{N \cdot m}$[15]）；当转子转速 $\omega=600\mathrm{rad/s}$ 时的转矩波形由图 4-9 给出，其中 $t=0.1$ 时刻的转矩为 $-5.762\mathrm{N \cdot m}$（稳态解析解为 $-5.75939\mathrm{N \cdot m}$[15]）；当转子转速 $\omega=1200\mathrm{rad/s}$ 时的转矩波形由图 4-10 给出，其中 $t=0.1$ 时刻的转矩为 $-2.2498\mathrm{N \cdot m}$（稳态解析解为 $-2.24996\mathrm{N \cdot m}$[15]）。可见二维瞬态磁场时的计算精度也实现了与解析解的高精度吻合。

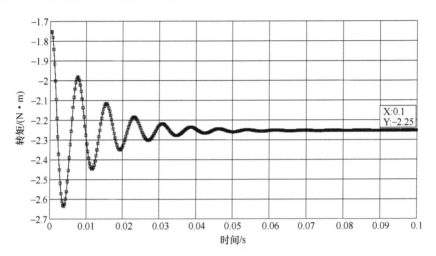

图 4-10　TEAM Problem 30 A 中三相感应电动机转子转矩随
时间变化曲线（转速为 1200rad/s）

4.3.6　算例 8　TEAM Workshop 第 9-1 问题：柱对称瞬态磁场计算

本算例对 TEAM Workshop 第 9-1 问题的运动涡流问题[21,22]进行时域有限元数值计算。如图 4-11 所示，该基准问题是为了分析载流圆环线圈在圆柱形空腔中的轴向运动涡流效应。

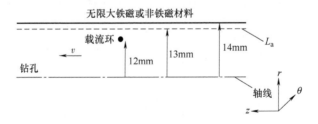

图 4-11　TEAM Workshop 第 9-1 问题示意图[21]

圆环通电线圈环的半径为 12mm，导体直径 1mm，空腔半径为 14mm，圆环线圈运动方向如图 4-11 中箭头所示。空腔圆柱以外区域是无穷大金属导体，其相对磁导率为 $\mu_{\mathrm{r}}=1$ 或者 $\mu_{\mathrm{r}}=50$，电导率为 $\sigma=5.0\times10^{6}\mathrm{S/m}$。当圆环线圈通 1A 直流并以不同速度运动时，计算观测线 $L_{\mathrm{a}}(r=13\mathrm{mm})$ 上的磁感应强度值 B_{r}、B_{z}。由于该问题具有轴对称性，可以进行二维 rz 磁场分析，其稳态运动涡流场控制方程在本章参考文献 ［22］ 中已经给出。本案例对其稍加变形，采用了瞬态运动磁场控制方程以展示二维 rz 坐标下的瞬态磁场计算过程

$$\sigma \frac{\partial A}{\partial t} - \frac{\partial}{\partial z}\left(\nu \frac{\partial A}{\partial z}\right) - \frac{\partial}{\partial r}\left(\frac{\nu}{r}\frac{\partial(rA)}{\partial r}\right) + \sigma v_z \frac{\partial A}{\partial z} = J_s \qquad (4\text{-}53)$$

式中，A 为矢量磁位的极角分量；ν 为磁阻率；σ 为无穷大导体的电导率；v_z 为线圈运动速度；J_s 为线圈中的均匀电流密度。对上述控制方程采用空间有限元离散以及时间离散之后，可对 A 后处理得到观测线上的磁通密度分量，FreeFEM 源代码如下：

文件下载 4.8

```
//----------------------------------------------------------------
// Using FEM for motional eddy-current-field problem in time domain(Example 4.8)
// TEAM-workshop 9-1
// Yanpu Zhao @ 2023
//----------------------------------------------------------------
load "MUMPS_seq"
int NT=200;
real alpha=1;                // alpha=0.5=>CN scheme;alpha=1=>backward Euler
real Tend=2,dt=Tend/NT;

real coilR  =12.0/1000;    // (m)
real radius=0.5/1000;      // (m)
real interface=14.0/1000; // (m)
real XL=200.0/1000;        // (m)
real YL=600.0/1000;        // (m)
real mu0=4*pi*1.0E-7;      // (H/m)
real muR=50.0;             // (-)1 or 50
real sgm  =5.0*1.0E6;      // (S/m)
real velocityIron=100.0;   // (m/s)

//----------------------------------------------------------------
// Make Mesh
//----------------------------------------------------------------
int C1=99;
int Nmesh=40;
int M0=Nmesh,M1=Nmesh*2,M2=Nmesh*4,M3=Nmesh*10;

// (1)the coil section region
border C0(t=0,2*pi){x=coilR+radius*cos(t);y=radius*sin(t);}

// (2)the whole rectangle region of the solution domain
border AB(t=0,interface)  { x=t;  y=-YL/2;label=C1;}
border BC(t=interface,XL){ x=t;  y=-YL/2;label=C1;}
border CD(t=-YL/2,YL/2)  { x=XL;y=t;label=C1;}        // r=RMAX
border DE(t=interface,XL){ x=t;  y=YL/2;label=C1;}    //
```

```
border EF(t=0,interface)  { x=t;  y=YL/2;label=C1;}      //
border FA(t=-YL/2,YL/2)   { x=1.0E-12;  y=t;label=C1;}   // r=0
// (3)the interface boundary between air and Fe
border EB(t=-YL/2,YL/2)   { x=interface;y=t;}            // air/iron interface

border lineA(t=-coilR*10,coilR*2)  { x=13.0/1000;y=t;}   // aux line 1
border lineB(t=-coilR*10,coilR*2)  { x=13.5/1000;y=t;}   // aux line 2
border lineC(t=-coilR*10,coilR*2)  { x=14.5/1000;y=t;}   // aux line 3
border lineD(t=-coilR*10,coilR*2)  { x=15.5/1000;y=t;}   // aux line 4

mesh Th=buildmesh( C0(M0)                                // coil
   +AB(M1)+BC(M1)+CD(M0)
   +DE(-M1)+EF(-M1)+FA(-M2)+EB(-M3)
   +lineA(M3)+lineB(M3)+lineC(M3)+lineD(M3));

//-----------------------------------------------------------------------------
// FE space and Material parameters
//-----------------------------------------------------------------------------
macro Curl2(u)[-dy(u),u/x+dx(u)]                         // Br,Bz
fespace Vh(Th,P2);
fespace Wh(Th,P0);
Vh u,v;
Wh nu,vel,Js;

int iJ=Th(coilR,0).region;
nu  =(x<interface)*1/mu0+(x>interface)*1.0/(mu0*muR);    // 1/mu=nu
vel =(x<interface)*0 -(x>interface)*velocityIron;  // convection coefficient
Js  =(region==iJ)*1.0/(pi*radius*radius);               // source current density

//-----------------------------------------------------------------------------
// Variational forms,matrices,sparse direct factorization
//-----------------------------------------------------------------------------
varf L1(u,v)=int2d(Th)(nu*x*Curl2(u)'*Curl2(v))
 +int2d(Th)(sgm*vel*x*dy(u)*v)
 +on(C1,u=0);
varf L2(u,v)=int2d(Th)(sgm/dt*x*u*v);

varf Lrhs(u,v)=int2d(Th)((1-alpha)*Js*x*v+alpha*Js*x*v);

matrix KK=L1(Vh,Vh);
matrix MM=L2(Vh,Vh);
matrix KM=KK*alpha+MM;                   // CN scheme matrix
```

118

```
set(KM,solver=sparsesolver);
real[int] solutionA(Vh.ndof),rhs(Vh.ndof);
real[int] solutionALast(Vh.ndof);
solutionA=u[];
solutionALast=solutionA;


//-------------------------------------------------------------------------------
// Time-stepping Finite Element Computation
//-------------------------------------------------------------------------------
real time=0;
for(int count=1;count<=NT;count++){             //
   time=dt*count;
   cout<<" Now:" <<count<<" of ["<<NT <<"]steps;TimeNow:"<< time <<endl;
   cout<<"----------------------------------------------------" <<endl;

     rhs=Lrhs(0,Vh);
     real[int] rhs1=MM*solutionALast;
     real[int] rhs2=KK*solutionALast;
     rhs=rhs+rhs1;
     rhs=rhs-(1-alpha)*rhs2;
     solutionA=KM^-1*rhs;
     u[]=solutionA;
     solutionALast=solutionA;                    // update
}


//-------------------------------------------------------------------------------
// Output solution for final time-step
//-------------------------------------------------------------------------------
real Rdetect=13.0/1000;
real zz=0.0;
ofstream ffBr("Br.dat");
ofstream ffBz("Bz.dat");
int iMax=300;
for(int i=0;i<=iMax;i++){
 zz=i*6.0*coilR/iMax;
 ffBr<< zz <<"  "<<abs(dy(u)(Rdetect,-zz))<<endl;
 ffBz<< zz <<"  "<<abs(dx(u)(Rdetect,-zz)+u(Rdetect,-zz)/Rdetect )<<endl;
}
```

　　FreeFEM 有限元计算中采用了向后欧拉时间离散格式，计算的终止时刻 $T = 1s$，时间步数为 100，A 的初值取为 0。本章参考文献［21］给出了 TEAM 9 问题在不同场景时的解析解。当线圈速度为 $v = 100 \text{m/s}$ 时，将 FreeFEM 输出的 B_r 及 B_z 分量与解析计算结果绘制的曲线如图 4-12（非铁磁材料）及图 4-13（铁磁材料 $\mu_r = 50$）所示，有限元计算结果和解析解有很好的吻合（其中采用了约 38000 二阶三角形单元）。图 4-14 中给出了计算至 $t = 2s$ 时，无限大导体为非铁磁以及铁磁材料时的磁力线分布（即 rA 变量的等值线），可见当空腔金属材料为铁磁材料时（此时由于相对运动，无限大金属部分区域感应的涡流更大），磁力线向空腔导体透入的深度比非铁磁材料时的透入深度小[21]。

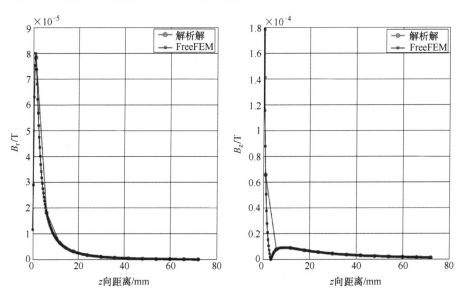

图 4-12　非铁磁材料，线圈速度 $v = 100\text{m/s}$ 时观测线上的 B_r 分量（左）、
B_z 分量（右）计算结果

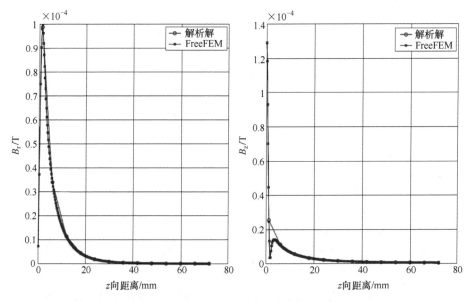

图 4-13　铁磁材料，线圈速度 $v = 100\text{m/s}$ 时观测线上的 B_r 分量（左）、
B_z 分量（右）计算结果

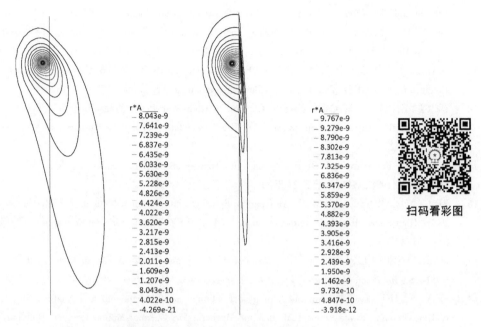

图 4-14 线圈速度 $v=100\text{m/s}$，$t=2\text{s}$ 时的磁力线；
非铁磁材料（左）、铁磁材料（右）

参 考 文 献

［1］ 颜威利，杨庆新，汪友华. 电气工程电磁场数值分析［M］. 北京：机械工业出版社，2005.

［2］ AKOUN G, YONNET J P. 3D Analytical Calculation of the Forces Exerted Between Two Cuboidal Magnets［J］. IEEE Transactions on Magnetics, 1984, 20（5）：1962-1964.

［3］ HENROTTE F, DELIÉGE G, HAMEYER K. The Eggshell Approach for the Computation of Electromagnetic Forces in 2D and 3D［J］. COMPEL-The International Journal for Computation and Mathematics in Electrical and Electronic Engineering, 2004, 23（4）：996-1005.

［4］ FU W N, ZHOU P, LIN D, et al. Magnetic Force Computation in Permanent Magnets Using a Local Energy Coordinate Derivative Method［J］. IEEE Transactions on Magnetics, 2004, 40（2）：683-686.

［5］ COULOMB J, MEUNIER G. Finite Element Implementation of Virtual Work Principle for Magnetic or Electric Force and Torque Computation［J］. IEEE Transactions on Magnetics, 1984, 20（5）：1894-1896.

［6］ CALLAGHAN E E, MASLEN S H. The magnetic field of a finite solenoid［R］. NASA, 1960.

［7］ 吴迪顺. 螺管线圈电感的计算公式［J］. 变压器, 1991（8）：2-5.

［8］ STERMECKI A, BÍRÓ O, PREIS K, et al. Numerical Analysis of Steady-State Operation of Three-Phase Induction Machines by an Approximate Frequency Domain Technique［J］. Elektrotechnik & Informationstechnik, 2011, 128（3）：81-85.

［9］ SALON S J. Finite element analysis of electrical machines［M］. New York：Springer Scinence+Business Media, 1995.

［10］ FU W N, ZHOU P, LIN D, et al. Modeling of Solid Conductors in Two-Dimensional Transient Finite-Element Analysis and Its Application to Electric Machines［J］. IEEE Transactions on Magnetics, 2004, 40（2）：426-434.

［11］ JAFARI-SHAPOORABADI R, KONRAD A, SINCLAIR A N. Comparison of Three Formulations for Eddy-

Current and Skin Effect Problems［J］. IEEE Transactions on Magnetics, 2002, 38（2）: 617-620.

［12］ BERMUDEZ A, SALGADO P. Numerical Analysis of A Finite-Element Method for the Axisymmetric Eddy Current Model of an Induction Furnace［J］. IMA Journal of Numerical Analysis, 2010, 30: 654-676.

［13］ ISAKA S, TOKUMASU T, KONDO K. Finite Element Analysis of Eddy Currents in Transformer Parallel Conductors［J］. IEEE Transactions on Power Apparatus and Systems, 1985, PAS-104（10）: 2731-2737.

［14］ PERN J F, YEH S N. Calculating the Current Distribution in Power Transformer Windings Using Finite Element Analysis with Circuit Constraints［J］. IEE Proceedings-Science Measurement and Technology, 1995, 142（3）: 231-236.

［15］ DAVEY K R. Analytic Analysis of Single and Three-Phase Induction Motors［J］. IEEE Transactions on Magnetics, 1998, 34（5）: 3721-3727.

［16］ ZHAO Y P, HO S L, FU W N. An Operator Splitting Finite Element Method for Eddy-Current Field Analysis in High-Speed Rotating Solid Conductors［J］. IEEE Transactions on Magnetics, 2013, 49（7）: 3171-3174.

［17］ MARCSA D, KUCZMANN M. Comparison of the A^*-A and T, Φ-Φ Formulations for the 2-D Analysis of Solid-rotor Induction Machines［J］. IEEE Transactions on Magnetics, 2009, 45（9）: 3329-3333.

［18］ FU W N, HO S L. Elimination of Nonphysical Solutions and Implementation of Adaptive Step Size Algorithm in Time-Stepping Finite-Element Method for Magnetic Field-Circuit-Motion Coupled Problems［J］. IEEE Transactions on Magnetics, 2010, 46（1）: 29-38.

［19］ ZHAO Y P, HO S L, FU W N. An Adaptive Degrees-of-Freedom Finite-Element Method for Transient Magnetic Field Analysis［J］. IEEE Transactions on Magnetics, 2013, 49（12）: 5724-5729.

［20］ HO S L, ZHAO Y P, FU W N. A Characteristic Galerkin Method for Eddy-Current Field Analysis in High-Speed Rotating Solid Conductors［J］. IEEE Transactions on Magnetics, 2012, 48（11）: 4634-4637.

［21］ 甘艳, 阮江军, 张宇, 等. TEAM9-1 问题讨论与混合有限元法有限体积法的应用［J］. 电工技术学报, 2009, 24（001）: 1-7.

［22］ ZHAO Y P, ZHANG X, HO S L, et al. A Local Discontinuous Galerkin Method for Eddy Current Field Analysis in High-Speed Moving Conductors［J］. IEEE Transactions on Magnetics, 2012, 48（2）: 251-254.

第 5 章
三维电场计算的有限元方法及 FreeFEM 代码

到目前为止，已经建立了二维电场问题的有限元方法，并通过具体案例展示了二维电场有限元计算在工程中的应用。尽管一些工程电磁场数值计算问题能用二维甚至一维模型来描述或近似，以达到降维并节省计算量的目的，但实际上所有的电力装备、器件及结构部件都是三维的。只是假设物理场量沿某一截面（横截面或者轴对称截面）不变或者沿某个方向不变（则该方向上的空间导数为 0），才能进行降维建模及计算。而当降维近似不成立或者将导致不可接受的误差时，则必须在三维空间进行仿真计算研究。随着计算机硬件性能的提升，越来越多的电场计算问题可以通过三维计算给出满意分析结果。本章将第 3 章中的二维电场有限元方法推广到三维笛卡尔坐标系，并结合案例展示如何利用 FreeFEM 求解三维电场计算问题。

5.1 三维静电场问题

与二维平面静电场的控制方程类似，三维静电场的控制方程多了 z 坐标的导数等信息，从而可以将二维时忽略的 z 方向电场分量纳入考虑，这在设备级仿真、高压阀厅、变电站级仿真时是必需的。下面将给出三维静电场的控制方程及边界条件，并采用伽辽金方法推导对应的有限元弱形式。电场力及电容矩阵是电场分析中的重要全局量，本节也将就其计算和提取方法给出简要公式。最后结合两个算例展示利用 FreeFEM 进行有限元计算及参数提取的过程。为了保证计算精度，还将给出利用 FreeFEM 进行自适应网格加密的方法和程序。

5.1.1 三维静电场控制方程

为节省计算量并方便施加约束条件，与二维时类似，三维静电场计算一般采用标量电位 φ 作为待求解变量。当计算区域 Ω 存在自由电荷密度 ρ 时，在直角坐标系下三维静电场控制方程为

$$-\nabla \cdot (\varepsilon \nabla \varphi) = -\frac{\partial}{\partial x}\left(\varepsilon \frac{\partial \varphi}{\partial x}\right) - \frac{\partial}{\partial y}\left(\varepsilon \frac{\partial \varphi}{\partial y}\right) - \frac{\partial}{\partial z}\left(\varepsilon \frac{\partial \varphi}{\partial z}\right) = \rho \tag{5-1}$$

当计算区域不存在自由电荷时，在直角坐标系下三维静电场控制方程为

$$-\nabla \cdot (\varepsilon \nabla \varphi) = -\frac{\partial}{\partial x}\left(\varepsilon \frac{\partial \varphi}{\partial x}\right) - \frac{\partial}{\partial y}\left(\varepsilon \frac{\partial \varphi}{\partial y}\right) - \frac{\partial}{\partial z}\left(\varepsilon \frac{\partial \varphi}{\partial z}\right) = 0 \tag{5-2}$$

式中，ε 为电介质的介电常数，它可以是分片线性函数，空间坐标的函数，或者电场强度的

非线性函数。根据在不同坐标轴方向是否性质相同，还可以是各向同性或者各向异性。另外介电常数还可能依赖于其他物理场，比如温度。

令计算区域的边界分为 Γ_1 和 Γ_2，则在大多数情况下，静电场问题的边界条件可以分为以下 Γ_1 上的第一类边界条件及 Γ_2 上的第二类自然边界条件[1]：

$$\Gamma_1 : \varphi = \varphi_0 \tag{5-3}$$

$$\Gamma_2 : \frac{\partial \varphi}{\partial n} = 0 \tag{5-4}$$

式中，φ_0 为边界 Γ_1 上给定的函数分布；n 为计算区域边界 Γ_2 上任意一点的单位外法向量。

综上，一般形式的三维静电场边值问题应满足以下形式：

$$\begin{cases} -\frac{\partial}{\partial x}\left(\varepsilon\frac{\partial \varphi}{\partial x}\right) - \frac{\partial}{\partial y}\left(\varepsilon\frac{\partial \varphi}{\partial y}\right) - \frac{\partial}{\partial z}\left(\varepsilon\frac{\partial \varphi}{\partial z}\right) = \rho，在区域 \Omega 中 & \text{(5-5a)} \\ \Gamma_1 : \varphi = \varphi_0 & \text{(5-5b)} \\ \Gamma_2 : \frac{\partial \varphi}{\partial n} = 0 & \text{(5-5c)} \end{cases}$$

当 $\rho = 0$，即求解区域中不存在自由电荷时，三维静电场控制方程为拉普拉斯方程；当 $\rho \neq 0$，即求解区域中存在自由电荷时，三维静电场控制方程为泊松方程。右端项的电荷可能存在于三维实体或者空间曲面上。另外静电场计算时经常遇到浮动导体，比如套管电容芯子中为了均衡电场而引入的数量众多的极薄金属导体。对于悬浮导体，可认为金属表面为等电位，且电力线垂直于金属表面。一般来讲，每个浮动导体都可能带有一定量的净电荷，此时为了描述这种激励及其等电位约束条件，施加如下的浮动电荷激励（floating charge excitation）：

$$\begin{cases} \varphi \mid_\Gamma = \text{const} & \text{(5-6a)} \\ \iint_\Gamma \vec{D} \cdot \vec{n} \mathrm{d}S = Q_0 & \text{(5-6b)} \end{cases}$$

静电场计算时还经常根据电力线垂直或者平行于区域边界来施加对称边界。实际上这只是对电力线形象地描述，本质上对称边界属于第一类边界［见式（5-3）］或者第二类边界［见式（5-4）］。当电力线或电场线垂直于边界时（如理想平板电容器的金属极板），由于边界处的电场强度矢量 $\vec{E}$ 只有法向分量，切向分量为 0：$\vec{n} \times \vec{E} = 0$，所以此时电位沿着边界面的切向没有变化，因此电位在边界上为常数，满足第一类强加边界条件。而当电力线或电场线平行于边界时（如理想平板电容器的侧面），由于边界处的电场矢量只有切向分量，法向分量为 0：$\vec{n} \cdot \vec{E} = 0$，所以用电位表示即 $\frac{\partial \varphi}{\partial n} = 0$，此时电位满足自然边界条件。

当问题的计算区域为开域或者无穷大时，如何施加无穷远处的边界条件是一个需要注意和值得研究的问题。简单做法是取充分大的有限区域作为求解区域，并在这个充分大的区域边界处设置电位为 0 的近似无穷远边界条件。更好的办法是设置一些虚拟的人工边界条件（improvised boundary condition），下面将介绍本章参考文献［2］采用的方法。

在选定的有限大小的球形求解区域（半径取为 R）以外设置若干相等厚度（厚度取为 d）的人工介质层，其中介质层的等效介电常数通过渐近展开而确定，并且最外介质层的边界处设置无穷远边界条件。通过引入若干渐近边界层，可以达到降低计算量同时保证开域问题计算精度的目的。在渐近边界层的最外层边界上可以施加第一类边界条件，即 $\varphi = 0$（狄利克雷边界条件，Dirichlet boundary condition）；或第二类边界条件（或称纽曼边界，Neumann boundary condition），即 $d\varphi/dr = 0$，二者都可以用来等效无穷远处的边界条件。二阶人工渐近边界条件（两层介质层）的构造如图 5-1 所示，它由两层渐近边界层构成，边界层厚度为 d，渐进边界层内的介电常数分别为 ε_1、ε_2。

当采用一阶渐近边界条件且最外层为第一类边界条件，即 $\varphi = 0$ 时，此时该渐近层的介电常数 ε_1 的计算方法为

$$\frac{\varepsilon_1}{\varepsilon_0} = \frac{\delta(\delta+2)}{\delta^2+2\delta+2} \approx \delta \tag{5-7}$$

当采用一阶渐近边界条件且最外层为第二类边界条件，即 $d\varphi/dr = 0$ 时，此时该渐近层的介电常数的计算方法为

$$\frac{\varepsilon_1}{\varepsilon_0} = \frac{\delta^2+2\delta+2}{\delta(\delta+2)} \approx \frac{1}{\delta} \tag{5-8}$$

这里的参数

$$\delta = \frac{d}{R} \tag{5-9}$$

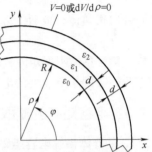

图 5-1　二阶人工渐近边界条件的构造

注意，三维静电场问题在区域内部材料界面处还应满足 $\vec{E}$ 的切向连续（电位连续）及 $\vec{D}$ 的法向连续（通量连续）。但当采用有限元方法描述偏微分方程定解问题的弱形式时，上述两个界面条件（也叫内边条件）将自然得到满足，无需特别关注和处理，这是采用有限元方法的方便之处。

5.1.2　三维静电场有限元格式

对于式（5-5）给出的三维静电场边值问题，可将其写成以下积分形式：

$$\int_\Omega W\left(\frac{\partial}{\partial x}\left(\varepsilon\frac{\partial\varphi}{\partial x}\right) + \frac{\partial}{\partial y}\left(\varepsilon\frac{\partial\varphi}{\partial y}\right) + \frac{\partial}{\partial z}\left(\varepsilon\frac{\partial\varphi}{\partial z}\right) + \rho\right)dV = 0 \tag{5-10}$$

式中，W 为任意的检验函数，同时该检验函数满足齐次第一类边界条件。类似于二维静电场有限元计算格式的推导，对于任意检验函数 W，通过采用高斯定理对式（5-10）分部积分，可以得到其等效的积分弱形式，这里直接给出整理后的表达式为

$$\int_\Omega \varepsilon\left(\frac{\partial\varphi}{\partial x}\frac{\partial W}{\partial x} + \frac{\partial\varphi}{\partial y}\frac{\partial W}{\partial y} + \frac{\partial\varphi}{\partial z}\frac{\partial W}{\partial z}\right)dV = \int_\Omega \rho W dV \tag{5-11}$$

将求解区域离散为有限个网格单元（比如四面体或者六面体），类似二维三角形网格，网格单元内任意一点的电位通过电位自由度的插值函数获得。式（5-11）在计算区域上的积分可表示为各网格单元积分的累加，推导得到以下第 i 个代数方程的表达式（其中伽辽金有限元方法的检验函数 W 取第 i 个节点相关的节点元基函数 $W_i = N_i$）

$$\int_\Omega \varepsilon\left(\frac{\partial\varphi}{\partial x}\frac{\partial W_i}{\partial x} + \frac{\partial\varphi}{\partial y}\frac{\partial W_i}{\partial y} + \frac{\partial\varphi}{\partial z}\frac{\partial W_i}{\partial z}\right)dV - \int_\Omega \rho W_i dV$$

$$= \sum_{e=1}^{N_e}\int_{\Omega_e}\varepsilon\left(\frac{\partial}{\partial x}\left(\sum_{j=1}^{n_d}N_j\varphi_j\right)\frac{\partial W_i}{\partial x} + \frac{\partial}{\partial y}\left(\sum_{j=1}^{n_d}N_j\varphi_j\right)\frac{\partial W_i}{\partial y} + \frac{\partial}{\partial z}\left(\sum_{j=1}^{n_d}N_j\varphi_j\right)\frac{\partial W_i}{\partial z}\right)dV - \sum_{e=1}^{N_e}\int_{\Omega_e}\rho W_i dV = 0 \tag{5-12}$$

单元刚度矩阵 K^e 中元素 K_{ij}^e 为

$$K_{ij}^e = \int_{\Omega_e} \varepsilon \left(\frac{\partial N_j}{\partial x} \frac{\partial N_i}{\partial x} + \frac{\partial N_j}{\partial y} \frac{\partial N_i}{\partial y} + \frac{\partial N_j}{\partial z} \frac{\partial N_i}{\partial z} \right) \mathrm{d}V \tag{5-13}$$

右端列向量 F^e 中元素 F_i^e 为

$$F_i^e = \int_{\Omega_e} N_i \rho \mathrm{d}V \tag{5-14}$$

式中，K_{ij}^e 及 F_i^e 元素的积分均可通过高斯数值积分法计算得到。最终，各单元刚度矩阵以及单元列向量整体合成后的方程组写为矩阵形式

$$K\varphi = F \tag{5-15}$$

式中，K 为总体刚度矩阵；φ 为待求解的各节点基函数展开系数（如果是线性单元，则 φ 为待求解的各网格节点处的电位值）。

5.1.3 电容矩阵的提取及静电力的计算方法

1. 多导体系统电容矩阵的提取方法

设有 n 个导体/端口可以与电源相接，选定一个端口（比如第 n 个端口）为参考点，那么对端口 $1,2,\cdots,n-1$ 分别施加 1V 激励，其余端口接地（第 n 个端口恒接地），可以计算得到 $n-1$ 个电场分布 E_i 以及 $D_i = \varepsilon E_i$，那么电容矩阵的计算公式为

$$C = \begin{bmatrix} \int_\Omega E_1 \cdot D_1 \mathrm{d}\Omega & \int_\Omega E_1 \cdot D_2 \mathrm{d}\Omega & \cdots & \int_\Omega E_1 \cdot D_{n-1} \mathrm{d}\Omega \\ \int_\Omega E_2 \cdot D_1 \mathrm{d}\Omega & \int_\Omega E_2 \cdot D_2 \mathrm{d}\Omega & \cdots & \int_\Omega E_2 \cdot D_{n-1} \mathrm{d}\Omega \\ \vdots & \vdots & \ddots & \vdots \\ \int_\Omega E_{n-1} \cdot D_1 \mathrm{d}\Omega & \int_\Omega E_{n-1} \cdot D_2 \mathrm{d}\Omega & \cdots & \int_\Omega E_{n-1} \cdot D_{n-1} \mathrm{d}\Omega \end{bmatrix} \tag{5-16}$$

注意，这里需要进行 $n-1$ 次静电场有限元计算，当 n 数量很大时，如何保证计算效率是一个关键问题。为此可以采用稀疏并行直接法对系数矩阵做一次 LU 分解，当施加不同激励条件时，由于仅涉及右端项的改变，故通过回代可以快速得到其余的解。

2. 静电力的计算——麦克斯韦应力张量法

通过麦克斯韦张量，可以计算放置于静电场中的刚体介质所受到的全局静电力 $\vec{F}_{es}$，由以下的封闭曲面积分计算：

$$\vec{F}_{es} = \oint_S \left[(\vec{n} \cdot \vec{E}) \vec{D} - \frac{1}{2} (\vec{E} \cdot \vec{D}) \vec{n} \right] \mathrm{d}S \tag{5-17}$$

式中，S 为位于空气中的包围受力物体的任意一个闭合曲面；$\vec{n}$ 为曲面一点的单位外法向量。数值计算中，麦克斯韦应力张量法对有限元网格比较敏感。为了得到高精度的电场力结果，可以采用稳定性更好的虚位移法进行计算，但是通用的虚位移法计算物体全局力后处理程序的编写比较复杂，所以实现过程中要非常细心[3]。如果后续需要与其他场进行耦合，比如计算刚体在电场力作用下的形变，则需要根据适当的方法计算每个节点的局部静电力密度。

5.1.4 算例1 孤立金属球电容的计算

算例描述：半径为 R 的金属球置于无穷大的真空中，取无穷远电位为 0，金属球给定

1V 电压激励，通过计算此时系统的能量可以得到金属球与无穷远参考点的电容，解析解为 $C = 4\pi\varepsilon_0 R$。

　　FreeFEM 计算程序如下，其中的网格生成程序借助调用了开源网格生成软件 tetgen。为了得到不断收敛的数值解，还采用了自适应网格加密方法进行多次有限元计算。算例中金属球半径 $R = 1\mathrm{m}$，无穷远边界是靠引入充分大（80m×80m×80m）的计算区域并在六个表面施加 0 电位边界条件实现的。不同密度四面体网格下的电容提取结果与解析解的对比在表 5-1 中给出，另外电位的云图结果在图 5-2 中进行了展示。

文件下载 5.1

```
//-------------------------------------------------------------------------
// Using 3D FEM to solve for the capacitance of an isolated conductor ball
// (Example 5.1)
// Yanpu Zhao @ 2022
//-------------------------------------------------------------------------
load "msh3"
load "tetgen"
load "medit"
load "mshmet"
load "MUMPS_seq"
include "MeshSurface.idp"

real hs=3;              // mesh size on sphere
real Length=40;
real Radius=1;
real dR=0;              // move the ball center along x-axis
real eps0=8.854187817E-12;
int[int] NN=[20,20,20];
real [int,int] BB=[[-Length,Length],[-Length,Length],[-Length,Length]];
int  [int,int] LL=[[1,2],[3,4],[5,6]];    // label of 6 faces

mesh3 ThHS=SurfaceHex(NN,BB,LL,1)+Sphere(Radius,hs/30,7,dR,1);
                      // "gluing" surface meshs to total boundary meshes
real voltet=(hs^3)/6.;
cout << " voltet=" << voltet << endl;
real[int] domaine=[20*Radius,0,0,1,voltet,0,0,0,3,voltet/5];// voltet 为四面
                                                       体体积参数

mesh3 ThAll=tetg(ThHS,switch="pqaAYY",nbofregions=2,regionlist=domaine);
mesh3 Th=trunc(ThAll,region!=ThAll(0,0,0).region);
                // 由于金属球为等势体,故只需在空气区域进行求解。这行操作就是截取
                  非金属球所在区域的网格。
fespace Vh(Th,P1);
fespace Vh1(Th,P1);
```

```
Vh uh,vh;
macro Grad(u)[dx(u),dy(u),dz(u)]          // EOM

real errm=1E-2;
int maxRefine=3;
for(int i=0;i<=maxRefine;i++){
    cout<<"\n Total dof is======== "<<Vh.ndof<<",  "<<i/real(maxRefine)<<endl;

    solve es3d(uh,vh,solver=sparsesolver)=
        int3d(Th)(eps0*Grad(uh)'*Grad(vh))
      + on(1,2,3,4,5,6,uh=0)
      + on(7,uh=1);

    if(i!=maxRefine){
        Vh1 h;
        h[]=mshmet(Th,uh,normalization=1,aniso=0,nbregul=1,
        hmin=1.0E-02,hmax=8,err=errm);
        errm=errm*0.4;
        Th=tetgreconstruction(Th,switch="raAQ",sizeofvolume=h*h*h/6.0);
    }
}
real DdotE=int3d(Th,1)(eps0*Grad(uh)'*Grad(uh));
cout<<"capacitance="<< DdotE <<endl;
```

上述程序调用了 "MeshSurface.idp"，这里 SurfaceHex(N,B,L,orient) 是在三维空间中生成六面体的面网格，其中，N 给出三个坐标轴方向剖分的段数；B 给出三个方向的最小与最大限值；L 给出六个面的标记号，用于方便施加边界条件。Sphere(real R,real h,int L, real dx,int orientation) 函数则可以生成半径为 R 的球面网格，其中球面网格尺寸由 h 控制，球面单元标号为 L，圆心坐标为 (dx,0,0) 的球体。通过生成六面体表面网格及球体表面网格，就可以调用 tetgen 生成四面体网格。MeshSurface.idp 文件中的 FreeFEM 函数如下：

```
load "msh3"
load "medit"
load "freeyams"
/*  Usage:
  mesh3  SurfaceHex(N,B,L,orient);
  --build the surface mesh of a 3d box,where:for example:
  int[int]  N=[nx,ny,nz];                         // the number of seg in the 3
                                                       direction
  real[int,int]  B=[[xmin,xmax],[ymin,ymax],[zmin,zmax]];  // bounding box
```

```
    int [int,int]   L=[[1,2],[3,4],[5,6]];              // label of 6 face left,right,
                                                          front,back,down,right
   orient the global orientation of the surface 1 extern (-1 intern)
  func mesh3 Sphere( real R,real h,int L,int orient);
 --build a surface mesh of a sphere with 1 mapping (spherical coordinate)
   where R is  the radius,
   h is the mesh size of the sphere
   L is the label the sphere
   orient the global orientation of the surface 1 extern (-1 intern
 */
 func mesh3 SurfaceHex(int[int] & N,real[int,int] &B,int[int,int] & L,int ori-
entation){
     real x0=B(0,0),x1=B(0,1);
     real y0=B(1,0),y1=B(1,1);
     real z0=B(2,0),z1=B(2,1);

     int nx=N[0],ny=N[1],nz=N[2];

     mesh Thx=square(ny,nz,[y0+(y1-y0)*x,z0+(z1-z0)*y]);
     mesh Thy=square(nx,nz,[x0+(x1-x0)*x,z0+(z1-z0)*y]);
     mesh Thz=square(nx,ny,[x0+(x1-x0)*x,y0+(y1-y0)*y]);

     int[int] refx=[0,L(0,0)],refX=[0,L(0,1)];  // Xmin,Ymax faces labels re-
                                                   numbering
     int[int] refy=[0,L(1,0)],refY=[0,L(1,1)];  // Ymin,Ymax faces labesl re-
                                                   numbering
     int[int] refz=[0,L(2,0)],refZ=[0,L(2,1)];  // Zmin,Zmax faces labels re-
                                                   numbering

     mesh3 Thx0=movemesh23(Thx,transfo=[x0,x,y],orientation=-orientation,
label=refx);
     mesh3 Thx1=movemesh23(Thx,transfo=[x1,x,y],orientation=+orientation,
label=refX);
     mesh3 Thy0=movemesh23(Thy,transfo=[x,y0,y],orientation=+orientation,
label=refy);
     mesh3 Thy1=movemesh23(Thy,transfo=[x,y1,y],orientation=-orientation,
label=refY);
     mesh3 Thz0=movemesh23(Thz,transfo=[x,y,z0],orientation=-orientation,
label=refz);
     mesh3 Thz1=movemesh23(Thz,transfo=[x,y,z1],orientation=+orientation,
label=refZ);
     mesh3 Th=Thx0+Thx1+Thy0+Thy1+Thz0+Thz1;
```

```
        return Th;
    }


func mesh3 Ellipsoide (real RX,real RY,real RZ,real h,int L,real dx,int orienta-
tion){
        mesh  Th=square(10,20,[x*pi-pi/2,2*y*pi]);// a parameterization of a sphere
        func f1=RX*cos(x)*cos(y);
        func f2=RY*cos(x)*sin(y);
        func f3=RZ*sin(x);
        // partial derivative
        func f1x=-RX*sin(x)*cos(y);
        func f1y=-RX*cos(x)*sin(y);
        func f2x=-RY*sin(x)*sin(y);
        func f2y=+RY*cos(x)*cos(y);
        func f3x=-RZ*cos(x);
        func f3y=0;
        // the metric on the sphere   $M=DF^t DF$
        func m11=f1x^2+f2x^2+f3x^2;
        func m21=f1x*f1y+f2x*f2y+f3x*f3y;
        func m22=f1y^2+f2y^2+f3y^2;

        func perio=[[4,y],[2,y],[1,x],[3,x]];       // to store the periodic condition

        real hh=h;                                  // hh  mesh size on unit sphere
        real vv=1/square(hh);
        Th=adaptmesh(Th,m11*vv,m21*vv,m22*vv,IsMetric=1,periodic=perio);
        Th=adaptmesh(Th,m11*vv,m21*vv,m22*vv,IsMetric=1,periodic=perio);
        Th=adaptmesh(Th,m11*vv,m21*vv,m22*vv,IsMetric=1,periodic=perio);
        Th=adaptmesh(Th,m11*vv,m21*vv,m22*vv,IsMetric=1,periodic=perio);
        int[int] ref=[0,L];

        mesh3 ThS=movemesh23(Th,transfo=[f1,f2,f3],orientation=orientation,ref-
face=ref);
        ThS=movemesh3(ThS,transfo=[x+dx,y,z]);   // shift the sphere surface mesh
                                                       along x
        ThS= freeyams (ThS,hmin=h,hmax=h,gradation=2.,verbosity=-10,mem=100,
option=0);
        return ThS;
    }

func mesh3 Sphere(real R,real h,int L,real dx,int orientation){
    return Ellipsoide(R,R,R,h,L,dx,orientation);
    }
```

表 5-1　电容计算结果比较

网格编号	网格节点数	数值解	参考真解	相对误差（%）
1	32779	1.22437e-010	1.1127e-10	10.04
2	35860	1.17364e-010	1.1127e-10	5.48
3	52201	1.15128e-010	1.1127e-10	3.47
4	119052	1.14249e-010	1.1127e-10	2.68
5	401938	1.13873e-010	1.1127e-10	2.34
6	1604119	1.13713e-010	1.1127e-10	2.2

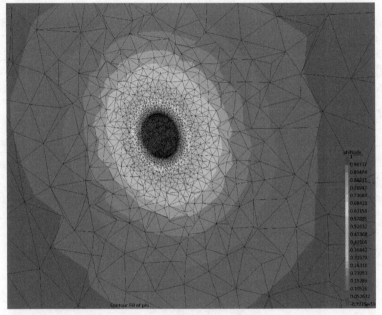

扫码看彩图

图 5-2　孤立金属球静电场问题，自适应网格下的电位分布（剖面，局部放大图）

5.1.5　算例 2　两个导体球系统的电容计算

算例描述：计算两个金属球带电系统的电容矩阵，其几何模型如图 5-3 所示。在本算例中，计算模型各部分尺寸为 $a=1\mathrm{m}$，$b=2\mathrm{m}$，$c=5\mathrm{m}$，金属球周围介质为空气。

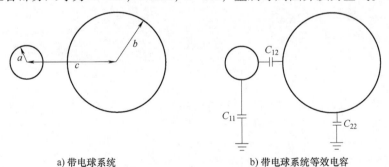

a) 带电球系统　　　　　　　　　b) 带电球系统等效电容

图 5-3　两个金属球的电容计算问题

该带电系统各部分电容的计算，可以根据以下解析表达式[4]：

$$C_{11} = Fab\sinh u \sum_{n=0}^{\infty} \left[a\sinh nu + b\sinh(n+1)u \right]^{-1} \tag{5-18}$$

$$C_{22} = Fab\sinh u \sum_{n=0}^{\infty} \left[b\sinh nu + a\sinh(n+1)u \right]^{-1} \tag{5-19}$$

$$C_{12} = -F\frac{ab}{c}\sinh u \sum_{n=1}^{\infty} \left[\sinh nu \right]^{-1} \tag{5-20}$$

其中

$$\cosh u = \frac{c^2 - a^2 - b^2}{2ab} \tag{5-21}$$

$$F = 4\pi\varepsilon_0 \cdot 1[\text{m}] \tag{5-22}$$

由于空气中的两带电导体球组成的带电系统模型不具有对称性，故该问题的求解需借助于三维静电场有限元理论求解。这里不考虑电荷的存在，该问题属于三维静电场边值问题，满足拉普拉斯方程控制方程。FreeFEM源代码实现如下。关于电容参数的结果，由表 5-2 给出。小金属球施加 1V 电压激励时的电位分布由图 5-4 给出。

文件下载 5.2

```
//-------------------------------------------------------------------
// Using 3D FEM to solve for the capacitance matrix of two conductor balls
// (Example 5.2)
// Yanpu Zhao @ 2022
//-------------------------------------------------------------------
load "msh3"
load "tetgen"
load "medit"
load "mshmet"
load "MUMPS_seq"
include "MeshSurface.idp"

real hs=3;              // mesh size on sphere
real Length=40;        // cube side length
real Radius=1;
real dR=5;             // move the ball center along x-axis
real eps0=8.854187817E-12;
int[int] NN=[20,20,20];
real [int,int] BB=[[-Length,Length],[-Length,Length],[-Length,Length]];
int  [int,int] LL=[[1,2],[3,4],[5,6]];    // label of 6 faces

mesh3 ThHS=SurfaceHex(NN,BB,LL,1)+Sphere(Radius,hs/30,7,0,1)+Sphere(Radius * 2,
hs/15,8,dR,1);                 // "gluing" surface meshes to total boundary meshes
real voltet=(hs^3)/6.;
cout << " voltet=" << voltet << endl;
real[int] domaine=[20 * Radius,0,0,1,voltet,0,0,0,2,voltet/5,dR,0,0,3,voltet/5];//

mesh3 ThAll=tetg(ThHS,switch="pqaAYY",nbofregions=3,regionlist=domaine);
```

```
mesh3 Th=trunc(ThAll,region==ThAll(20*Radius,0,0).region);

fespace Vh(Th,P2);                    // 这里采用了高阶 P2 单元
fespace Vh1(Th,P1);
Vh uh,vh;
Vh ph,qh;
macro Grad(u)[dx(u),dy(u),dz(u)]     // EOM

real errm=1E-2;
int maxRefine=3;
for(int i=0;i<=maxRefine;i++){
    cout<<"\n Dof number is:"<<Vh.ndof<<",  "<<i/real(maxRefine+1E-60)<<endl;

    solve es3d1(uh,vh,solver=sparsesolver)=
        int3d(Th)(eps0*Grad(uh)'*Grad(vh))
    +   on(1,2,3,4,5,6,uh=0)
    +   on(7,uh=1)+on(8,uh=0);

    if(i!=maxRefine){
        Vh1 h;
        h[]=mshmet (Th,uh,normalization=1,aniso=0,nbregul=1,
        hmin=1.0E-02,hmax=8,err=errm);
        errm=errm*0.4;
        Th=tetgreconstruction(Th,switch="raAQ",sizeofvolume=h*h*h/6.0);
    }
}

solve es3d2(ph,qh,solver=sparsesolver)=
    int3d(Th)(eps0*Grad(ph)'*Grad(qh))
+   on(1,2,3,4,5,6,ph=0)
+   on(7,ph=0)+on(8,ph=1);

real C11=int3d(Th)(eps0*Grad(uh)'*Grad(uh));
real C12=int3d(Th)(eps0*Grad(uh)'*Grad(ph));
real C22=int3d(Th)(eps0*Grad(ph)'*Grad(ph));
cout<<"capacitance_11="<< C11 <<endl;
cout<<"capacitance_12="<< C12 <<endl;
cout<<"capacitance_22="<< C22 <<endl;
```

表 5-2　电容计算结果比较

网格编号	节点数	部分电容	数值解/pF	参考解/pF	相对误差（%）
	34724	C_{11}	124.16	123.24	0.75%
1	34724	$C_{12}(C_{21})$	−46.53	−48.86	4.79%
	34724	C_{22}	251.20	244.48	2.75%

（续）

网格编号	节点数	部分电容	数值解/pF	参考解/pF	相对误差（%）
2	58120	C_{11}	123.98	123.24	0.60%
	58120	$C_{12}(C_{21})$	−46.40	−48.86	5.03%
	58120	C_{22}	250.89	244.48	2.62%
3	137248	C_{11}	123.97	123.24	0.59%
	137248	$C_{12}(C_{21})$	−46.39	−48.86	5.05%
	137248	C_{22}	250.72	244.48	2.55%
4	474062	C_{11}	123.97	123.24	0.59%
	474062	$C_{12}(C_{21})$	−46.38	−48.86	5.08%
	474062	C_{22}	250.68	244.48	2.54%

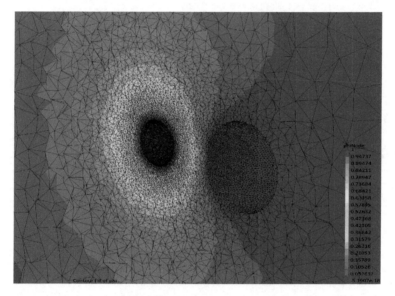

扫码看彩图

图 5-4　两个金属球静电场问题，自适应网格下的电位分布

（局部放大图，小金属球电位 1V）

5.2　三维直流传导电场问题

直流传导电场是一种稳态电流场，由于绝缘介质并不是完美绝缘的，因此在实际应用中传导电场与静电场同时存在。对于达到稳态的电场，可以采用静电场或者直流传导电场进行计算。但是二者的计算是不同的，以两块不同的有损介质为例，在材料交界面上一般会存在面电荷，因此采用静电场分析稳态电场时需要将此电荷纳入激励源，而采用直流传导电场分析就不会有此困扰。有时又需要将静电场和直流传导电场一起用来求解分析，比如计算区域的一部分是导体，而另一部分是完美绝缘材料，此时可以先进行直流传导电场分析，以其解作为导体和绝缘体交界面处的电位边界条件，再进行静电场计算。为简单起见，下面将给出最经常用到的直流传导电场问题的控制方程及边界条件，进而给出有限元格式、导体损耗和电阻矩阵的计算方法，最后通过一个接地电阻问题展示 FreeFEM 软件的应用。

5.2.1　三维直流传导电场控制方程

本文在第 3 章中已经给出了直流传导电场在导电媒质（除电源外）中满足的基本控制方程为

$$-\nabla \cdot (\sigma \nabla \varphi) = 0 \tag{5-23}$$

式中，σ 为导电介质的电导率（S/m）。假设 Ω 为直流传导电场计算区域，区域边界由 Γ_1 和 Γ_2 组成，在大多数情况下，直流传导电场问题的边界条件与静电场一致，这里不再赘述。综上，直角坐标系下，三维直流传导电场问题（除电源区外）满足拉普拉斯方程边值问题，即

$$\begin{cases} -\dfrac{\partial}{\partial x}\left(\sigma \dfrac{\partial \varphi}{\partial x}\right) - \dfrac{\partial}{\partial y}\left(\sigma \dfrac{\partial \varphi}{\partial y}\right) - \dfrac{\partial}{\partial z}\left(\sigma \dfrac{\partial \varphi}{\partial z}\right) = 0, \text{在区域 } \Omega \text{ 中} & (5\text{-}24\text{a}) \\[2mm] \varphi \mid_{\Gamma_1} = \varphi_0 & (5\text{-}24\text{b}) \\[2mm] \dfrac{\partial \varphi}{\partial n}\bigg|_{\Gamma_2} = 0 & (5\text{-}24\text{c}) \end{cases}$$

电流源激励：当给定导体某一端口的总电流，另一端口设置为接地（实际上另一端口为电流的汇集处 sink）时，这时需要给指定电流的那个端口 Γ_{I_j} 一个未知的等电位 V_j，然后施加端口电流密度积分为给定电流值的约束条件，表达式如下：

$$\begin{cases} \varphi = V_j & (5\text{-}25\text{a}) \\[2mm] \displaystyle\int_{\Gamma_{I_j}} \vec{J} \cdot \mathrm{d}\vec{S} = I_j & (5\text{-}25\text{b}) \end{cases}$$

另外在直流传导电场计算中可以施加近似理想导体约束条件，比如接地电阻的计算问题中可以将接地极视为等势体。与静电场等势体的处理类似，实际计算中可以去掉近似理想导体内部的自由度，只保留理想导体表面的自由度。如果近似理想导体施加了电压激励，则可以将其表面自由度设置为给定电位值。其他的对称边界条件、近似无穷远边界及内边界条件与静电场类似。

5.2.2　三维直流传导电场有限元格式

三维直流传导电场的拉普拉斯方程边值问题与三维静电场的拉普拉斯方程边值问题一致，只需要将介电常数替换为电导率常数即可。类似于三维静电场有限元计算格式，将计算区域 Ω 离散后，形成的单元刚度矩阵中元素 K_{ij}^e 为

$$K_{ij}^e = \int_{\Omega_e} \sigma^e \left(\frac{\partial N_j}{\partial x} \frac{\partial N_i}{\partial x} + \frac{\partial N_j}{\partial y} \frac{\partial N_i}{\partial y} + \frac{\partial N_j}{\partial z} \frac{\partial N_i}{\partial z} \right) \mathrm{d}V \tag{5-26}$$

单元 e 的右端列向量元素 F_i^e 为

$$F_i^e = 0 \tag{5-27}$$

5.2.3　损耗的计算及电阻矩阵的提取

导体中由于直流电阻产生的损耗为

$$\text{Loss} = \int_{\Omega} \vec{E} \cdot \vec{J} \, d\Omega \tag{5-28}$$

下面给出任意形状导体电阻的计算方法。设有 n 个导体端口可与外电源相接，选定一个端口（比如第 n 个端口）为参考点，那么对端口 $1, 2, \cdots, n-1$ 分别施加 1V 激励，其余端口接地（第 n 个端口恒接地），通过 $n-1$ 次有限元计算可以得到电场 E_i 以及 $J_i = \sigma E_i$，那么电导矩阵为

$$G = \begin{bmatrix} \int_{\Omega} E_1 \cdot J_1 d\Omega & \int_{\Omega} E_1 \cdot J_2 d\Omega & \cdots & \int_{\Omega} E_1 \cdot J_{n-1} d\Omega \\ \int_{\Omega} E_2 \cdot J_1 d\Omega & \int_{\Omega} E_2 \cdot J_2 d\Omega & \cdots & \int_{\Omega} E_2 \cdot J_{n-1} d\Omega \\ \vdots & \vdots & \ddots & \vdots \\ \int_{\Omega} E_{n-1} \cdot J_1 d\Omega & \int_{\Omega} E_{n-1} \cdot J_2 d\Omega & \cdots & \int_{\Omega} E_{n-1} \cdot J_{n-1} d\Omega \end{bmatrix} \tag{5-29}$$

电阻矩阵 R 则为电导矩阵 G 的逆矩阵。

5.2.4　算例 3　三维接地电阻计算问题

算例描述：计算三维长方体细长导体的接地电阻，接地导体三个方向尺寸分别为 5cm×5cm×100cm，土壤电导率为 0.01S/m。在计算过程中，假设接地体充分接地，并深埋放置于无限大土壤中，本文采用一个半径 200m 的球体模拟无穷大大地。

在接地电阻的计算中，对导体施加 $U=1$V 激励，近似无穷远边界施加 0V 地电位边界。然后计算从接地极导体中流出的电流 I，电阻 $R = U/I$。为了提升计算精度，电流 I 的计算可以通过围绕接地导体且位于求解区域中的一层四面体单元积分计算得到。另外一种计算方法是在整个土壤计算区域中计算电导 G，然后取倒数即得电阻 $R = 1/G$。由于接地电极几何模型不具有对称性，故需采用三维直流电场边值问题求解。本算例符合直角坐标系下的三维直流传导电场控制方程，使用 FreeFEM 实现源代码如下。采用不同阶次的有限元基函数，接地电阻的计算结果由表 5-3 给出。另外图 5-5 给出了激励条件下的土壤电位分布。

文件下载 5.3

```
//--------------------------------------------------------------------
// Using 3D FEM to solve for the grounding resistance of a conductor bar(Example 5.3)
// The resistance is computed by R=V/I
// Yanpu Zhao @ 2022
//--------------------------------------------------------------------
load "msh3"
load "tetgen"
load "medit"
load "mshmet"
load "mmg3d-v4.0"
load "MUMPS_seq"
include "MeshSurface.idp"
```

```
real hs=20;                                        // mesh size on sphere
real Radius=200;
real sigma=1E-2;
real Lengthx=0.05;
real Lengthy=0.05;
real Lengthz=1;
int[int] NN=[10,10,40];
real [int,int] BB =[[-Lengthx/2,Lengthx/2],[-Lengthy/2,Lengthy/2],[-Lengthz/
2,Lengthz/2]];
int  [int,int] LL=[[1,2],[3,4],[5,6]];        // label of 6 faces

mesh3 ThHS=SurfaceHex(NN,BB,LL,1)+Sphere(Radius,hs,7,0,1);
// "gluing" surface meshs to total boundary meshes
real voltet=(hs^3)/6.;
cout << " voltet=" << voltet << endl;
real[int] domaine=[Radius/2,0,0,1,voltet,0,0,0,2,voltet/5];   // voltet 控制四
                                                             面体单元体积


mesh3 ThAll=tetg(ThHS,switch="pqaAYY",nbofregions=2,regionlist=domaine);
mesh3 Th=trunc(ThAll,region!=ThAll(0,0,0).region);

fespace Vh(Th,P1);
fespace Vh1(Th,P1);
Vh uh,vh;
macro Grad(u)[dx(u),dy(u),dz(u)]                          // EOM

real errm=1E-2;
real hmin0=0.001,hmax0=20;
int maxRefine=6;
ofstream of1("resultR.txt");    of1.precision(12);    //of1<<endl;
for(int i=0;i<=maxRefine;i++){
    cout<<Vh1.ndof<<" "<<Vh.ndof<<", "<<i/real(maxRefine+1E-60)<<endl;

    solve dc3d(uh,vh,solver=sparsesolver)=
        int3d(Th)(sigma * Grad(uh)' * Grad(vh))
    +  on(1,2,3,4,5,6,uh=1)
    +  on(7,uh=0);


    //-------------------------------------------------------------------
    // Eggshell-[u] is nonzero on one layer elements touching the electrode
    //-------------------------------------------------------------------
    Vh1 u,v;
```

```
varf rhsTmp(u,v)=on(1,2,3,4,5,6,u=1);
real[int] rr=rhsTmp(0,Vh1);

u=0;
for(int i=0;i<rr.n;++i){
    if(abs(rr(i))>1E2){ u[](i)=1.0;}
}

real current=int3d(Th)(sigma*Grad(u)'*Grad(uh));
cout<<"current    ="<< current <<endl;
cout<<"resistance1="<< 1.0/current <<endl;


//-------------------------------------------------------------------
// Compute loss to get conductance
//-------------------------------------------------------------------
real G=int3d(Th)(sigma*Grad(uh)'*Grad(uh));
cout<<"conductance="<< G <<endl;
cout<<"resistance2  ="<< 1.0/G <<endl;
of1<<i<<" "<<Vh.ndof<<" "<<1.0/current<<endl;
of1.flush;

if(i!=maxRefine){
    Vh1 h;
    h[]=mshmet(Th,uh,normalization=1,aniso=0,nbregul=1,hmin=hmin0,
               hmax=hmax0,err=errm);
    Th=tetgreconstruction(Th,switch="raAQ",sizeofvolume=h*h*h/6.0);
    errm=errm*0.8;
    hmin0=hmin0*0.8;
    hmax0=hmax0*0.8;
}
}
```

表 5-3　不同阶次单元计算结果比较

网格编号	P_1 单元，电阻结果（参考解 $R=49.57256$）			P_2 单元，电阻结果（参考解 $R=49.57256$）		
	自由度数量	数值解	相对误差（%）	自由度数量	数值解	相对误差（%）
1	17299	43.005	13.25%	125891	49.188	0.78%
2	25304	43.844	11.56%	192430	49.299	0.55%
3	41511	44.772	9.68%	323196	49.420	0.31%
4	75445	45.626	7.96%	594883	49.524	0.098%
5	133209	46.379	6.44%	1074149	49.599	0.053%
6	245779	46.881	5.43%	2006681	49.654	0.164%

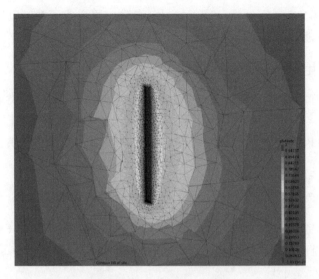

扫码看彩图

图 5-5　金属接地极直流传导电场问题，自适应网格下的电位分布

（局部放大图，金属棒电位 1V）

5.3　三维交流传导电场问题

当电力装备及器件中的有损电介质承受交流电压激励时，即激励源做时谐变化的电场计算问题，若计算区域内全部为线性媒质，则所有电磁场量均按照正弦变化。此时若关心交流稳态的电场分布，则可用复相量法表示时变场量及电位 $\dot{\varphi}$，从而避免对时域控制方程进行时间步进的瞬态电场计算，只需要求解一次复数代数方程组即可得到交流稳态电场。对于交流传导电场，在低频正弦稳态情况时，磁场变化产生的感应电场强度可以忽略不计。下面将给出三维交流传导电场问题的控制方程及有限元格式，并通过求解有损平板电容器的参数计算展示 FreeFEM 求解交流传导电场的能力。

5.3.1　三维交流传导电场控制方程

类似于二维交流传导电场，三维交流传导电场也满足以标量电位表示的复数形式的拉普拉斯方程

$$\nabla \cdot \left[(j\omega\varepsilon + \sigma) \nabla \dot{\varphi} \right] = 0 \tag{5-30}$$

设 Ω 为交流传导电场的计算区域，场域边界由 Γ_1 和 Γ_2 组成。在大多数情况下，交流传导电场问题的激励类型及边界条件与静电场类似，这里不再赘述。在直角坐标系下，三维交流传导电场满足拉普拉斯方程的边值问题为

$$\begin{cases} -\dfrac{\partial}{\partial x}\left((j\omega\varepsilon + \sigma)\dfrac{\partial \dot{\varphi}}{\partial x} \right) - \dfrac{\partial}{\partial y}\left((j\omega\varepsilon + \sigma)\dfrac{\partial \dot{\varphi}}{\partial y} \right) - \dfrac{\partial}{\partial z}\left((j\omega\varepsilon + \sigma)\dfrac{\partial \dot{\varphi}}{\partial z} \right) = 0, \text{在区域 } \Omega \text{ 中} & (5\text{-}31a) \\[2mm] \dot{\varphi}\big|_{\Gamma_1} = \varphi_{\text{bc}}(x, y, z) & (5\text{-}31b) \\[2mm] \dfrac{\partial \dot{\varphi}}{\partial n}\bigg|_{\Gamma_2} = 0 & (5\text{-}31c) \end{cases}$$

式中，j 为虚数单位；ω 为角频率。注意，这里的材料参数 ε 可以为复数，以描述介质损耗的影响，同时该参数还可能依赖于工作频率。

5.3.2　三维交流传导电场有限元计算格式

三维交流传导电场边值问题与三维直流传导电场边值问题的有限元格式类似，只需要将电导率常数替换为电导率与介电常数的复数组合形式即可。将计算区域 Ω 进行空间离散后可以进行有限元的单元分析及整体合成，对于三维交流传导电场问题，单元刚度矩阵中元素 K_{ij}^e 的表达式为

$$K_{ij}^e = \int_{\Omega_e} (\sigma + j\omega\varepsilon) \left(\frac{\partial N_i}{\partial x} \frac{\partial N_j}{\partial x} + \frac{\partial N_i}{\partial y} \frac{\partial N_j}{\partial y} + \frac{\partial N_i}{\partial z} \frac{\partial N_j}{\partial z} \right) dV \tag{5-32}$$

类似于三维直流传导电场，单元 e 的右端列向量元素 F_i^e 为 0。在求解最终离散得到的复数方程组时，FreeFEM 软件提供了 MUMPS 直接法求解器，可以方便地进行复数方程组的求解。

5.3.3　算例 4　平板电容器（有损电介质）

对于如图 5-6 所示的平板电容器，两端电极施加 f = 1000 kHz，电压幅值 U_m = 5V 的正弦交流电压激励。考虑边缘效应时，计算其介质损耗。其中模型的几何尺寸如图 5-6 所示（三个方向的尺寸为 10mm×10mm×0.1mm），电容器介质的相对介电常数 ε_r = 10，介质损耗角的正切值 $\tan\delta$ = 0.01。

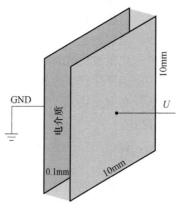

图 5-6　平板电容器模型几何尺寸　　　　文件下载 5.4

在有限元分析过程中，可先进行频域有限元计算电位，后处理计算介质损耗。这里采用三维交流传导电流场边值问题进行求解以及后处理计算，FreeFEM 实现源代码如下：

```
//-------------------------------------------------------------------------
// Using 3D FEM to solve for the active and reactive power of a lossy capacitor
(Example 5.4)
// Yanpu Zhao @ 2022
//-------------------------------------------------------------------------
load "MUMPS_seq"
```

```
load "msh3"

//----------------------------------------------------------------------
// label 6 face with the following numbers
//     1: ( x==xmin)       2: ( x==xmax)
//     3: ( y==ymin)       4: ( y==ymax)
//     5: ( z==zmin)       6: ( z==zmax)
//----------------------------------------------------------------------
int[int] rup=[0,5],rdown=[0,6],rmid=[4,1,2,2,1,3,3,4];
real xm=100E-4;
real ym=100E-4;
real zm=1E-4;

int nn=20;                              // x and y direction
int nz=5;
mesh Th2=square(nn,nn,[xm*x,ym*y],region=0);
mesh3 Th=buildlayers(Th2,nz,zbound=[0,zm],
labelmid=rmid,reffaceup=rup,reffacelow=rdown);
cout << "Th:nv=" << Th. nv << " nt =" << Th. nt << endl;

macro Grad3(u)[dx(u),dy(u),dz(u)]      // EOM
macro Ex()-dx(u)                        // EOM
macro Ey()-dy(u)                        // EOM
macro Ez()-dz(u)                        // EOM

macro Jx()(sigma*Ex+jw*eps*Ex)         //
macro Jy()(sigma*Ey+jw*eps*Ey)         //
macro Jz()(sigma*Ez+jw*eps*Ez)         //

//----------------------------------------------------------------------
// FE space
//----------------------------------------------------------------------
fespace Vh(Th,P2);
Vh<complex> u,v;

real freq  =1E6;
real omega=2.0*pi*freq;
real lossTant=0.01;
real eps   =8.8542E-12*10.0;
complex jw=1i*omega;
complex jweps=jw*eps;
real    sigma=lossTant*omega*eps;
```

```
real theta=0;
complex V1=5.0*(cos(theta)+sin(theta)*1i);

solve AC3d(u,v)=int3d(Th)( (sigma+jweps)*Grad3(u)'*Grad3(v))
  +on(5,u=V1)+on(6,u=0);

//-------------------------------------------------------------------------
// compute the active and reactive power
//-------------------------------------------------------------------------
complex S=int3d(Th)(Ex*conj(Jx)+Ey*conj(Jy)+Ez*conj(Jz));
complex I2=S*conj(S)/(V1*conj(V1));          // by energy
complex I=int2d(Th,6)(Jz);                   // by surface integral
cout<<"S  is " << S <<endl;
cout<<"I2 is"  << I2 <<",surface integral:"<< I*conj(I)<< endl;

real PA=0.5*real(S);
real PR=0.5*imag(-S);
cout<<endl <<endl;
cout<< "Active  power is " << PA <<endl;
cout<< "Reactive power is " << PR <<endl;
cout<< "Loss tangent  is " << PA/PR <<endl<<endl;
cout<<"Resistance  R="<<2*PA/I2<< endl;
cout<<"Capacitance C="<<I2/2/PR/omega<<","<<eps*xm*ym/zm<<endl;
```

根据计算结果，有功功率为 6.95407e-005W，无功功率为 0.00695407W。同时根据本章参考文献［5］中给出的计算公式，还可以后处理提取交流电阻为 17.9733Ω，电容（数值解）为 88.5509pF，注意这与根据解析法计算得到的电容值 88.542pF 非常接近，也显示了程序的正确性。

5.4　三维瞬态电场问题

电力装备在实际运行过程中，电介质可能遭受诸如极性反转、操作冲击电压、雷电冲击电压等瞬态电压激励的作用。另外当求解区域含有非线性材料时，交流传导电场的假设条件不再成立，需要采用瞬态电场进行分析。本节分析的三维瞬态电场问题类似于第 3 章的二维瞬态电场模型，这里忽略了材料中的磁场能量，仅关注电场的计算分析。

5.4.1　三维瞬态电场控制方程

假设 Ω 为三维瞬态电场计算场域，其边界由 Γ_1 和 Γ_2 组成，对前者给定第一类边界条件，后者给定第二类边界条件。除此之外，还应指定其初值条件，即 $t=0$ 时刻，待求解变量 φ 的初值 $\varphi(t=0)=\varphi_0(x,y,z)$。初值条件可以通过求解初始状态激励下的静电场或者人为给定。综上，直角坐标系下，三维瞬态电场满足以下初边值问题[6]：

$$\begin{cases} -\left(\sigma+\varepsilon\dfrac{\partial}{\partial t}\right)\left(\dfrac{\partial^2\varphi}{\partial x^2}+\dfrac{\partial^2\varphi}{\partial y^2}+\dfrac{\partial^2\varphi}{\partial z^2}\right)=0,\text{在区域}\ \Omega\ \text{中} & (5\text{-}33\text{a}) \\[2mm] \varphi\mid_{\Gamma_1}=\varphi_{\mathrm{bc}}(x,y,z,t) & (5\text{-}33\text{b}) \\[2mm] \dfrac{\partial\varphi}{\partial n}\bigg|_{\Gamma_2}=0 & (5\text{-}33\text{c}) \\[2mm] \varphi\mid_{t=0}=\varphi_0(x,y,z) & (5\text{-}33\text{d}) \end{cases}$$

不同媒质分界面处的衔接条件如式（3-39）所示，不同分界面处累积的电荷面密度 τ 如式（3-40）所示。

5.4.2　三维瞬态电场有限元格式

将计算区域 Ω 离散后，将控制方程在场域中任意一点满足弱化成在控制方程每一个单元上的加权积分满足。对于式（5-33）所示的三维瞬态电场的初边值问题，将式（5-33a）两边同乘以检验函数 W_i 并分部积分，得到等效的弱积分形式为

$$\int_{\Omega}\nabla W_i\cdot\left(\sigma\nabla\varphi+\frac{\partial}{\partial t}(\varepsilon\nabla\varphi)\right)\mathrm{d}V$$
$$=\int_{\Omega}\sigma\left(\frac{\partial W_i}{\partial x}\frac{\partial\varphi}{\partial x}+\frac{\partial W_i}{\partial y}\frac{\partial\varphi}{\partial y}+\frac{\partial W_i}{\partial z}\frac{\partial\varphi}{\partial z}\right)\mathrm{d}V+\frac{\partial}{\partial t}\int_{\Omega}\varepsilon\left(\frac{\partial W_i}{\partial x}\frac{\partial\varphi}{\partial x}+\frac{\partial W_i}{\partial y}\frac{\partial\varphi}{\partial y}+\frac{\partial W_i}{\partial z}\frac{\partial\varphi}{\partial z}\right)\mathrm{d}V=0 \tag{5-34}$$

采用伽辽金法（取检验函数与有限元基函数相等，即 $W_i=N_i$）可推导得到三维瞬态电场的有限元计算格式，并将以上方程组写成矩阵形式为

$$\boldsymbol{K}_\sigma\varphi+\boldsymbol{K}_\varepsilon\frac{\mathrm{d}\varphi}{\mathrm{d}t}=0 \tag{5-35}$$

其中，单元刚度矩阵 $\boldsymbol{K}_\sigma^e$ 中的元素表达式为

$$K_{\sigma,ij}^e=\int_{\Omega_e}\sigma\left(\frac{\partial N_i}{\partial x}\frac{\partial N_j}{\partial x}+\frac{\partial N_i}{\partial y}\frac{\partial N_j}{\partial y}+\frac{\partial N_i}{\partial z}\frac{\partial N_j}{\partial z}\right)\mathrm{d}V \tag{5-36}$$

单元矩阵 $\boldsymbol{K}_\varepsilon^e$ 中的元素表达式为

$$K_{\varepsilon,ij}^e=\int_{\Omega_e}\varepsilon\left(\frac{\partial N_i}{\partial x}\frac{\partial N_j}{\partial x}+\frac{\partial N_i}{\partial y}\frac{\partial N_j}{\partial y}+\frac{\partial N_i}{\partial z}\frac{\partial N_j}{\partial z}\right)\mathrm{d}V \tag{5-37}$$

对于式（5-35）中关于一阶时间导数项的离散方法，可以采用向后欧拉法、Crank-Nicolson 法及 Rosenbrock 方法等[7]。

5.4.3　算例 5　三维麦克斯韦电容器（有损电介质）

算例描述：计算含双层电介质的麦克斯韦电容器在外加阶跃电压激励作用下，电压极性反转情况下电容器极板流过的电流。电容器几何模型如图 5-7 所示，尺寸为 $a(=2\mathrm{mm})\times b(=4\mathrm{mm})\times c(=1.2\mathrm{mm})$，其中介质 1 的相对介电常数为 5，电导率为 $10^{-7}\mathrm{S/m}$；介质 2 的相对介电常数为 4，电导率为 $2\times10^{-8}\mathrm{S/m}$。阶跃电压激励波形如图 5-8 所示。

本算例计算过程中考虑了外部电阻 R（比如施加电压激励时电极与极板的接触电阻），只要将 R 取得充分小就可以忽略其影响。另外需要注意的是在计算通过导体端口的电流时，采用了一层单元进行体积分计算[8]。FreeFEM 源程序代码如下：

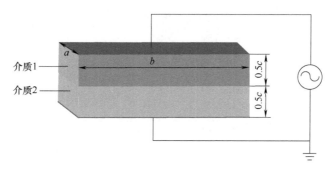

图 5-7　电容器几何模型

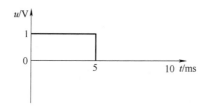

图 5-8　阶跃电压激励波形

文件下载 5.5

```
//-------------------------------------------------------------------------
// (1)Div(Jt)=Div(sigma*E+eps*dD/dt)=0,E=-grad(V)=-grad(Phi+Vs*Alpha)
// (2)Vs+R*i=U,R is the external resistance,U is given voltage excitation
// (3)-\int_{Jt.grad(Alpha)}-i=0 is the definition of current using volume
// integration
// The electrical scalar potential V=Phi+Vs*Alpha,
// and Phi has zero boundary condition on conductor terminal surfaces.(Example 5.5)
// Yanpu Zhao and Zuqi Tang @ 2023
//-------------------------------------------------------------------------
load "MUMPS_seq"
load "msh3"
ofstream of1("current.txt");                    // output result for current
int nx=40,ny=nx*2;
int nz=6;
//-------------------------------------------------------------------------
// label  face  numbering
//     1: (x==xmin)       2: (x==xmax)
//     3: (y==ymin)       4: (y==ymax)
//     5: (z==zmin)       6: (z==zmax)
//-------------------------------------------------------------------------
int[int] rup=[0,5],rdown=[0,6],rmid=[4,1,2,2,1,3,3,4];
real xm=2E-3;
real ym=4E-3;
real zm=6E-4*2;
```

```
mesh Th2=square(nx,ny,[xm*x,ym*y],region=0);
mesh3 Th=buildlayers(Th2,nz,zbound=[0,zm],    // region=r1,
labelmid=rmid,reffaceup=rup,reffacelow=rdown);
cout << "Th:  nv=" << Th.nv << " nt=" << Th.nt << endl;
int  nPer=2;
int  MaxStepT=200;
real T=2.5E-3*2;
real dt=T/MaxStepT;
real R=1E-10;
real Tend=nPer*T;
int  MaxStep=MaxStepT*nPer;
fespace Vh(Th,P1);  cout<<" number of node  ="<<Th.nv<<endl;
fespace Wh0(Th,P0);  cout<<" number of volume="<<Th.nt<<endl;
//-------------------------------------------------------------------------
// Macro definition
//-------------------------------------------------------------------------
macro Ex()(-dx(Phi)-Vs*dx(Alpha))                  //
macro Ey()(-dy(Phi)-Vs*dy(Alpha))                  //
macro Ez()(-dz(Phi)-Vs*dz(Alpha))                  //
macro Ex1()(-dx(PhiPre)-VsPre*dx(Alpha))           //
macro Ey1()(-dy(PhiPre)-VsPre*dy(Alpha))           //
macro Ez1()(-dz(PhiPre)-VsPre*dz(Alpha))           //
macro Jx()(sgm*Ex+eps*(Ex-Ex1)/dt)                 //
macro Jy()(sgm*Ey+eps*(Ey-Ey1)/dt)                 //
macro Jz()(sgm*Ez+eps*(Ez-Ez1)/dt)                 //
macro Grad(u)[dx(u),dy(u),dz(u)]            // EOF
//-------------------------------------------------------------------------
// Material coefficients
//-------------------------------------------------------------------------
real eps0=8.854187817E-12;
Wh0 sgm,eps;// piecewise constant
sgm=2E-8*(z/zm<=0.5)+1E-7*(z/zm>0.5);
eps=eps0*4.0*(z/zm<=0.5)+eps0*5.0*(z/zm>0.5);
//-------------------------------------------------------------------------
// Weak form
//-------------------------------------------------------------------------
Vh Phi,PhiPre,u,v,Alpha;
varf VFBoundary(u,v)=on(6,u=1)+on(5,u=0);
Alpha[]=VFBoundary(0,Vh,tgv=1);                    // tgv=1,Boundary conditions
//-------------------------Matrix-1[this time step]
varf L11(u,v)=int3d(Th)((eps/dt+sgm)*Grad(u)'*Grad(v))+on(5,6,u=0);
varf L12(u,v)=int3d(Th)((eps/dt+sgm)*Grad(Alpha)'*Grad(v));
```

```
matrix  M11=L11(Vh,Vh);
real[int] M12=L12(0,  Vh);
real M22=int3d(Th)((eps/dt+sgm)*Grad(Alpha)'*Grad(Alpha));
matrix M=[[M11,  0,  M12],                         // three blocks
          [0,   -R,  -1],
          [M12',-1,  M22]];
set(M,solver=sparsesolver);
//-------------------------Matrix-2 [last time step]
varf N11(u,v)=int3d(Th)(eps/dt*(Grad(u)'   *Grad(v)));
varf N12(u,v)=int3d(Th)(eps/dt*(Grad(Alpha)'*Grad(v)));
matrix    P11=N11(Vh,Vh);
real[int] P12=N12(0,  Vh);
real P22=int3d(Th)(eps/dt*Grad(Alpha)'*Grad(Alpha));
matrix P=[[P11,0,P12],
          [ 0,0,  0],
          [P12',0,P22]];
cout<<"\nP matrix size is:"<<P.m<<" "<<P.n<<",\nFE space ndof is:"<<Vh.ndof<<
endl<<endl;
real Vs,VsPre,I,IPre,tnow,ISurf;
real[int] rhsU(Vh.ndof+2),rhsA(Vh.ndof+2);
real[int] SolPhiIVs(Vh.ndof+2),SolPhiIVsPre(Vh.ndof+2);
SolPhiIVs=0;
int temp=0;
for(int i=1;i<=MaxStep;i++){
    tnow=dt*i;
    temp=int((tnow-dt)/T);
    rhsU[Vh.ndof]=-1.0*((-1.0)^(temp+0.0)+1)/2.0;  // or time-dependent

    SolPhiIVsPre=SolPhiIVs;
    [PhiPre[],IPre,VsPre]=SolPhiIVsPre;

    real[int] rhs1=P*SolPhiIVsPre;                 // have to be real[int] here
    rhsA=rhs1+rhsU;
    SolPhiIVs=M^-1*rhsA;
    [Phi[],I,Vs]=SolPhiIVs;
    ISurf=-int2d(Th,6,qft=qf1pT)(Jz);
    cout<<"timeStep=" <<temp<<" "<<i<<";timeNow="<< tnow <<";Current="<<
I << " "<<ISurf<<endl;
    of1<< tnow <<" "<<I<<" "<<ISurf<<endl;
}
```

该电容器可用图 5-9 所示的等效电路表示。根据电容器中给定的相关参数可计算出电路中各元器件参数值为 $R_1 = 7.5 \times 10^8 \Omega$，$R_2 = 37.5 \times 10^8 \Omega$，$C_1 = 0.59 \text{pF}$，$C_2 = 0.472 \text{pF}$。

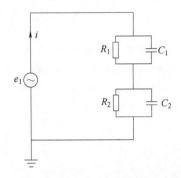

图 5-9　麦克斯韦电容器等效电路模型

采用 FreeFEM 与 Matlab Simulink 对等效电路仿真计算结果进行了比较，电容器中流经的电流随时间变化曲线如图 5-10 所示，可见有限元计算得到的电流和等效电路仿真计算得到的电流结果达到了很好的吻合度。

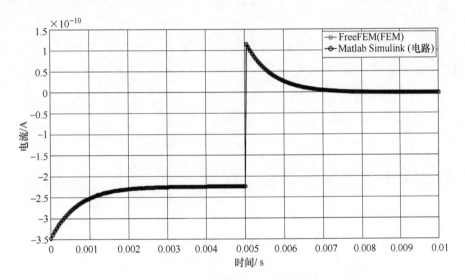

图 5-10　通过双层电容器的电流随时间的变化曲线

参 考 文 献

［1］ 颜威利，杨庆新，汪友华. 电气工程电磁场数值分析［M］. 北京：机械工业出版社，2005.

［2］ MEEKER D C. Improvised Asymptotic Boundary Conditions for Electrostatic Finite Elements［J］. IEEE Transactions on Magnetics，2014，50（6）：No. 7400609.

［3］ COULOMB J L. A Methodology for the Determination of Global Electromechanical Quantities from a Finite Element Analysis and Its Application to the Evaluation of Magnetic Forces，Torques and Stiffness［J］. IEEE Transactions on Magnetics，1983，19（6）：2514-2519.

［4］ LEKNER J. Capacitance Coefficients of Two Spheres［J］. Journal of Electrostatics，2011，69（1）：11-14.

［5］ MORWEISER W，MEUNIER G. The Characterisation of Passive Multilayer Components by Electromagnetic Field Computation［J］. IEEE Transactions on Magnetics，1994，30（5）：3012-3015.

［6］ WEN T，CUI X，LI X，et al. Time-Domain Finite Element Method for Transient Electric Field and Transient Charge Density on Dielectric Interface ［J］. CSEE Journal of Power and Energy Systems，2022，8（1）：143-154.

［7］ BADICS Z. Charge Density-Scalar Potential Formulation for Adaptive Time-Integration of Nonlinear Electro-quasistatic Problems ［J］. IEEE Transactions on Magnetics，2011，47（5）：1338-1341.

［8］ ZHAO Y，TANG Z. A Symmetric Field-Circuit Coupled Formulation for 3-D Transient Full-Wave Maxwell Problems ［J］. IEEE Transactions on Magnetics，2019，55（6）：No. 7201804.

第 6 章
三维低频磁场计算的有限元方法及 **FreeFEM** 编程案例

低频磁场计算经常用于分析含有线圈、永磁体、实体导体及叠片铁心的电磁装置。根据激励源是否随时间发生变化，线圈的电流是否为正弦及所分析区域中的材料是否呈线性，可依情况采用静磁场、时谐涡流场及瞬态磁场三种计算模型进行数值分析。不同于第 5 章三维电场分析时仅需引入标量电位，低频磁场分析的控制方程、约束条件、激励条件等更加复杂。因此为分析问题方便可选择更多工作变量，有限元计算过程也更加复杂。特别是当选择工作变量的有限元空间基函数时，需要根据工作变量的连续性而设计，除节点元外（适用于离散标量磁位），还出现了棱单元（适用于离散矢量磁位 $\vec{A}$ 及磁场强度 $\vec{H}$）、面单元（适用于离散磁感应强度 $\vec{B}$）等矢量单元基函数。这些基函数类型所满足的连续性或所张成的有限元空间恰当地描述了一般几何区域及材料分布情况下待求解未知量所在的函数空间，并且在求解精度和效率方面体现出了优势。另外当采用位函数描述磁场时，矢量磁位的不唯一性以及标量磁位的多值性（激励源为多连通导体）所带来的问题是要进行特别考虑及数值处理的。

在计算出磁位之后，进行适当后处理计算就可以得到磁场、电磁力、电磁转矩、电感矩阵、阻抗矩阵、损耗等局部物理量及全局电磁场参数。本章将给出静磁场、时谐涡流场及瞬态磁场三种类型的磁场计算问题在求解时的控制方程、边界条件、激励条件及结果后处理方法，并通过五个 FreeFEM 计算程序展示三维工程问题的自编程仿真分析过程。

6.1 三维静磁场问题

静磁场是指恒定电流或者永磁体在空间区域内产生的磁场，其中区域内还经常存在非线性铁磁材料。计算三维静磁场问题比较常用的有限元方法包括矢量磁位（magnetic vector potential）法，标量磁位（magnetic scalar potential）法以及混合方法（直接采用磁场强度 $\vec{H}$ 或者磁通密度 $\vec{B}$ 作为未知量）。

当采用矢量磁位作为求解变量时，由于矢量磁位有三个分量，故每个有限元网格节点有三个标量分量；而如果采用标量磁位作为求解变量时，每个节点只有一个标量分量，未知数数量最优。但是后者在计算区域含有多连通载流线圈导体作为激励源时，需要妥善处理标量磁位的多值性问题，以保证所选取的有限元空间是合适的，并且不会给安培环路定理造成冲突（使用矢量磁位方法则没有几何拓扑方面的烦恼）。比如，可以通过在线圈导体的空洞区域设置障碍面（thin cut/surface cut），并在位于该面的节点处设置双重节点，令标量磁位双侧极限的跳跃量等于线圈中的电流值[1]；或者引入包含源电流导体区域的任意单连通区域（通常可选为线圈区域和空洞区域的一层单元，这层单元构成了 thick cut）来定义一个所谓的源场（source field）$\vec{T}_0$[2]，进而整个空间中的磁场 $\vec{H}$ 可以看作 $\vec{T}_0$ 和一个单值的标量磁位的梯度的叠加。

无论矢量位还是标量位，两种位函数都不是直接的电磁场量，需要对其进行空间求旋度或者梯度才能得到 $\vec{B}$ 或者 $\vec{H}$，但这又会造成计算精度的损失。为此，除了采用辅助位函数，还可以将磁场强度 $\vec{H}$ 或者磁通密度 $\vec{B}$ 直接作为求解未知量，但是此时需要设计相应的混合有限元格式[3,4]，同时求解安培环路定理以及磁密矢量散度为 0 的两个矢量方程。

6.1.1　三维静磁场控制方程、激励源及边界条件

根据麦斯韦尔方程组，静磁场的基本控制方程为

$$\begin{cases} \nabla \times \vec{H} = \vec{J}_s + \nabla \times (\nu \vec{B}_r) = \nabla \times \vec{T}_0 + \nabla \times (\nu \mu_0 \vec{M}) & (6\text{-}1a) \\ \nabla \cdot \vec{B} = \nabla \cdot (\mu \vec{H}) = 0 & (6\text{-}1b) \end{cases}$$

静磁场问题的激励源通常是线圈，为了保证兼容性使解有物理意义，线圈中的电流密度矢量 $\vec{J}_s$ 的散度要满足为零的条件。当激励源包含永磁体时，用剩磁 $\vec{B}_r$ 或磁化向量 $\vec{M}$ 表示其影响，对常见的永磁体，其磁导率约等于空气的磁导率。注意，式（6-1）实际上同时定义了 $\vec{H}$ 的旋度以及散度（注意 $\vec{B}$ 与 $\vec{H}$ 满足的本构关系），加上适当的边界条件，由 Helmholz 矢量场唯一性定理，得知所构成的定解问题有唯一解。另外注意在不同材料界面交界处，不能直接进行磁场旋度及散度的计算，应采用麦斯韦尔方程组的积分形式，可以推导 $\vec{H}$ 的切向分量连续，而 $\vec{B}$ 的法向分量连续。由于 $\vec{H}$ 及 $\vec{B}$ 在材料界面满足不同的连续性，所以为了数值求解它们，需要相应采用不同的适合的有限元空间。对于满足材料界面切向连续的 $\vec{H}$，流行的做法是采用棱单元（edge element）进行离散；而对材料界面法向连续的 $\vec{B}$，需要采用面单元（facet element）进行离散。两种单元及离散标量未知数的结点元（nodal element）都属于 Whitney 单元[5,6]。注意，在低频计算电磁学领域，对矢量电磁场量及矢量磁位的分量进行节点元逼近的方法已经被实践证明存在较大误差及计算效率不足的问题[7]。

静磁场问题的激励源主要为电流密度及永磁激励。在磁场计算时，导体中的电流密度分布是磁场的"源"。其中线圈中的电流根据电流密度是否均匀分布可分为绞线导体（stranded conductor，线圈的每一匝导线之间互相绝缘，通常匝数很多，一般采用整体几何建模而不是对每匝导体建模）[8]与实体导体（solid conductor，通常每一匝都要进行实体建模）[9]，如图 6-1 所示。绞线导体中的电流密度被认为是均匀分布，即在与电流方向垂直的任意截面处的电密大小均一样，而实体导体中电流分布需考虑导体形状的影响，电流密度一般不是均匀分布。

实际上所有的导体都是实体导体，只是为了简化计算不对绞线导体进行逐根建模，而是采用对绞线线圈整体建模的方式来达到方便计算而又不影响精度的目的。对于单匝矩形截面环状实体导体，如果其内半径与外半径差别较大，那么电流密度在靠近内半径时将变大，因为内侧周长更短电阻更小；如果导体的内半径与外半径差别很小，那么可以认为沿横截面电密均匀分布（这也是为何一般可以认为很细的绞线导体截面中的电密均匀的原因）[8]。随着

永磁材料应用的不断增加，由永磁体产生磁场的计算对电磁产品的设计越来越重要。由于永磁磁场中磁体分布复杂，充磁方向有任意性，所以它与传导电流电磁场的计算有许多不同。

关于永磁磁场的数值计算，目前采用的方法有等效面电流法和直接考虑体积磁化强度的有限元法。前者不适宜计算具有充磁方向上尺寸较小而与其垂直方向上尺寸较大永磁体的永磁磁场，后者则具有很强的适应性[6]。

图 6-1　绞线导体及实体导体示意图

在实际工程中，场矢量在场域边界上有时很难给出适当的边界条件。在确定场域边界条件时，需小心处理，合理简化。静磁场问题常见的边界条件有以下类型：

（1）近似无穷远边界　对于开域问题，当求解区域取得足够大时，可认为在边界上电磁能量已近似衰减到 0，这样的边界即近似无穷远边界。在近似无穷远边界处，有 $\vec{B}=0$，展开来说即 $\vec{B}$ 的切向分量（或 $\vec{H}$ 的切向分量）及法向分量都是 0。如果用矢量磁位 $\vec{A}$ 或标量磁位 Ω 表示磁场，则可以设其在近似无穷远边界为 0，即 $\vec{A}=0$，$\Omega=0$。另外通常可以在近似无穷远边界只施加 $\vec{B}$ 的法向分量为 0（$\vec{A}$ 的切向分量为 0 或者 Ω 满足第二类齐次边界），不同的近似无穷边界条件的取法并不会对结果有明显影响，前提是求解区域要足够大，比如取包围所分析电磁装置的空气区域各向尺寸为装置特征尺寸的 10 倍左右。

（2）对称边界　对称边界条件包括磁力线垂直（$\vec{H}$ 的切向分量为 0）和磁力线平行（$\vec{B}$ 的法向分量为 0）两大类。若 $\vec{H}$ 的切向分量为 0，采用 $\vec{A}$ 描述磁场时，对其应设置自然边界条件；采用标量磁位 Ω 表示磁场时，对其应设置第一类齐次边界条件。若 $\vec{B}$ 的法向分量为 0，采用 $\vec{A}$ 描述磁场时，对其应设置第一类齐次边界条件；采用标量磁位 Ω 表示磁场时，对其应设置第二类齐次边界或者自然边界条件。

（3）周期边界条件　对于旋转电机等具有周期性几何结构的电磁设备，其场量沿几何结构呈周期性重复变化。针对该类电磁设备，可通过施加矢量磁位 $\vec{A}$ 满足的周期性边界条件来缩小计算区域，从而达到提高计算精度、加快求解速度等目的。周期性边界条件分为整周期性边界条件与半周期性边界条件两类。

设求解区域截面为扇形区域 $ABB'A'$，如图 1-2 所示。当满足整周期条件时有

$$\vec{A}\,|_{AB}=\vec{A}\,|_{A'B'}$$

当满足半周期条件时有

$$\vec{A}\,|_{AB}=-\vec{A}\,|_{AB}$$

这时，由于在 AB 与 $A'B'$ 上的各对应点的 $\vec{A}$ 值相等或互为相反数。对于这两种情况，其中一条边（如 $A'B'$）的网格节点的 $\vec{A}$ 值不必求解，其值可以由求解出的另一条边上的 $\vec{A}$ 值来给出。在算法实现时，可以采用所谓的主从自由度技术（slave-master technique）[10]。

6.1.2　三维静磁场矢量磁位法（$\vec{A}$ 方法）

由于直接计算式（6-1）需要同时求解两个矢量方程，而且式（6-1）只涉及磁场的一阶空间导数，不适合直接采用经典有限元方法。为此引入矢量磁位 $\vec{A}$，令其散度等于 $\vec{B}$

$$\vec{B}=\nabla\times\vec{A} \tag{6-2}$$

那么根据矢量恒等式，可知式（6-1b）可以自动满足，无需再特别考虑，仅需考虑式（6-1）第一式的安培定理。同时，当采用 $\vec{A}$ 作变量时，安培定理变为空间二阶导数的双旋度方程

$$\nabla \times (\nu \nabla \times \vec{A}) = \nabla \times \vec{T}_0 + \nabla \times (\nu \mu_0 \vec{M}) \tag{6-3}$$

需要注意的是，式（6-3）的导出只利用了 $\vec{A}$ 的旋度式（6-2），并未用到 $\vec{A}$ 的散度信息，因此式（6-3）属于无规范格式（ungauged formulation）。如果直接求解无规范格式，则需要对右端项的源电流密度 $\vec{J}_s$ 做特殊处理，以保证在离散层面电密矢量的严格无散性。可以采用的方法是引入源场 $\vec{T}_0$，其中 $\vec{T}_0$ 的旋度为 $\vec{J}_s$。对于简单形状的线圈，可以得到 $\vec{T}_0$ 的解析解。

如果不想花费额外代价求解源场 $\vec{T}_0$，则可直接以 $\vec{J}_s$（注意，对于复杂形状的线圈，可以通过解直流传导电场得到源电流分布）作为激励源并形成右端项，采用 Lagrange 乘子法[11,12]显式地施加 $\vec{A}$ 的散度（库仑规范），以保证格式具有唯一解。

1. 无规范矢量磁位法有限元计算格式

将式（6-3）两边同时乘以检验函数 $\vec{N}^i$，并进行分部积分，将空间导数转嫁到检验函数 $\vec{N}$ 上，得到的有限元弱形式为

$$\int_V \nabla \times \vec{N}^i \cdot \nu \nabla \times \vec{A} \, dV = \int_V (\nu \mu_0 \vec{M} \cdot \nabla \times \vec{N}^i + \vec{T}_0 \cdot \nabla \times \vec{N}^i) \, dV \tag{6-4}$$

最终组装而形成的矩阵代数方程为

$$\boldsymbol{K}\vec{A} = \vec{P} \tag{6-5}$$

式中，$\boldsymbol{K}$ 为刚度矩阵；$\vec{P}$ 为载荷向量；$\vec{A}$ 为待求向量，即矢量磁位在棱单元基函数下的展开系数。对于网格单元 V_e，其对应的单元刚度矩阵及单元右端项为

$$K^e = \int_{V_e} \nabla \times \vec{N}^i \cdot \nu^e \nabla \times \vec{N}^j \, dV \tag{6-6}$$

$$P^e = \int_{V_e} (\nu^e \mu_0 \vec{M} \cdot \nabla \times \vec{N}^i + \vec{T}_0 \cdot \nabla \times \vec{N}^i) \, dV \tag{6-7}$$

2. 源场 $\vec{T}_0$ 的计算方法

在采用无规范矢量磁位格式时，为了使线性代数矩阵方程组兼容，保证使用迭代法代数方程组求解器时可以加快结果收敛速度，则方程右端项必须在左端刚度矩阵的值域范围内。实现这一条件的关键问题则在于如何在离散过程中保证施加电流激励的严格无散性。如果直接采用 $\vec{J}_s$ 及其数值积分计算方程组的右端项，由于只考虑了高斯积分点处的电流密度，那么在空间离散合成后很难保证源电流的散度为零以及线性方程组的兼容性。为了克服该问题，可引入矢量电位（又称为源场）$\vec{T}_0$，其旋度为线圈域的电流密度 $\vec{J}_s$

$$\vec{J}_s = \nabla \times \vec{T}_0 \tag{6-8}$$

源场 $\vec{T}_0$ 可由毕奥-萨伐尔定律计算得到，然而此方法计算量较大。另外源场实际上并非真实存在的物理场量，只要其旋度等于无散的电流密度即可。因此，可以将非物理场 $\vec{T}_0$ 定义在一个尽量小的区域，比如包含线圈在内的某个单连通区域[2]。下面将给出在工程计算中常用的线圈对应的源场 $\vec{T}_0$ 的解析表达式。对于如图 6-2 所示水平放置的环形绞线线圈，矢量电位 $\vec{T}_0 = [0, 0, T_{0,z}]$ 在空间分布的表达式为

$$T_{0,z} = \begin{cases} |\vec{J}_0| (R'-R), r<R \\ |\vec{J}_0| (R'-r), R \leqslant r \leqslant R' \\ 0, r>R' \end{cases} \tag{6-9}$$

需要注意的是该源场仅有 z 方向分量，并且是在包含导体及内部空洞区域的一个圆柱形单连通域内有定义。另外一类经常用到的线圈为跑道形线圈，如图 6-3 左图所示，类似地，与跑道形线圈中均匀电流密度 $\vec{J}_s$ 对应的源场 $\vec{T}_0$ 也可以找到解析表达式（对直线段部分及倒角部分分区定义 $\vec{T}_0$）。对于图 6-3 右图给出的矩形线圈，同样可以直接给出 $\vec{T}_0$ 的表达式。

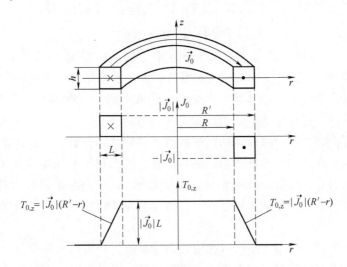

图 6-2　矩形截面环形绞线线圈电流矢量位 $\vec{T}_0$ 的示意图

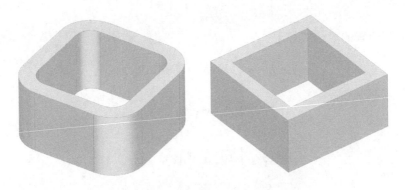

图 6-3　跑道形线圈及矩形线圈示意图

对于其他绞线线圈，若能给定载流密度 $\vec{J}_0$，则在包含线圈导体域 V_c 的一个单连通区域 V 内求解以下变分方程可得到源场 $\vec{T}_0$：

$$\int_V \nabla \times \delta \vec{T} \cdot \nabla \times \vec{T}_0 \mathrm{d}V = \int_{V_c} \nabla \times \delta \vec{T} \cdot \vec{J}_0 \mathrm{d}V \tag{6-10}$$

注意：以上方程对称且右端项相容（电流密度 $\vec{J}_0$ 投影到了棱边元空间的旋度空间内）；且在单连通区域 V 的边界上对 $\vec{T}_0$ 设置零切向边界条件，同时 $\vec{T}_0$ 采用棱单元基函数进行离散。

3. 规范矢量磁位法有限元计算格式

当采用上述无规范的矢量磁位法求解静磁场时，式（6-4）的解不唯一。这是由于采用矢量磁位法时仅规定了矢量磁位 $\vec{A}$ 的旋度等于磁通密度，而未指定 $\vec{A}$ 的散度，由 Helmholtz 矢量分解唯一性定理很容易知道 $\vec{A}$ 还不能唯一确定。上述事实在数值上的表现就是系数矩阵的奇异性。如果进行数学分析，则容易发现如果 $\vec{A}$ 是式（6-2）的一个解，那么 $\vec{A}+\nabla g$ 也满足式（6-2），其中函数 g 是任意标量函数。为了保证解的唯一性及计算过程的稳定性，可通过引入虚拟变量（dummy variable）χ 来规定 $\vec{A}$ 的散度，即

$$\begin{cases} \nabla \times (\nu \nabla \times \vec{A}) - \nabla \chi = \vec{J}_s + \nabla \times (\nu \mu_0 \vec{M}) & \text{(6-11a)} \\ \nabla \cdot \vec{A} + c\chi = 0 & \text{(6-11b)} \end{cases}$$

当 $c=0$ 时，式（6-11）即通常的 Lagrange 乘子法[11]。如果 $c=1$[12]，并将式（6-11b）代入到第一式并消掉 χ，那么就是通常的采用罚函数技术施加库仑规范的方法，在引入棱单元技术之前，当采用节点元离散 $\vec{A}$ 的三个分量时经常用到[13]。但是如果采用棱单元离散 $\vec{A}$，那么应保持式（6-11）这种形式不要消掉第二个方程。在连续意义下，如果源项均相容/兼容（consistent），那么对式（6-11a）两边取散度，并注意到矢量恒等式，得知 χ 满足右端源项为 0 的拉普拉斯方程，如果施加适当的边界条件，那么得知 χ 在连续意义下处处为 0，在经过有限元离散求解后，其值一般也非常小且接近于 0，这也是 χ 被称为虚拟变量的原因，其引入可以在积分弱意义下定义 $\vec{A}$ 的散度。另外未知量 χ 的引入平衡了因施加 $\vec{A}$ 的散度约束带来的额外方程。

将式（6-11）两式的两边分别乘以相应的检验函数，并进行分部积分，将空间导数转嫁到检验函数上，可得到与其对应的弱形式。最终化简，可得到以下矩阵形式[12]：

$$\begin{bmatrix} K_{AA} & -K_{AX} \\ -K_{XA} & cM_{XX} \end{bmatrix} \begin{bmatrix} A \\ \chi \end{bmatrix} = \begin{bmatrix} b \\ 0 \end{bmatrix} \tag{6-12}$$

其中，分块单元矩阵的表达式如下：

$$K_{AA}^e = \int_{V_e} \nu \nabla \times \vec{N}_i \cdot \nabla \times \vec{N}_j dV_e \tag{6-13a}$$

$$K_{AX}^e = \int_{V_e} \vec{N}_i \cdot \nabla N_j dV_e \tag{6-13b}$$

$$K_{XA}^e = \int_{V_e} \nabla N_i \cdot \vec{N}_j dV_e \tag{6-13c}$$

$$M_{XX}^e = \int_{V_e} N_i \cdot N_j dV_e \tag{6-13d}$$

式中，$\{\vec{N}_i\}_{i=1}^6$ 为四面体单元 V_e 的六条棱边对应的矢量棱单元形状函数；$\{N_j\}_{j=1}^4$ 为四面体单元 V_e 四个顶点的标量节点元形状函数。

6.1.3　三维静磁场标量磁位方法（Ω 方法）

本节采用的标量磁位法需要借助源场 $\vec{T}_0$ 的给定方法。其中如上所述，$\vec{T}_0$ 的定义域为包含线圈导体区域在内的单连通区域[2]。此时的标量磁位 Ω 在整个求解区域中有定义，并且

不受多值问题的困扰，可以像标量电位一样方便地进行计算。但是 $\vec{T}_0$ 的定义域及求解将花费额外的计算量，是标量磁位方法应用时的主要难点。标量磁位方法的核心思想是将磁场强度矢量 $\vec{H}$ 进行分裂，其中源场 $\vec{T}_0$ 的旋度等于给定的源电流密度，即先寻找一个满足安培定律的源场 $\vec{T}_0$，再通过求解标量磁位 Ω，并利用 Ω 的梯度对 $\vec{T}_0$ 进行修正，$\nabla\Omega$ 也叫反应场（reaction field），除去可能存在的永磁激励后，剩下的就是求解在全部求解区域中有单值定义的标量磁位 Ω。

由 $\nabla\times\vec{H} = \nabla\vec{T}_0 + \nabla\times(\nu\mu_0\vec{M})$ 得知，$\vec{H} = \vec{T}_0 + \nu\mu_0\vec{M} + \nabla\Omega$，再根据 $\nabla\cdot(\mu\vec{H}) = 0$ 可以得到静磁场标量磁位满足的微分方程为

$$\nabla\cdot\mu(\vec{T}_0 + \nu\mu_0\vec{M} + \nabla\Omega) = 0 \tag{6-14}$$

即

$$-\nabla\cdot(\mu\nabla\Omega) = \nabla\cdot\mu(\vec{T}_0 + \nu\mu_0\vec{M}) \tag{6-15}$$

采用有限元法求解方程式（6-15），在方程两边乘以检验函数 W 并根据高斯公式进行分部积分，得到弱形式为

$$\int_V \mu\nabla W \cdot \nabla\Omega \mathrm{d}V = -\int_V \nabla W \cdot \mu(\vec{T}_0 + \nu\mu_0\vec{M})\mathrm{d}V \tag{6-16}$$

将标量磁位 Ω 以及检验函数同时限定于节点元有限元空间（一般的形状函数记为 N），最终形成的有限元矩阵方程为 $K\Omega = P$，其中单元刚度矩阵 K^e 中元素的计算公式为

$$K^e = \int_{V_e} \mu\nabla N_i \cdot \nabla N_j \mathrm{d}V_e \tag{6-17}$$

单元右端向量一般项的表达式为

$$P^e = -\int_{V_e} \nabla N_i \cdot \mu(\vec{T}_0 + \nu\mu_0\vec{M})\mathrm{d}V_e \tag{6-18}$$

6.1.4　三维静磁场混合有限元方法（$\vec{H}$ 方法）

除了采用磁位作为求解变量，还可以直接以磁场强度 $\vec{H}$ 作为求解变量来进行静磁场的计算，此时可以直接以源电流密度 $\vec{J}_s$ 计算相应右端项，无须采用式（6-10）的方法预先求解源场 $\vec{T}_0$。如本章参考文献 [14] 针对静磁场开域问题所提出的以下对偶格式，分别基于矢量磁位 $\vec{A}$ 以及磁场强度 $\vec{H}$ 描述的求解控制方程分别为

$$\begin{cases} \nabla\times(\nu\nabla\times\vec{A}) + \mu_r\nabla p = \vec{J}_s & \text{(6-19a)} \\ \nabla\cdot(\mu_r\vec{A}) = 0 & \text{(6-19b)} \end{cases}$$

$$\begin{cases} \nabla\times(\nu\nabla\times\vec{H}) + \mu_r\nabla p = \nabla\times(\nu\vec{J}_s) & \text{(6-20a)} \\ \nabla\cdot(\mu_r\vec{H}) = 0 & \text{(6-20b)} \end{cases}$$

式中，p 为拉格朗日乘子。在计算提取开域静电场问题的电感矩阵时，为了提升计算效率及精度，对式（6-19）施加了近似边界条件 $\vec{A}\times\vec{n} = 0$（边界处 $\vec{B}$ 的法向分量为 0），而对式（6-20）施加了 $\vec{H}\times\vec{n} = 0$（边界处 $\vec{H}$ 的切向分量为零）。从而使得两个数值方法的离散系数矩阵完全一致，在利用直接法求解代数方程组时变成多右端项问题，该静磁场问题对偶方法展现了预期的效果和精度[14]。如果单独采用式（6-20）进行一般的静磁场问题求解（不限于开域

问题），则可以针对问题的实际情况施加相应的 $\vec{H}$ 满足的边界条件。

对于采用乘子施加 $\vec{A}$ 散度的计算方法，将式（6-19）两边同时乘以检验函数 $\vec{X}$，并进行分部积分，将空间导数转嫁到检验函数 $\vec{X}$ 上，可得到相应的弱形式。空间离散后可得到以下矩阵形式：

$$\begin{bmatrix} K & G \\ G^{\mathrm{T}} & 0 \end{bmatrix} \begin{bmatrix} A \\ p \end{bmatrix} = \begin{bmatrix} J^A \\ 0 \end{bmatrix} \tag{6-21}$$

网格单元非离散节点处的矢量磁位以及拉格朗日算子可由下式插值得到

$$\vec{A} = \sum_{i=1}^{N_e} A_i \vec{N}^i, \ p = \sum_{k=1}^{N_v} P_k N_k \tag{6-22}$$

全局矩阵及右端项的元素可由下式确定

$$K_{i,j} = \int_V \nabla \times \vec{N}^i \cdot \nu \nabla \times \vec{N}^j \mathrm{d}V \tag{6-23}$$

$$G_{k,j} = \int_V \mu_{\mathrm{r}} \nabla N_k \cdot \vec{N}^j \mathrm{d}V \tag{6-24}$$

$$J_i^A = \int_V \vec{J}_{\mathrm{s}} \cdot \vec{N}^i \mathrm{d}V \tag{6-25}$$

式中，$\vec{N}^i(i=1,2,\cdots,N_e)$ 为 Whitney 棱单元基函数；$N_k(k=1,2,\cdots,N_v)$ 为拉格朗日节点单元基函数；N_e，N_v 为分别网格单元的棱边总数和节点总数。类似地，可得到以磁场强度 $\vec{H}$ 作为求解变量时控制方程组式（6-20）对应的有限元格式，$\vec{H}$ 方法的系数矩阵与式（6-21）相同，唯一的区别在于方程右端项向量为

$$J_i^H = \int_V \nu_0 \vec{J}_{\mathrm{s}} \cdot \nabla \times \vec{N}^i \mathrm{d}V \tag{6-26}$$

6.1.5 Whitney 矢量单元基函数

静磁场问题经常有材料界面出现，比如空气和铁磁部件的交界面。同时比如变压器的铁心窗口拐角处，还存在几何上的奇性，导致解在奇异的局部几何区域光滑性降低。对于 $\vec{A}$ 及 $\vec{H}$，在材料界面处都只满足切向连续性，而磁通密度 $\vec{B}$ 则满足法向连续性。如果采用经典节点元对这些三维矢量进行离散，则只能同时施加切向和法向的连续性，无法只满足其一。为了克服节点元的这一缺陷，可以在材料界面引入双重节点自由度，但实现起来很不方便[7]。而 Whitney 单元的发现及应用证明了其相较于节点元的巨大优势，下面将以切向连续的棱单元为例展示其相较于节点元的区别之处。如图 6-4 所示，这里以四面体单元为例推导棱边单元基函数及在三维静磁场有限元计算中的应用。在棱单元基函数下，四面体网格单元 e 上的矢量磁位 $\vec{A}$ 可由以下插值表达式表示

$$\vec{A}^e = \sum_{k=1}^6 A_k^e \vec{N}^k \tag{6-27}$$

式中，展开系数 A_k^e 为矢量磁位 $\vec{A}$ 沿第 k 条棱边的切向分量（也叫环量）；$\vec{N}^k$（或 $\vec{N}_{ij}$）为最低阶棱单元基函

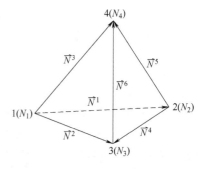

图 6-4　四面体单元 e 的六条棱边单元基函数的示意图

数，即

$$\vec{N}^k = \vec{N}_{ij} = (N_i \nabla N_j - N_j \nabla N_i) l_{ij} \tag{6-28}$$

式中，$k(k=1,2,\ldots,6)$ 表示单元 e 中节点 i, j 为端点的棱边 l_{ij} 的局部编号；N_i, N_j 为与节点 i, j 对应的标量节点元基函数。四面体单元节点 i 处的节点元基函数为

$$N_i = \frac{1}{6V_e}(p_i + q_i x + r_i y + s_i z), i = 1, 2, 3, 4 \tag{6-29}$$

式中，V_e 为四面体单元 e 的体积；p_i、q_i、r_i、s_i 为节点元基函数的系数。由式（6-28）给出的棱单元基函数满足以下性质：

$$\vec{N}_{ij} \cdot \vec{e}_{ij} = 1 \tag{6-30}$$

式中，$\vec{e}_{ij}$ 表示节点 i 指向节点 j 的单位矢量，而基函数 $\vec{N}_{ij}$ 在其他五条棱边的切向分量为 0。图 6-5 及图 6-6 分别给出了与棱边 l_{12} 及 l_{34} 相关联的棱边单元基函数（基函数限值在某个单元上也叫形状函数）。

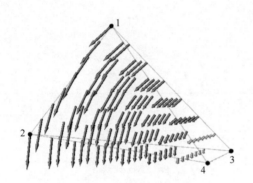

图 6-5　与棱边 l_{12} 相关联的棱边单元基函数（形状函数）

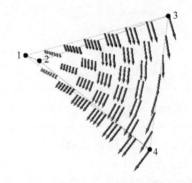

图 6-6　与棱边 l_{34} 相关联的棱边单元基函数（形状函数）

对于式（6-28）定义的最低阶棱单元基函数，可以证明其在相邻单元的交接面处任一点的切向分量连续，法向分量间断。另外最低阶棱单元基函数在单元棱边的切向分量为常数，在单元内部线性变化，采用这种基函数对一个矢量函数本身及其旋度的逼近精度均为 $O(h)$，其中 h 为网格尺寸参数，因此也称为混合精度单元。此外，还可以构造法向连续的面单元（facet element）及高阶棱单元基函数[5]。在矩阵组装时，要注意矢量棱单元基函数的局部方向与全局定向（通常定义棱单元全局基函数从全局编号小的节点指向全局编号大的节点）的问题，因此对于不同单元如果都含有某条边，但是局部定向如果是从全局编号小的节点指向全局编号大的节点，那么单元矩阵组装到全局矩阵中时直接累加；否则需要将单元矩阵元素乘以 -1 并累加到全局矩阵的相应位置。

6.1.6　算例1　3D 螺线管（$\vec{A}$-χ 方法）

计算三维空心螺线管线圈中心轴线上的磁通密度 $\vec{B}$ 及螺线管的电感 L。螺线管线圈高度为 10cm，外径为 2cm，内径为 1.8cm，周围环境相对磁导率为 1。螺线管线圈匝数 1000，通过的直流电流安匝数为 $I = 1000\text{AT}$。针对本算例的计算问题，下面分别给出了 $\vec{A}$-χ 方法、$\vec{H}$

方法及 $\vec{T}_0$-Ω 方法等三种方法求解时的 FreeFEM 程序。对 $\vec{A}$ 采用高阶棱单元进行离散，当采用 $\vec{A}$-χ 方法计算静磁场时，求解得到的矢量磁位 $\vec{A}$ 及磁通密度 $\vec{B}$ 的数值解向量图如图 6-7 所示；螺线管中心轴线上磁通密度分量 B_z 与解析解的对比如图 6-8 所示，可以清楚地看到后处理得到的磁通密度与解析解达到了很高的吻合度。

文件下载 6.1-A

```
//-------------------------------------------------------------------
// 3D solenoid,edge element for A,nodal element for multiplier V/p/Chi
// (Example 6.1-A)
// Gauged formulation
//   curl(nu * curl(A))+grad(V)=curl(T)
//   div(A)=0
// YanpuZhao
//-------------------------------------------------------------------
load "Element_Mixte3d"
load "MUMPS_seq"
mesh3 Th=readmesh3("./solenoid.msh");        // read external mesh data


//-------------------------------------------------------------------
// FE spaces
//-------------------------------------------------------------------
fespace Vh(Th,Edge13d);                      // Edge03d or Edge13d
Vh [Ax,Ay,Az];                               // trial function
Vh [Tx,Ty,Tz];                               // test function
Vh [T0x,T0y,T0z];            // source field,or just use the current density vector

fespace Ph(Th,P2);                           // Lagrange multiplier,P1 or P2
Ph V,W;                                      // Lagrange multiplier

fespace Wh(Th,P0);                           // material coefficient
Wh mur,mu,nu;

//-------------------------------------------------------------------
// Macro Definitions
//-------------------------------------------------------------------
macro Bx()(dy(Az)-dz(Ay))                    // EOM
macro By()(dz(Ax)-dx(Az))                    // EOM
macro Bz()(dx(Ay)-dy(Ax))                    // EOM

macro Grad3(u)         [dx(u),dy(u),dz(u)]   // column vector,EOM
macro Curl3(Fx,Fy,Fz)[dy(Fz)-dz(Fy),dz(Fx)-dx(Fz),dx(Fy)-dy(Fx)] // column vector
```

```
//-------------------------------------------------------------------------------
// Coil Problem parameters
//-------------------------------------------------------------------------------
real rmin=0.018,rmax=0.02;                     // x-direction,(m)
real zmin=0.000,zmax=0.10;                     // z-direction,(m)

real mu0=4*pi*1.0E-7;
real nu0=1.0/mu0;
real I=1000.0;
real J0  =I/0.1/0.002;                         // Current Density
int  idCoil=1384;                              // Js region
int  idCore=1492;                              // Core region


//-------------------------------------------------------------------------------
// Source field,edge element interpolation
//-------------------------------------------------------------------------------
[T0x,T0y,T0z]=[0,0,J0*(region==idCoil)*(rmax-sqrt(x*x+y*y))
   +J0*(region==idCore)*(rmax-rmin)];

mur=1.0+0.0*(region==idCore);                  // Core can be permeable
mu=mur*mu0;
nu=1.0/mu;


//-------------------------------------------------------------------------------
// FEM weak forms,Gauged magnetostatic formulation
//-------------------------------------------------------------------------------
solve AVT0([Ax,Ay,Az,V],[Tx,Ty,Tz,W],solver=sparsesolver)=
    int3d(Th)(nu*Curl3(Ax,Ay,Az)'*Curl3(Tx,Ty,Tz))
  +int3d(Th)(mu/mu0*Grad3(V)'*[Tx,Ty,Tz])
  +int3d(Th)(mu/mu0*[Ax,Ay,Az]'*Grad3(W))
  -int3d(Th)([T0x,T0y,T0z]'*Curl3(Tx,Ty,Tz))   // consistent RHS
  +on(100,Ax=0,Ay=0,Az=0,V=0);


//-------------------------------------------------------------------------------
// [Bx By Bz] along the center line
//-------------------------------------------------------------------------------
ofstream of1("testA.txt");
int NN=100;
for(int i=0;i<=NN;i++){
    real zz=i*0.1/(NN+0.0);
    of1<<zz<<"  "<<Bx(0,0,zz)<<"  "<<By(0,0,zz)<<"  "<<Bz(0,0,zz)<<endl;
}
```

```
//--------------------------------------------------------------------
// Inductance value by computing the magnetic energy
//--------------------------------------------------------------------
real BdotH=int3d(Th)(nu*[Bx,By,Bz]'*[Bx,By,Bz]);
cout<< "Energy,Inductance is " << BdotH/2<<"  "<< BdotH/I^2 <<endl<<endl;
```

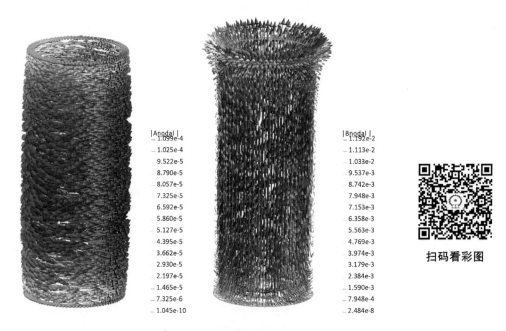

图 6-7　矢量磁位 $\vec{A}$ 及磁通密度 $\vec{B}$ 的数值解向量图

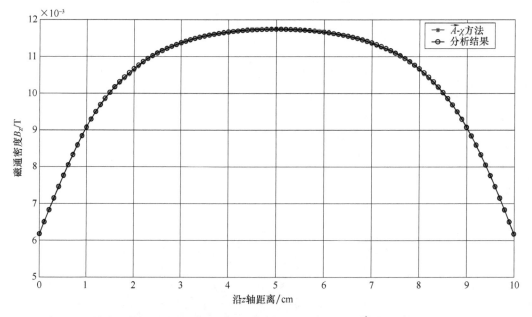

图 6-8　螺线管中心轴线上磁通密度分量 B_z 与解析解的对比（对 $\vec{A}$ 采用了高阶单元 Edge13d）

6.1.7　算例 1　3D 螺线管（$\vec{H}$ 方法）

下面的代码给出了利用 $\vec{H}$ 作为未知量，同时引入乘子施加 $\vec{B}$ 的散度为 0 的约束条件的磁场计算方法。并在图 6-9 给出了一系列不断加密网格下，$\vec{A}$-χ 方法及 $\vec{H}$ 方法计算出来的螺线管的电感值，类似本章参考文献 [14]，这里可以清楚看到两种方法给出的电感的上界及下界。同时二者的平均值更好地逼近参考解，这是采用对偶方法的独特优势所在。

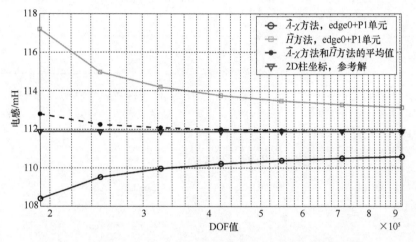

文件下载 6.1-H

图 6-9　由 $\vec{A}$ 方法及 $\vec{H}$ 方法在不同网格下计算出来的螺线管电感

```
//-------------------------------------------------------------------------
// 3D solenoid,edge element for H,nodal element for V (Multiplier)(Example 6.1-H)
//   curl(curl(H))+mu*grad(V)=curl(J)
//   div(mu*H)=0
// Yanpu Zhao and Zuqi Tang
//-------------------------------------------------------------------------
load "MUMPS_seq"
load "Element_Mixte3d"
mesh3 Th=readmesh3("./solenoid.msh");          // read external mesh


//-------------------------------------------------------------------------
// FE spaces
//-------------------------------------------------------------------------
fespace Vh(Th,[Edge13d,P2]);                    // or Edge03d+P1
fespace Rh(Th,RT03d);
fespace Wh(Th,P0);                              // material coefficient

Vh [Hx,Hy,Hz,V];                               // trial function
Vh [Tx,Ty,Tz,W];                               // test function
Rh [Jx,Jy,Jz];
```

```
Wh mur,mu,nu;


//---------------------------------------------------------------------------
// Macro definitions
//---------------------------------------------------------------------------
macro Grad3(u)      [dx(u),dy(u),dz(u)]           // column vector,EOM
macro Curl3(Fx,Fy,Fz)[dy(Fz)-dz(Fy),dz(Fx)-dx(Fz),dx(Fy)-dy(Fx)]  // column vector


//---------------------------------------------------------------------------
// Coil Problem parameters
//---------------------------------------------------------------------------
real rmin=0.018,rmax=0.02;                        // x-direction,(m)
real zmin=0.000,zmax=0.10;                        // z-direction,(m)
real mu0=4*pi*1.0E-7;
real nu0=1.0/mu0;
real I=1000.0;
real J0  =I/0.1/0.002;                            // Current Density
int  idCoil=1384;                                 // Js region
int  idCore=1492;                                 // Core region


//---------------------------------------------------------------------------
// Current density,facet element interpolation
//---------------------------------------------------------------------------
[Jx,Jy,Jz]=[-J0*(region==idCoil)*sin(atan2(y,x)),
   J0*(region==idCoil)*cos(atan2(y,x)),0.0];
mur=1.0;                                          // +999.0*(region==idCore);
mu=mur*mu0;
nu=1.0/mu;


//---------------------------------------------------------------------------
// FEM weak forms with Lagrange multiplier
//---------------------------------------------------------------------------
cout << " \n\n Begin FEM weak forms ···" <<endl;

solve H1([Hx,Hy,Hz,V],[Tx,Ty,Tz,W],solver=sparsesolver)=
    int3d(Th)(Curl3(Hx,Hy,Hz)'*Curl3(Tx,Ty,Tz))
  +int3d(Th)(mu*Grad3(V)'*[Tx,Ty,Tz] )
  +int3d(Th)(mu*[Hx,Hy,Hz]'*Grad3(W))
  -int3d(Th)([Jx,Jy,Jz]'*Curl3(Tx,Ty,Tz))
  +on(100,Hx=0,Hy=0,Hz=0,V=0);
cout << " Lagrange multiplier V min::" << V[].min << "  max:" << V[].max << endl;
```

```
//-------------------------------------------------------------------------------
// Output Bx,BY,and Bz along center line
//-------------------------------------------------------------------------------
ofstream of1("testH. txt");
int NN=100;
for(int i=0;i<=NN;i++){
    real zi=i*0.1/(NN+0.0);
    of1<<zi<<" "<<mu0*Hx(0,0,zi)<<" "<<mu0*Hy(0,0,zi)<<"  "<<mu0*Hz(0,0,
zi)<<endl;
    }


//-------------------------------------------------------------------------------
// Inductance value=2*W/I^2
//-------------------------------------------------------------------------------
real inductance=int3d(Th)( mu*[Hx,Hy,Hz]'*[Hx,Hy,Hz])/I^2;
cout<< "Inductance is " << inductance <<endl;
```

6.1.8　算例 1　3D 螺线管（$\vec{T}_0$-Ω 方法）

借助本算例线圈 $\vec{T}_0$ 的解析表达式，还可以采用式（6-15）给出的标量磁位方法方便地进行求解，该方法在容易计算 $\vec{T}_0$ 的前提下是计算度最优的。但在一般情况下，若线圈拓扑结构复杂，则 $\vec{T}_0$ 的计算需要花费额外计算量，这个时间开销及编程困难度也是需要考虑的。

文件下载 6.1-Omega

```
    //-------------------------------------------------------------------------------
    // Magnetostatic problem,T0-Omega formulation,solenoid coil(Example 6.1-Omega)
    // H=T0-grad(Omega),where T(source field)is defined within a simply connected
    // region.
    // div(mu*H)=0
    // where the scalar potential Omega is the unknown to be solved
    // Yanpu Zhao and Zuqi Tang @ 2021
    //-------------------------------------------------------------------------------
    load "Element_Mixte3d"
    load "MUMPS_seq"                                    //load "UMFPACK64"

    mesh3 Th=readmesh3("./mesh/mesh3dFreeFEM1.msh");   // load external mesh
    verbosity=1;

    real murIron=1.0;                                   //1000.0;
```

```
//-------------------------------------------------------------------------------------------------
// FE spaces
//-------------------------------------------------------------------------------------------------
fespace Sh(Th,Edge03d);          // For source field Hs,Edge13d better
fespace Vh(Th,P1);               // FE space for MSP Omega (omega),can be P1 or P2
fespace Wh(Th,P0);               // material coefficient

Vh omega,v;                      // trial function
Wh mur,mu;
Sh [T0x,T0y,T0z];                // source field

macro Grad3(u)[dx(u),dy(u),dz(u)]    // column vector,EOM
macro Hx()(-dx(omega))           //
macro Hy()(-dy(omega))           //
macro Hz()(T0z-dz(omega))        //


//-------------------------------------------------------------------------------------------------
// Coil parameters
//-------------------------------------------------------------------------------------------------
real rmin=0.018,rmax=0.02;       // x-direction,(m)
real zmin=0.000,zmax=0.10;       // z-direction,(m)

real mu0=4*pi*1.0E-7;
real nu0=1.0/mu0;
real I=1000.0;
real J0  =I/0.1/0.002;           // Current Density
int  idCoil=1384;                // Js region
int  idCore=1492;                // Core region


//-------------------------------------------------------------------------------------------------
// Source field T0
//-------------------------------------------------------------------------------------------------
[T0x,T0y,T0z]=
[0,0,J0*(region==idCoil)*(rmax-sqrt(x*x+y*y))+J0*(region==idCore)*
(rmax-rmin)];

mur=1.0+(murIron-1.0)*(region==idCore);
mu  =mur*mu0;


//-------------------------------------------------------------------------------------------------
// FEM weak forms
//-------------------------------------------------------------------------------------------------
```

```
solve Omega(omega,v,solver=sparsesolver)=
    int3d(Th)(mu * Grad3(omega)' * Grad3(v))
    -int3d(Th)(mu * [T0x,T0y,T0z]' * Grad3(v))+on(1000,omega=0);
cout << " omega min:: " << omega[].min << "  max:" << omega[].max << endl;

//-------------------------------------------------------------------------------------
// [Bx By Bz] along the center line
//-------------------------------------------------------------------------------------
ofstream of1("test0.txt");
int NN=100;
real zi,hx,hy,hz;
for(int i=0;i<=NN;i++){
    zi=i * zmax/(NN+0.0);
    hx=mu(0,0,zi) * Hx(0,0,zi);
    hy=mu(0,0,zi) * Hy(0,0,zi);
    hz=mu(0,0,zi) * Hz(0,0,zi);
    of1<<zi <<"  "<<hx<<"  "<<hy<<"  "<<hz<<endl;
}

//-------------------------------------------------------------------------------------
// Inductance value
//-------------------------------------------------------------------------------------
ofstream of2("indOmega.txt");
real indOmg=int3d(Th)(mu * [Hx,Hy,Hz]' * [Hx,Hy,Hz])/I^2;
cout<< "inductance from omega method is:" << indOmg <<",dof # is:"<<Vh.ndof <<
endl<<endl;
    of2 << "inductance from omega method is:" << indOmg <<",dof # is:"<<Vh.ndof <<
endl<<endl;
```

6.1.9　算例 2　永磁体间作用力

本案例展示如何利用 FreeFEM 计算两块立方体状永磁体间的作用力。如图 6-10 所示，永磁体的尺寸为 20mm×20mm×20mm，剩磁 $B_r = 1.053T$，周围环境磁导率 $\mu = \mu_0$。两块永磁体在 x、y、z 方向分别距离彼此 10mm、10mm、30mm。下面的 FreeFEM 代码展示了分别采用 $\vec{A}$ 方法、$\vec{H}$ 方法及 Ω 方法的计算程序，并采用 eggshell 方法[15]方便地后处理计算了两块永磁体之间的全局作用力。如表 6-1 所示，采用三种方法计算得到的永磁体间的作用力都与解析解[16]达到了很好的吻合。

表 6-1　永磁体间作用力有限元方法计算结果

作用力/N	$\vec{A}$ 方法	$\vec{H}$ 方法	Ω 方法	解析解[16]
F_x	−9.6712	−9.5141	−9.5141	−9.6026
F_y	−9.6755	−9.5041	−9.5041	−9.6026
F_z	−11.7739	−11.6740	−11.6740	−11.7487

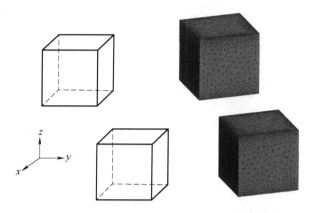

文件下载 6.2-A-
H-Omega

图 6-10　两块立方体状永磁体的几何模型示意图及有限元网格

```
//-------------------------------------------------------------------------------
// Two PMs,three magnetostatic formulations(Example 6.2-A-H-Omega)
// Inside PM,mu=mu0,nu=nu0,M=Hc
// (1)curl(nu*curl(A))+grad(p)=Js+curl(nu*mu0*M)
//                    -div(A)  =0
// (2)curl(nu*curl(H))+mu*grad(p)=nu*curl(Js)
//                    -div(mu*H)   =div(mu0*M)
// (3)-div(mu*H)=div(mu0*M),H=-grad(Omega)
// YanpuZhao @ Dec-7-2022
//-------------------------------------------------------------------------------
load "Element_Mixte3d"
load "msh3"
load "MUMPS_seq"

int isAMethod=1;          // choose between A/H/Omega methods
int isHMethod=0;
int isOMethod=0;
ofstream f1("force.txt",append);
f1.precision(12);

real mu0=4*pi*1.0E-7;
real nu0=1.0/mu0;
real Br  =1.053061857483296;
real Hc  =Br/mu0;

int  idPM1=6;             // PM1 region,air layer,air1=147
int  idPM2=34;            // PM2 region,air layer,air2=175
```

```
//----------------------------------------------------------------------------
// Mesh and parameters
//----------------------------------------------------------------------------
mesh3 Th=readmesh3(". /mesh/mesh3dFreeFEM5. msh");verbosity=1;
mesh3 ThE=trunc(Th,region==147);          // "147" is the egg shell air layer
cout<<"Mesh is ready…"<<endl;


//----------------------------------------------------------------------------
// FE spaces
//----------------------------------------------------------------------------
fespace Vh(Th,Edge03d);
fespace Ph(Th,P1);          // multiplier for imposing gauge
Vh [Ax,Ay,Az];             // trial function
Vh [Hx,Hy,Hz];             // trial function
Vh [Tx,Ty,Tz];             // test function
Vh [Hcx,Hcy,Hcz];          // source field for PM
Ph V,W;

fespace P2h(Th,P1);         // egg shell function for force calculation,from 1 to 0
P2h u,v,u2;

fespace P20(Th,P1);         // scalar potential formulation
P20 omega,tomega;

fespace Wh(Th,P0);          // material coefficient
Wh mur,mu,nu,isEggShell,isPM;
Wh HCZ;                     // z component of Hc


//----------------------------------------------------------------------------
// Source,edge element interpolation
//----------------------------------------------------------------------------
isPM=(region==idPM1‖region==idPM2);
isEggShell=(region==147);
mur=1. 0;
mu=mur * mu0;
nu=1. 0/mu;
[Hcx,Hcy,Hcz]=[0,0,Hc];  // "isPM * Hc" is wrong!!![Mar-25-2019]
HCZ=Hc;
cout<<"FE space is ready…"<<endl;


//----------------------------------------------------------------------------
// macros
//----------------------------------------------------------------------------
```

```
macro div(u1,u2,u3)  (dx(u1)+dy(u2)+dz(u3))          // scalar
macro Grad3(u)       [dx(u),dy(u),dz(u)]             // column vector,EOM
macro Curl3(Fx,Fy,Fz)[dy(Fz)-dz(Fy),dz(Fx)-dx(Fz),dx(Fy)-dy(Fx)]  // column vector

macro Bx()(dy(Az)-dz(Ay))                            //
macro By()(dz(Ax)-dx(Az))                            //
macro Bz()(dx(Ay)-dy(Ax))                            //
macro BB()(Bx^2+By^2+Bz^2)                           //

macro BxH()(mu * (Hx+isPM * Hcx))                    //
macro ByH()(mu * (Hy+isPM * Hcy))                    //
macro BzH()(mu * (Hz+isPM * Hcz))                    //
macro BBH()(BxH^2+ByH^2+BzH^2)                       //

macro HX()(Hx+isPM * Hcx)                            //
macro HY()(Hy+isPM * Hcy)                            //
macro HZ()(Hz+isPM * Hcz)                            //
macro BH()(Bx * HX+By * HY+Bz * HZ)                  //

macro BxO()(mu * (-dx(omega)+isPM * Hcx))            //
macro ByO()(mu * (-dy(omega)+isPM * Hcy))            //
macro BzO()(mu * (-dz(omega)+isPM * Hcz))            //
macro HxO()(1 * (-dx(omega)+isPM * Hcx))             //
macro HyO()(1 * (-dy(omega)+isPM * Hcy))             //
macro HzO()(1 * (-dz(omega)+isPM * Hcz))             //
macro BBO()(BxO^2+ByO^2+BzO^2)                       //


//-------------------------------------------------------------------------------------------
// Eggshell method,mark one/more layer elements touching PM object
//-------------------------------------------------------------------------------------------
varf rhsTmp(u,v)= on(200,u=1);
real[int] rr=rhsTmp(0,P2h);
int ni=0;
for(int i=0;i<rr.n;++i){
    if(abs(rr(i))>1E10)ni++;
}
cout<<"num of dofs on the eggshell touching force object,inner surface is:"<<
ni<<endl;

int ii=0;
u=0;
for(int i=0;i<rr.n;++i){
```

```
      if(abs(rr(i))>1E10){                          // source ESP field
          u[](i)=1.0;                               //cout<<ii <<":"<<i<<endl;
      }
  }


//-------------------------------------------------------------------------------
// FEM weak forms,gauged A,H and Omega methods
//-------------------------------------------------------------------------------
problem AHc([Ax,Ay,Az,V],[Tx,Ty,Tz,W])=
      int3d(Th)(nu*Curl3(Ax,Ay,Az)'*Curl3(Tx,Ty,Tz))
    -int3d(Th)(Grad3(V)'*[Tx,Ty,Tz])
    -int3d(Th)([Ax,Ay,Az]'*Grad3(W))
    -int3d(Th)(isPM*[Hcx,Hcy,Hcz]'*Curl3(Tx,Ty,Tz))  // rhs,note minus sign here
    +on(100,Ax=0,Ay=0,Az=0,V=0);


problem HHc([Hx,Hy,Hz,V],[Tx,Ty,Tz,W])=
      int3d(Th)(nu*Curl3(Hx,Hy,Hz)'*Curl3(Tx,Ty,Tz))
    -int3d(Th)(Grad3(V)'*[Tx,Ty,Tz])
    -int3d(Th)(mu*[Hx,Hy,Hz]'*Grad3(W))
    -int3d(Th)(isPM*mu0*[Hcx,Hcy,Hcz]'*Grad3(W))// rhs,M=[0,0,Hcz],Hcz
                                                          constant
    +on(100,Hx=0,Hy=0,Hz=0,V=0);


problem OmegaHc(omega,tomega)=
      int3d(Th)(mu*Grad3(omega)'*Grad3(tomega))
    -int3d(Th)(isPM*mu*[Hcx,Hcy,Hcz]'*Grad3(tomega))
    +on(100,omega=0);


cout<<"FEM part--------------------------"<<endl;
if(isAMethod){AHc;cout<<"A gauged is done…"<<endl;}
if(isHMethod){HHc;cout<<"H gauged is done…"<<endl;}
if(isOMethod){OmegaHc;cout<<"Omega method is done…"<<endl;}


//-------------------------------------------------------------------------------
// Compute force or torque,by eggShell method
//-------------------------------------------------------------------------------
if(isAMethod){
    real FxEgg=int3d(ThE)(nu*[Bx*Bx-0.5*BB,Bx*By,Bx*Bz]'*[dx(u),dy(u),
dz(u)]);
    real FyEgg=int3d(ThE)(nu*[By*Bx,By*By-0.5*BB,By*Bz]'*[dx(u),dy(u),
dz(u)]);
    real FzEgg=int3d(ThE)(nu*[Bz*Bx,Bz*By,Bz*Bz-0.5*BB]'*[dx(u),dy(u),
dz(u)]);
```

```
        cout<<"Eggshell Method-AA:"<<FxEgg<<" "<<FyEgg<<" "<<FzEgg<<endl;
        f1  <<"Eggshell Method-AA:"<<FxEgg<<" "<<FyEgg<<" "<<FzEgg<<endl;
    }


    if(isHMethod){
        real FxEggH = int3d(ThE)(nu * [BxH * BxH-0.5 * BBH,BxH * ByH,BxH * BzH]' *
[dx(u),dy(u),dz(u)]);
        real FyEggH = int3d(ThE)(nu * [ByH * BxH,ByH * ByH-0.5 * BBH,ByH * BzH]' *
[dx(u),dy(u),dz(u)]);
        real FzEggH = int3d(ThE)(nu * [BzH * BxH,BzH * ByH,BzH * BzH-0.5 * BBH]' *
[dx(u),dy(u),dz(u)]);
        cout<<"Eggshell Method-HH:"<<FxEggH<<" "<<FyEggH<<" "<<FzEggH<<endl;
        f1  <<"Eggshell Method-HH:"<<FxEggH<<" "<<FyEggH<<" "<<FzEggH<<endl;
    }


    if(isOMethod){
        real FxEggO = int3d(ThE)(nu * [BxO * BxO-0.5 * BBO,BxO * ByO,BxO * BzO]' *
[dx(u),dy(u),dz(u)]);
        real FyEggO = int3d(ThE)(nu * [ByO * BxO,ByO * ByO-0.5 * BBO,ByO * BzO]' *
[dx(u),dy(u),dz(u)]);
        real FzEggO = int3d(ThE)(nu * [BzO * BxO,BzO * ByO,BzO * BzO-0.5 * BBO]' *
[dx(u),dy(u),dz(u)]);
        cout<<"\nEggshell Method-OO:"<<FxEggO<<" "<<FyEggO<<" "<<FzEggO <<endl;
        f1  <<"Eggshell Method-OO:"<<FxEggO<<" "<<FyEggO<<" "<<FzEggO<<endl;
    }
```

6.2　三维涡流场问题

当电流激励为正弦变化时，若所分析的区域内材料参数（磁导率，电导率）均为线性，并且关心所分析对象的稳态运行特性参数（如损耗），则可以采用相量进行分析，依据是所有物理场量都按照同样的频率做正弦或时谐变化。由于采用了相量进行频域计算分析，且所有的未知量都是复变量，故求解有限元离散得到的复数方程组时可以采用直接法或者采用合适预条件子的迭代法。时谐磁场（time-harmonic magnetic field）也叫交流磁场（AC magnetic field），或者涡流场（eddy-current field）。

与静磁场问题类似，根据所选择的求解变量不同，时谐磁场也有多种有限元计算格式。但与静磁场问题不同的是，在感应涡流的实体导体区，需要同时引入电位和磁位两种位函数的组合来描述涡流场，因此涡流场的计算格式更加复杂。本文将给出采用矢量磁位及标量电位作为求解变量时的 $\vec{A}$-φ 计算格式。以标量磁位及矢量电位作为求解变量的 $\vec{T}_0$-Ω 计算格式可以参考本章参考文献 [2]，以磁场强度作为求解变量时的 $\vec{H}$-ψ 有限元计算格式可以参考本章参考文献 [17]。其中 $\vec{A}$-φ 方法对几何拓扑的数学处理没有要求，采用 FreeFEM 编程时比较方便，是三维涡流场计算的较好选择。采用 $\vec{T}_0$-Ω 法或 $\vec{H}$-ψ 法均需要考虑并处理多连通导体问题，使得标量磁位不产生多值并导致无法求解。

6.2.1　三维涡流场控制方程、激励源及边界条件

根据麦克斯韦方程组，在低频条件下忽略位移电流的影响，仅考虑传导电流（包括激励线圈的源电流及实体导体中的被动感应出来的涡流）产生的磁场。以电磁场量表述的时谐涡流场的控制方程为

$$\begin{cases} \nabla \times \vec{H} = \vec{J}_s + \vec{J}_e = \vec{J}_s + \sigma \vec{E} \\ \nabla \times \vec{E} = -\dfrac{\partial \vec{B}}{\partial t} = -\mathrm{j}\omega \vec{B} \end{cases} \tag{6-31}$$

上述控制方程已经包含了绞线导体线圈中的源电流激励 $\vec{J}_s$，同时也考虑了实体导体（完全被动感应涡流或者连接有电压源激励）中感应的涡流 $\vec{J}_e$，两种电流都是激发磁场的源，唯一的区别是实体导体中感应的涡流 $\vec{J}_e$ 需要求解才能确定，无法事先给定。而绞线导体线圈中的源电流激励 $\vec{J}_s$ 给定之后，不再考虑其中感应的涡流，可以认为在涡流场计算时其中的电导率为 0。

在实际应用中还可能存在永磁激励、电压激励、外电路激励，同时需要施加合适的边界条件。对于涡流场时的永磁激励，和静磁场的处理没有什么不同，可以通过剩磁向量等增加右端源项；主要区别是可能需要考虑永磁体中的感应涡流，此时只要将永磁体当作实体导体并施加适当的零电流法向边界条件即可。导体的电压激励或者外电路激励则需要进行场路耦合，将导体中的电流设置为未知数并与电磁场未知数同时求解，其中电路部分自由度需要建立基尔霍夫电压、电流方程来平衡额外未知数。另外为了设计对称矩阵算法，可能还需要引入辅助未知数[18]。

涡流场的边界条件主要包括无穷远边界和对称边界。其中近似无穷远边界条件的施加与静磁场类似，只要取充分大的空气计算区域即可。在对称面上，需要根据磁场或者电流的切向及法向分量情况来确定所采用的电磁位函数满足第一类还是第二类边界条件。

6.2.2　三维涡流问题 $\vec{A}$-φ 方法的数学表达

在三维涡流分析中，通常将所研究的场域分成涡流区和非涡流区两部分。在涡流区同时存在电场和磁场，而在非涡流区只有磁场。区域的交界面上要施加适当的衔接条件。图 6-11 给出了一个典型涡流问题的求解区域示意图，整体求解区域为 V，其中 V_1 为涡流区，含有导电媒质 $\sigma \neq 0$，但不含源电流；V_2 为非涡流区，其中可包含给定的源电流密度 $\vec{J}_s$；S_{12} 为 V_1 和 V_2 的介质分界面。选定的计算区域 V 的外边界 S 分成 S_B 和 S_H 两部分，在 S_B 上给定磁感应强度的法向分量，在 S_H 上给定磁场强度的切向分量。为使后续说明简单并且适应常用场景，设 S 上的边界条件均为齐次边界条件。

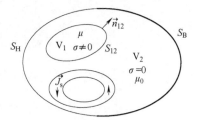

图 6-11　典型涡流问题的求解区域示意图

参照图 6-11，在区域 V 内，矢量磁位 $\vec{A}$ 与标量电位 φ 满足的三维时谐磁场控制方

程为[19]

$$V_1 : \begin{cases} \nabla \times (\nu \nabla \times \dot{A}) + \mathrm{j}\omega\sigma\dot{A} + \sigma\nabla\dot{\varphi} = 0 & \text{(6-32a)} \\ \nabla \cdot (-\mathrm{j}\omega\sigma\dot{A} - \sigma\nabla\dot{\varphi}) = 0 & \text{(6-32b)} \end{cases}$$

$$V_2 : \nabla \times (\nu \nabla \times \dot{A}) = \dot{J}_s \qquad\qquad \text{(6-33)}$$

边界 S_B、S_H 的边界条件为及导体分界面 S_{12} 处的分界面条件为

$$S_B : n \times \dot{A} = 0 \qquad\qquad \text{(6-34)}$$

$$S_H : n \times (\nu \nabla \times \dot{A}) = 0 \qquad\qquad \text{(6-35)}$$

$$S_{12} : n_{12} \cdot \nabla \times \vec{A}_1 = n_{12} \cdot \nabla \times \vec{A}_2 \qquad\qquad \text{(6-36a)}$$

$$S_{12} : n_{12} \cdot (-\mathrm{j}\omega\sigma\dot{A} - \sigma\nabla\dot{\varphi}) = 0 \qquad\qquad \text{(6-36b)}$$

其中，式（6-36a）表示在涡流区和非涡流区交界面处，磁通密度 $\vec{B}$ 的法向分量连续，这在使用棱单元离散 $\vec{A}$ 时可以自动得到满足（可以证明 $\vec{A}$ 的切向连续性蕴含 $\vec{B}$ 的法向连续性）。式（6-36b）表示在导体表面，涡流的法向分量为 0，即电流不能从导体流出到周围的空气或非导体介质中。事实上，在涡流区和非涡流区交界面处，由于非涡流区 $\dot{J}_e$ 为 0，自然法向为 0，再由传导电流在材料界面处满足法向分量连续可知应该施加式（6-36b）。

注意，式（6-32）~式（6-36）给出的是无规范条件的 $\vec{A}\text{-}\varphi$ 方法，其中 $\vec{A}$ 适合用棱单元离散。与 $\vec{A}$ 用节点元离散及采用罚函数的方法施加规范[13]的数值格式不同，材料界面处关于 $\vec{A}$ 的散度的更多衔接条件无须再列出。对于无规范条件的 $\vec{A}\text{-}\varphi$ 方法，与静磁场类似，解是不唯一的。但当源电流 $\dot{J}_s$ 表示为源场时，可以通过迭代法进行求解[20]，另外一些直接法求解器实际上也可以用来求解右端项相容的奇异方程组[19]。

6.2.3 三维涡流问题 $\vec{A}\text{-}\varphi$ 方法的有限元格式

下面采用伽辽金有限元法推导上述无规范 $\vec{A}\text{-}\varphi$ 方法的弱形式。对 $\vec{A}\text{-}\varphi$ 方法的控制方程两边乘以相应的检验函数 δA、$\delta \varphi$ 并分部积分，考虑到边界条件及界面条件，最终整理得到弱形式为

$$\begin{cases} \displaystyle\int_{V_1} \nabla \times \delta A \cdot \nu \nabla \times \dot{A}\, \mathrm{d}V + \int_{V_1} \delta A \cdot \sigma(\mathrm{j}\omega\dot{A} + \nabla\dot{\varphi})\, \mathrm{d}V = 0 & \text{(6-37a)} \\ \displaystyle\int_{V_1} \nabla\delta\varphi \cdot \sigma(\mathrm{j}\omega\dot{A} + \nabla\dot{\varphi})\, \mathrm{d}V = 0 & \text{(6-37b)} \end{cases}$$

$$\int_{V_2} \nabla \times \delta A \cdot \nu \nabla \times \dot{A}\, \mathrm{d}V = \int_{V_2} \delta A \cdot \dot{J}_s\, \mathrm{d}V = \int_V \nabla \times \delta A \cdot \dot{T}_0\, \mathrm{d}V \qquad \text{(6-38)}$$

上面两式合并之后可以表达为

$$\begin{cases} \displaystyle\int_V \nabla \times \delta A \cdot \nu \nabla \times \dot{A}\, \mathrm{d}V + \int_V \delta A \cdot \sigma(\mathrm{j}\omega\dot{A} + \nabla\dot{\varphi})\, \mathrm{d}V = \int_V \nabla \times \delta A \cdot \dot{T}_0\, \mathrm{d}V & \text{(6-39a)} \\ \displaystyle\int_{V_1} \nabla\delta\varphi \cdot \sigma(\mathrm{j}\omega\dot{A} + \nabla\dot{\varphi})\, \mathrm{d}V = 0 & \text{(6-39b)} \end{cases}$$

由以上方程直接离散出来的方程系数矩阵不具有对称性。为使得该系数矩阵对称，可以对式（6-39b）乘以放缩系数而变为对称[21]

$$\begin{cases} (\nabla \times \delta A, \nu \nabla \times \dot{A}) + (\delta A, \mathrm{j}\omega\sigma\dot{A}) + (\delta A, \sigma\nabla\dot{\varphi}) = (\nabla \times \delta A, \dot{T}_0) & (6\text{-}40\mathrm{a}) \\ (\nabla\delta\varphi, \sigma\dot{A}) + \left(\nabla\delta\varphi, \dfrac{\sigma}{\mathrm{j}\omega}\nabla\dot{\varphi}\right) = 0 & (6\text{-}40\mathrm{b}) \end{cases}$$

弱形式有限元方程离散后，四面体单元 e 上的单元矩阵及载荷向量表达式如下：

$$K_{\mathrm{AA}}^e = (\nabla \times \delta A, \nu \nabla \times \dot{A}) + (\delta A, \mathrm{j}\omega\sigma\dot{A}) \tag{6-41a}$$

$$K_{\mathrm{AV}}^e = (\delta A, \sigma\nabla\dot{\varphi}) \tag{6-41b}$$

$$K_{\mathrm{VA}}^e = (\delta\nabla\varphi, \sigma\dot{A}) \tag{6-41c}$$

$$K_{\mathrm{VV}}^e = \left(\delta\nabla\varphi, \dfrac{\sigma}{\mathrm{j}\omega}\nabla\dot{\varphi}\right) \tag{6-41d}$$

$$F^e = (\nabla \times \delta A, \dot{T}_0) \tag{6-41e}$$

单元矩阵中元素具体表达式为

1）单元矩阵 K_{AA}^e 中 (p,q) 位置的元素为 $(p,q=1,2,3,\cdots,6)$

$$K_{\mathrm{AA}}^e(p,q) = \int_{\mathrm{V}_e} \nabla \times \vec{N}^p \cdot \nu^e \nabla \times \vec{N}^q \mathrm{d}V + \mathrm{j}\omega \int_{\mathrm{V}_e} \vec{N}^p \cdot \sigma^e \vec{N}^q \mathrm{d}V \tag{6-42}$$

2）单元矩阵 K_{AV}^e 中 (p,l) 位置的元素为 $(p=1,2,3,\cdots,6; l=1,2,3,4)$

$$K_{\mathrm{AV}}^e(p,l) = \int_{\mathrm{V}_e} \vec{N}^p \cdot \sigma^e \nabla N_l \mathrm{d}V \tag{6-43}$$

3）单元矩阵 K_{VA}^e 中 (l,p) 位置的元素为 $(p=1,2,3,\cdots,6; l=1,2,3,4)$

$$K_{\mathrm{VA}}^e(l,p) = K_{\mathrm{AV}}^e(p,l) \tag{6-44}$$

4）单元矩阵 K_{VV}^e 中 (i,j) 位置的元素为 $(i,j=1,2,3,4)$

$$K_{\mathrm{VV}}^e(i,j) = \frac{1}{\mathrm{j}\omega} \int_{\mathrm{V}_e} \nabla N_i \cdot \sigma^e \nabla N_j \mathrm{d}V \tag{6-45}$$

最终，得到的总体离散方程可写作以下矩阵形式：

$$\begin{bmatrix} K_{\mathrm{AA}} & K_{\mathrm{AV}} \\ K_{\mathrm{VA}} & K_{\mathrm{VV}} \end{bmatrix} \begin{bmatrix} \dot{A} \\ \dot{\varphi} \end{bmatrix} = \begin{bmatrix} F \\ 0 \end{bmatrix} \tag{6-46}$$

在有限元空间的选择上，对矢量磁位可以选择最低阶棱单元（每个单元六个自由度）；对标量电位可以选择线性节点元（每个单元四个自由度）或者二次节点元（每个单元十个自由度），如图 6-12 所示。采用高阶单元会带来更多的未知数规模，同时最终代数矩阵的带宽更大，求解方程组时计算量更大，但可以明显提高磁场及感应涡流的计算精度。

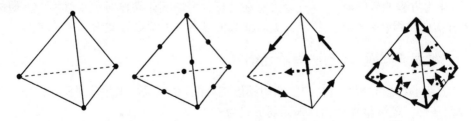

图 6-12　线性及二次节点元；最低阶棱单元及高阶切向连续矢量单元

6.2.4 三维涡流问题的 $\vec{A}^*$ 方法

当所有实体导体或者涡流区的电导率均为分片常数时，此时标量电位可以省掉。当采用棱单元方法离散矢量磁位时，$\vec{A}$-φ 方法还可以简化为下面的 $\vec{A}^*$ 方法（因为 $\nabla\varphi$ 属于矢量棱单元基函数所张成的空间，并没有提升涡流场的解析度[22]，所以引入 φ 的唯一用处是加速使用迭代法时的收敛速度，当然前提是右端项严格兼容）。因此只用棱单元方法离散矢量磁位时，与采用矢量磁位加标量电位的方法效果是相同的。但是最终的代数方程组在采用迭代法求解时要注意：省掉标量电位之后会导致离散得到的代数方程组收敛变慢，如图 6-13 所示，而直接法则不受影响，但是求解问题规模大的时候需要大量内存，根据本章参考文献[21]，当求解约 138 万未知数规模的复数对称方程组时，采用直接法占用的内存空间为 38GB，求解时间 201s。

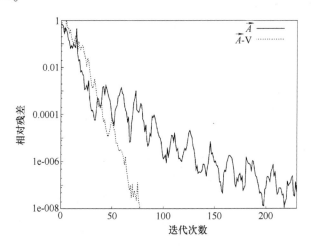

图 6-13　日本学者[20]给出的两种涡流问题计算方法的迭代收敛速度

省略标量电位之后，在实体导体区 V_1 的控制方程边为

$$\nabla\times(\nu\nabla\times\dot{A})+j\omega\sigma\dot{A}=0 \tag{6-47}$$

而非涡流区及源电流区 V_2 的控制方程实际为静磁场双旋度方程

$$\nabla\times(\nu\nabla\times\dot{A})=\dot{j}_s \tag{6-48}$$

二者合并可以写成

$$\nabla\times(\nu\nabla\times\dot{A})+j\omega\sigma\dot{A}=\dot{j}_s \tag{6-49}$$

如果 V_1 区域的一部分端口连接外电压激励时，可以引入所谓的"source electric scalar potential"作为方程的激励源[23]。这个方法在处理封闭的实体导体时也很有用，下面的案例 4 中的闭合实体线圈就采用了此技术，更多细节可以参考本章参考文献[18, 24]。

6.2.5 三维涡流问题 $\vec{A}^*$ 方法有限元格式

对 $\vec{A}^*$ 方法的控制方程式（6-47）两边乘以相应的检验函数 δA 并分部积分，考虑到边界条件及界面条件，最终整理得到有限元弱形式为[23]

$$\int_{V_1+V_2}\nabla\times\delta A\cdot\nu\nabla\times\dot{A}dV+\int_{V_1}\delta A\cdot j\omega\sigma\dot{A}dV=\int_{V_2}\dot{j}_s dV=\int_V\nabla\times\delta A\cdot\dot{T}_0 dV \tag{6-50}$$

6.2.6 算例 3 TEAM Workshop 第 7 基准问题: 频域损耗计算 ($\vec{A}$-φ 方法)

TEAM Workshop 第 7 基准问题的求解模型如图 6-14 所示, 该模型由厚铝板及载流线圈组成, 铝板在偏心处挖有空洞, 其中线圈靠手动操作成为了单连通导体, 方便定义其中的源场 $\vec{T}_0$。模型各部分尺寸如图 6-15 所示。在载流线圈中施加频率 200Hz 的正弦交变电流安匝 $I = 2742$A, 计算空间中磁场及涡流分布, 进而计算磁场能量及涡流损耗计算, 结果见表 6-2。

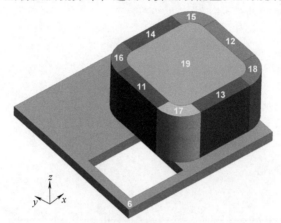

图 6-14 TEAM Workshop 第 7 基准问题计算区域的线圈及铝板导体, 数字为有限元网格单元的几何体编号

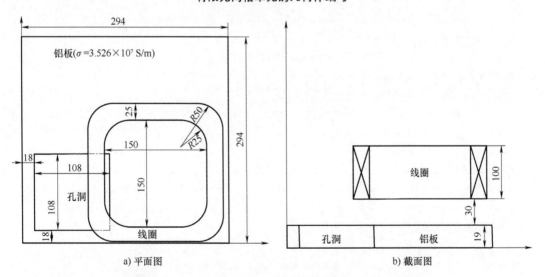

图 6-15 TEAM Workshop 第 7 基准问题模型的几何参数

采用 $\vec{A}$-φ 法求解该问题的 FreeFEM 源代码如下:

```
//--------------------------------------------------------------------------------
// Eddy-current in frequency domain,edge element for A,nodal element for phi
// (Example 6.3-A-phi)
//    curl(nu * curl_A)+sigma * (jw * At+grad_phi)= Js
//    -div(sigma * jwA+sigma * grad_phi)= 0
```

```
// Yanpu Zhao,and ZuqiTang
//----------------------------------------------------------------------------------------------------
load "Element_Mixte3d"
load "MUMPS_seq"
load "msh3"

ofstream of1("EnergyLoss.txt",append);
int isRunAPhi=1;

real   frequency=200;                         // skin depth=6mm
real   current=2742;
real   w=2*pi*frequency;
complex jw=1i*w;
real   nu0=7.957747154594767E5;
real   mu0=1.0/nu0;
real   sgm=3.526E7;


//----------------------------------------------------------------------------------------------------
// Dimensions for the racetrack-shaped coil
//----------------------------------------------------------------------------------------------------
real xcCoil=0.194,ycCoil=0.1,zcCoil=0.099;   // center of coil
real z0=0.049,z1=0.149;
real rmin=0.025,rmax=0.05,rr=rmax-rmin;
real xHalf=0.05,yHalf=0.05;
real xHalfBig=xHalf+rmax;
real xL=xcCoil-xHalfBig,xR=xcCoil+xHalfBig;
real yL=ycCoil-xHalfBig,yR=ycCoil+xHalfBig;
real x1=xcCoil+xHalf,y1=ycCoil+yHalf;         // first   quadrant
real x2=xcCoil-xHalf,y2=ycCoil+yHalf;         // second quadrant
real x3=xcCoil-xHalf,y3=ycCoil-yHalf;         // third   quadrant
real x4=xcCoil+xHalf,y4=ycCoil-yHalf;         // fourth quadrant
real J0=current/((z1-z0)*(rmax-rmin));

mesh3 Th,Th6;// whole domain mesh and conductor domain mesh
for(int iMesh=1;iMesh<=1;iMesh++){               // loop mesh has different nodes
    Th=readmesh3("./mesh/mesh3dFreeFEM"+iMesh+".msh");    // different mesh
    Th6=trunc(Th,region==6);                     // "6" is the solid conductor

    //----------------------------------------------------------------------------------------------------
    // FE space
    //----------------------------------------------------------------------------------------------------
    fespace Vh(Th,Edge03d);                      // edge0 or edge1
```

文件下载 **6.3-A-phi**

```
Vh<complex> [Ax,Ay,Az];                      // trial solution
Vh<complex> [Tx,Ty,Tz];                      // test  function

fespace VhS(Th,Edge03d);    // edge0 or edge1 [test source rhs accuracy]
VhS<complex> [T0x,T0y,T0z];                  // source field

fespace Wh(Th,P0);                           // material coefficient
Wh nu,sigma,isCond;

fespace Vh6(Th6,P2);        // P1 or P2,phi is only defined in the conductor
Vh6<complex> phi,phit;
Vh6 phiReal;

//-------------------------------------------------------------------------
// Material coefficient
//-------------------------------------------------------------------------
nu=nu0;
sigma=sgm*(region==6);   // may need artificial conductivity in air
isCond=(region==6);

//-------------------------------------------------------------------------
// Source Field
//-------------------------------------------------------------------------
[T0x,T0y,T0z]=[0.0,0.0,
    J0*(region==11)*(x-xL)
  +J0*(region==12)*(xR-x)
  +J0*(region==13)*(y-yL)
  +J0*(region==14)*(yR-y)
  +J0*(region==15)*(rmax-sqrt((x-x1)^2+(y-y1)^2))
  +J0*(region==16)*(rmax-sqrt((x-x2)^2+(y-y2)^2))
  +J0*(region==17)*(rmax-sqrt((x-x3)^2+(y-y3)^2))
  +J0*(region==18)*(rmax-sqrt((x-x4)^2+(y-y4)^2))
  +J0*(region==19)*rr];
cout<< "============================== \n Source field is ready…\n"<<endl;

//-------------------------------------------------------------------------
// Macros definition
//-------------------------------------------------------------------------
macro div(u1,u2,u3)  (dx(u1)+dy(u2)+dz(u3))        // scalar
macro Grad3(u)      [dx(u),dy(u),dz(u)]            // column vector,EOM
macro Curl3(Fx,Fy,Fz)[dy(Fz)-dz(Fy),dz(Fx)-dx(Fz),dx(Fy)-dy(Fx)]  // curl
```

```
macro Bx()(dy(Az)-dz(Ay))                      //
macro By()(dz(Ax)-dx(Az))                      //
macro Bz()(dx(Ay)-dy(Ax))                      //
macro BM()(sqrt(Bx*Bx+By*By+Bz*Bz)+1E-60)      //

macro Jx()(dy(T0z)-dz(T0y))                    // source current
macro Jy()(dz(T0x)-dx(T0z))                    // source current
macro Jz()(dx(T0y)-dy(T0x))                    // source current

macro Ex()(-jw*Ax-dx(phi))                     // induced E field
macro Ey()(-jw*Ay-dy(phi))                     // induced E field
macro Ez()(-jw*Az-dz(phi))                     // induced E field

macro JxEddy()(isCond*sigma*Ex)                // induced eddy current
macro JyEddy()(isCond*sigma*Ey)                // induced eddy current
macro JzEddy()(isCond*sigma*Ez)                // induced eddy current

//-------------------------------------------------------------------------
// Weak form [A-phi]
//-------------------------------------------------------------------------
// curl(nu*curl_A)+sigma*(dA/dt+grad_phi)=Js
// -div(sigma*dA/dt+sigma*grad_phi)=0
varf L11([Ax,Ay,Az],[Tx,Ty,Tz])=
       int3d(Th)(nu*Curl3(Ax,Ay,Az)'*Curl3(Tx,Ty,Tz))
     -int3d(Th6)(sgm*jw*[Ax,Ay,Az]'*[Tx,Ty,Tz])
     +on(100,Ax=0.0,Ay=0.0,Az=0.0);
varf L12([Ax,Ay,Az],[phit])=-int3d(Th6)(sgm*[Ax,Ay,Az]'*Grad3(phit));
varf L21([phi],[Tx,Ty,Tz])=-int3d(Th6)(sgm*Grad3(phi)'*[Tx,Ty,Tz]);
varf L22([phi],[phit])= =-int3d(Th6)(sgm/jw*Grad3(phi)'*Grad3(phit));
varf Arhs([Ax,Ay,Az],[Tx,Ty,Tz])=int3d(Th)([T0x,T0y,T0z]'*Curl3(Tx,Ty,Tz));

matrix <complex> M11=L11(Vh,Vh);
matrix <complex> M12=L12(Vh,Vh6);
matrix <complex> M21=L21(Vh6,Vh);
matrix <complex> M22=L22(Vh6,Vh6);
complex[int] rhsA=Arhs(0,Vh);

int ndofPhi=Vh6.ndof;
int ndofAPhi=Vh.ndof+Vh6.ndof;
cout <<" [phi].size="<< ndofPhi << "\n[A+phi].size=" << ndofAPhi << endl;
cout <<" [Ax,Ay,Az].size="<< Vh.ndof << endl;
complex[int] rhsPhi(ndofPhi);
complex[int] rhsAphi(ndofAPhi),resultscomplet(ndofAPhi);
```

```
rhsPhi   =0;
rhsAphi =[rhsA,rhsPhi];
matrix <complex> M=[[M11,M21],
                    [M12,M22]];
set(M,solver=sparsesolver);
resultscomplet=M^-1 * rhsAphi;
cout<< " Solution of complex equation is done…" <<endl;

for(int i=0;i<Vh.ndof;i++){
    Ax[][i]=resultscomplet[i];
}
for(int i=Vh.ndof;i<ndofAPhi;i++){
    phi[][i-Vh.ndof]=resultscomplet[i];
}
phiReal=real(phi);

cout<<" \n \n Aphi formulation " <<endl;
complex EnergyAphi = int3d(Th)(nu * (Bx * conj(Bx)+By * conj(By)+Bz *
conj(Bz)));
complex LossesAphi = int3d(Th6)(sgm * (Ex * conj(Ex)+Ey * conj(Ey)+Ez *
conj(Ez)));
cout<<"------------> Magnetic energy [A_phi]=" << EnergyAphi/4 <<endl;
cout<<"------------> Losses [A_phi]        =" << LossesAphi/2 <<endl<<endl;

of1<<"Mesh-"<<iMesh<<"------> Energy [A_phi]=" << EnergyAphi/4 <<endl;
of1<<"Mesh-"<<iMesh<<"------> Losses [A_phi]=" << LossesAphi/2 <<endl;
of1 <<"Total dof number is:"<< Vh.ndof+Vh6.ndof <<endl<<endl;
of1.flush;
}
```

表 6-2　TEAM Workshop 第 7 基准问题的计算结果

	有限元空间	网格 1	网格 2	网格 3	网格 4
自由度	Edge03d	225487	294272	384108	501329
	Edge03d ⊕ P1	244653	314314	404422	522377
	Edge03d ⊕ P2	366343	441573	533191	655505
	Edge13d	1221134	1593732	2080118	2714736
	Edge13d ⊕ P2	1361990	1741033	2229201	2868912
焦耳热损耗（瓦）	Edge03d	10.0499	10.0499	9.8754	9.8358
	Edge03d ⊕ P1	10.0499	10.0499	9.8754	9.8358
	Edge03d ⊕ P2	9.7938	9.7938	9.6635	9.6372
	Edge13d	9.5291	9.5291	9.5243	9.5244
	Edge13d ⊕ P2	9.5291	9.5291	9.5243	9.5244

（续）

	有限元空间	网格 1	网格 2	网格 3	网格 4
磁场能量 （焦耳）	Edge03d	0.2848	0.2862	0.2870	0.2875
	Edge03d ⊕ P1	0.2848	0.2862	0.2870	0.2875
	Edge03d ⊕ P2	0.2850	0.2863	0.2871	0.2876
	Edge13d	0.2896	0.2897	0.2897	0.2897
	Edge13d ⊕ P2	0.2896	0.2897	0.2897	0.2897

6.2.7　算例 4　功率电感参数提取（$\vec{A}^*$ 格式）

本算例来源于 COMSOL 软件案例库，目标是计算线性功率电感器模型的电感参数。该功率电感器由铁心及实体导体线圈组成，如图 6-16 所示。模型中的铁心区域相对磁导率 $\mu_r = 1000 - 10j$，电导率为 0；载流线圈为铜导体，电导率为 $5.997 \times 10^7 \mathrm{S/m}$，交流电流频率为 $1000\mathrm{Hz}$[21]。注意，铁心及绕组都是涡流区，而周围的空气区域为非涡流区（为清楚展示电感器部分，充分大的空气区域未作展示）。

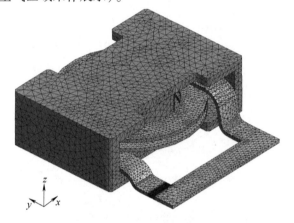

扫码看彩图

图 6-16　功率电感器模型

基于 $\vec{A}^*$ 有限元计算格式实现上述问题计算的 FreeFEM 源代码如下：

文件下载 6.4-A*

```
//-------------------------------------------------------------------
// Eddy current problem,A * formulation,power inductor test problem.
//（Example 6.4-A*）
//   curl(nu * curl(A))+jw * sigma * A+sigma * grad(phi)=0
// Yanpu Zhao,and Zuqi Tang
//-------------------------------------------------------------------
load "Element_Mixte3d"
load "MUMPS_seq"
load "msh3"


//-------------------------------------------------------------------
// Parameters setting
```

```
//----------------------------------------------------------------------------------
real freq=1E3;
real w=2*pi*freq;
complex j  =1i;
complex jw=j*w;

complex murIron=1E3-j*10;              // COMSOL example
real mu0=4*pi*1E-7;
real nu0=1.0/mu0;
real sigmaCond=5.997E7;                // copper coil
real sigmaCore=0;                      // laminated core


//----------------------------------------------------------------------------------
// FE spaces
//----------------------------------------------------------------------------------
mesh3 Th  =readmesh3("./mesh/mesh3dFreeFEM3.msh");      // read external mesh

fespace Nh(Th,Edge03d);                // [A]
Nh<complex> [Ax,Ay,Az];                // trial function
Nh<complex> [Tx,Ty,Tz];                // test  function
Nh<complex> [Ax0,Ay0,Az0];
fespace Wh(Th,P0);                     // material coefficient
Wh<complex> nu,mur,mu,sgm;
Wh isTermPositiveY;

fespace Vh(Th,P1);                     // u0=source ESP in conductor mesh
Vh u,v,u0;


//----------------------------------------------------------------------------------
// Macros definition
//----------------------------------------------------------------------------------
macro Grad3(u)       [dx(u),dy(u),dz(u)]    // column vector,EOM
macro Curl3(Fx,Fy,Fz)[dy(Fz)-dz(Fy),dz(Fx)-dx(Fz),dx(Fy)-dy(Fx)]  // column vector

macro Bx()(dy(Az)-dz(Ay))              //
macro By()(dz(Ax)-dx(Az))              //
macro Bz()(dx(Ay)-dy(Ax))              //
macro BM()(sqrt(Bx*Bx+By*By+Bz*Bz)+1E-60)  //

macro Jx()(-sgm*(jw*Ax))               // x-component of total current
macro Jy()(-sgm*(jw*Ay))               // y-component of total current
macro Jz()(-sgm*(jw*Az))               // z-component of total current
```

```
//-------------------------------------------------------------------------------
// Material data for all elements
// 724,937 copper,428 core,other for air
// 937 is small volume containing voltage port
//-------------------------------------------------------------------------------
sgm=sigmaCond*(region==724‖region==937)+sigmaCore*(region==428);
mur=1.0+(murIron-1.0)*(region==428);
mu=mur*mu0;
nu=1.0/mu;

int idTerminalYPOS=937;
isTermPositiveY=(region==idTerminalYPOS);


//-------------------------------------------------------------------------------
// set electric source potential [400 is terminal marker]
//-------------------------------------------------------------------------------
varf rhs(u,v)=on(400,u=1.0);
real[int] rr=rhs(0,Vh);                  // whole mesh
u0=0;                                    // function of whole mesh,initialization
for(int i=0;i<rr.n;++i){
    if(abs(rr(i))>1E6){ u0[](i)=1.0;}        // source ESP field
}


//-------------------------------------------------------------------------------
// A*formulation
//-------------------------------------------------------------------------------
cout<<" ============================= Solving A-star formulation…"<<endl;
solve AStarEddy([Ax,Ay,Az],[Tx,Ty,Tz],solver=sparsesolver)=
     int3d(Th)(nu*Curl3(Ax,Ay,Az)'*Curl3(Tx,Ty,Tz))
    +int3d(Th)(jw*sgm*[Ax,Ay,Az]'*[Tx,Ty,Tz])
    -int3d(Th)(isTermPositiveY*sgm*Grad3(u0)'*[Tx,Ty,Tz])
    +on(400,Ax=0.0,Ay=0.0,Az=0.0);           // 400 is the coil terminal,inside
                                                         domain
complex current=int2d(Th,500,qft=qf1pT)(Jy); // marker 500 is the coil cut surface
cout<<" current    is "<< current <<endl;
cout<<" resistance is "<< real(1/current)<<endl;
cout<<" inductance is "<< imag(1/current)/w<<endl;
```

这里电感的计算方法采用了本章参考文献 [23] 中的公式，即给导体端口施加电压，然后计算端口电流，电压与电流之比即为阻抗。上述频域涡流场程序在一套含有 40 万四面体单元的网格上（见图 6-16），计算得到的电感值为 114. 29μH，这与静态时的电感值（116. 8μH）非常接近[14]。

6.3　三维瞬态磁场问题

当磁场激励源非正弦或任意波形，或计算区域中含有非线性铁磁材料以及感应涡流的实体导体时，严格来说上面的频域分析方法将不再适用，此时可以采用三维时域磁场进行瞬态分析计算。三维瞬态磁场求解方法中最常用最有效的方法有两类，即 $\vec{A}$-φ-$\vec{A}$ 和 $\vec{T}$-ψ-ψ 法（即 $\vec{T}$-Ω 法）。其中 $\vec{A}$-φ-$\vec{A}$ 法可以方便地解决复杂瞬态磁场问题，主要包括多连通导体等工程中常遇到的问题。其缺点是由于在非涡流区域采用矢量磁位，导致求解时内存占用大、CPU 计算时间长。$\vec{T}$-ψ-ψ 法是涡流分析的另一个常用方法，但传统的 $\vec{T}$-ψ-ψ 方法虽有未知量少、数值实现简单等优点，但不能求解多连通导体问题。学者们提出了一些处理方法，然而数学理论及算法实现都变得更加复杂[2,17,22]。下面将介绍基于磁矢量位 $\vec{A}$ 的棱边单元法在三维瞬态涡流场中的数值格式。

6.3.1　三维瞬态磁场控制方程、激励条件及边界条件

当以节点元离散 $\vec{A}$ 的分量时，本章参考文献 [13] 给出了通过罚函数施加库仑规范的数值格式。但节点元在实际应用中有计算精度不足的问题，尤其是在铁磁材料和空气的交界面处[7]。因此这里将给出采用棱单元离散 $\vec{A}$ 时的数值格式。以不施加规范条件的 $\vec{A}$-φ-$\vec{A}$ 描述的三维瞬态涡流场控制方程可以根据式（6-31）进行推导，其中电磁场量与电磁位的关系为

$$\vec{B} = \nabla \times \vec{A} \tag{6-51}$$

$$\vec{E} = -\frac{\partial \vec{A}}{\partial t} - \nabla\varphi \tag{6-52}$$

经过代入及整理，在导体区域 V_1 有

$$V_1 : \begin{cases} \nabla \times (\nu \nabla \times \vec{A}) + \sigma \dfrac{\partial \vec{A}}{\partial t} + \sigma \nabla\varphi = 0 & \text{(6-53a)} \\[3mm] \nabla \cdot \left(-\sigma \dfrac{\partial \vec{A}}{\partial t} - \sigma \nabla\varphi \right) = 0 & \text{(6-53b)} \end{cases}$$

在非导体区域 V_2 有

$$V_2 : \nabla \times (\nu \nabla \times \vec{A}) = \vec{J}_s = \nabla \times \vec{T}_0 \tag{6-54}$$

常用的两种典型边界条件为

$$S_B : n \times \vec{A} = 0 \tag{6-55}$$

$$S_H : \vec{n} \times (\nu \nabla \times \vec{A}) = 0 \tag{6-56}$$

在导体区与非导体区分界面处，磁通密度及感应涡流密度应满足

$$S_{12} : n_{12} \cdot \nabla \times \vec{A}_1 = n_{12} \cdot \nabla \times \vec{A}_2 \tag{6-57a}$$

$$S_{12} : \vec{n}_{12} \cdot \left(-\sigma \frac{\partial \vec{A}}{\partial t} - \sigma \nabla\varphi \right) = 0 \tag{6-57b}$$

瞬态低频电磁场问题中，一般线圈中的电流是磁场的激励源，当进行时变电磁场分析时，需要预先给出源电流区域的电流密度。但是实际中产生源电流的线圈一般由已知的电压

源供电，此时源电流的大小和波形由电压源、外电路中的阻抗和有限元离散化区域中的阻抗共同决定，无法预给出电流密度的空间分布和时间变化。为了解决电压源激励及一般的外电路耦合问题，需要进行电磁场与电路系统的耦合分析即通常所说的场路耦合分析。进行场路耦合分析时，需要特别注意绞线导体（stranded conductor，thin conductor，multi-turn coil，filamentary conductor）与实体导体（solid conductor，thick conductor，massive conductor）的区别，对相关算法感兴趣的读者可以参考本章参考文献 [18，25，26，27]。

6.3.2 三维瞬态磁场有限元格式

与三维时谐涡流场类似，这里仍以四面体单元为例推导棱边单元法在三维瞬态涡流场中的有限元计算格式。采用伽辽金有限元法推导微分方程对应的弱形式，可得到下面的三维瞬态涡流场有限元弱形式：

$$\begin{cases} \iint_{V_1} \nabla\times\delta A \cdot \nu\nabla\times\vec{A}\,\mathrm{d}V + \int_{V_1}\delta A \cdot \sigma\left(\frac{\partial\vec{A}}{\partial t}+\nabla\varphi\right)\mathrm{d}V = 0 & (6\text{-}58\text{a}) \\ \int_{V_1}\nabla\delta\varphi \cdot \sigma\left(\frac{\partial\vec{A}}{\partial t}+\nabla\varphi\right)\mathrm{d}V = 0 & (6\text{-}58\text{b}) \end{cases}$$

$$\int_{V_2}\nabla\times\delta A \cdot \nu\nabla\times\vec{A}\,\mathrm{d}V = \int_{V_2}\delta A \cdot \vec{J}_{\mathrm{s}}\,\mathrm{d}V = \int_{V}\nabla\times\delta A \cdot \vec{T}_0\,\mathrm{d}V \qquad (6\text{-}59)$$

式中，δA，$\delta\varphi$ 为任意的检验函数。其紧凑型形式为，

$$\begin{cases} \int_{V}\nabla\times\delta A \cdot \nu\nabla\times\vec{A}\,\mathrm{d}V + \int_{V}\delta A \cdot \sigma\left(\frac{\partial\vec{A}}{\partial t}+\nabla\varphi\right)\mathrm{d}V = \int_{V}\nabla\times\delta A \cdot \vec{T}_0\,\mathrm{d}V & (6\text{-}60\text{a}) \\ \int_{V_1}\nabla\delta\varphi \cdot \sigma\left(\frac{\partial\vec{A}}{\partial t}+\nabla\varphi\right)\mathrm{d}V = 0 & (6\text{-}60\text{b}) \end{cases}$$

或

$$\begin{cases} (\nabla\times\delta A,\nu\nabla\times\vec{A}) + \left(\delta A,\sigma\left(\frac{\partial\vec{A}}{\partial t}+\nabla\varphi\right)\right) = (\nabla\times\delta A,\vec{T}_0) & (6\text{-}61\text{a}) \\ \left(\nabla\delta\varphi,\sigma\left(\frac{\partial\vec{A}}{\partial t}+\nabla\varphi\right)\right) = 0 & (6\text{-}61\text{b}) \end{cases}$$

式（6-61）只对空间进行了离散，所形成的格式叫半离散格式。继续对时间导数采用后向欧拉法离散，并进行对称化处理，得到全离散的有限元法计算格式如下：

$$\begin{cases} \dfrac{\sigma}{\Delta t}(\delta A,\vec{A}^n) + (\nabla\times\delta A,\nu\nabla\times\vec{A}^n) + (\delta A,\sigma\nabla\varphi^n) = \dfrac{\sigma}{\Delta t}(\delta A,\vec{A}^{n-1}) + (\nabla\times\delta A,\vec{T}_0) & (6\text{-}62\text{a}) \\ (\nabla\delta\varphi,\sigma\vec{A}^n) + \sigma\Delta t(\nabla\delta\varphi,\nabla\varphi^n) = (\nabla\delta\varphi,\sigma\vec{A}^{n-1}) & (6\text{-}62\text{b}) \end{cases}$$

式中，Δt 为时间步长。类似涡流场时的记号，整体矩阵及载荷向量表达式如下：

$$M_{\mathrm{AA}} = (\delta A,\vec{A}) \qquad (6\text{-}63\text{a})$$

$$K_{\mathrm{AA}} = (\nabla\times\delta A,\nabla\times\vec{A}) \qquad (6\text{-}63\text{b})$$

$$K_{\mathrm{AV}} = (\delta A,\nabla\varphi) \qquad (6\text{-}63\text{c})$$

$$K_{\mathrm{VA}} = (\delta\nabla\varphi,\vec{A}) \qquad (6\text{-}63\text{d})$$

$$K_{\mathrm{VV}} = (\delta\nabla\varphi,\nabla\varphi) \qquad (6\text{-}63\text{e})$$

$$F = (\nabla \times \delta A, \vec{T}_0) \tag{6-63f}$$

即采用后向欧拉法对时间项离散之后，可以得到如下的对称离散代数方程：

$$\begin{bmatrix} \dfrac{\sigma}{\Delta t}M_{AA}+\nu K_{AA} & \sigma K_{AV} \\ \sigma K_{VA} & \Delta t\sigma K_{VV} \end{bmatrix}\begin{bmatrix} A^n \\ \varphi^n \end{bmatrix} = \begin{bmatrix} \dfrac{\sigma}{\Delta t}M_{AA} \\ \sigma K_{VA} \end{bmatrix}A^{n-1}+\begin{bmatrix} F^n \\ 0 \end{bmatrix} \tag{6-64}$$

6.3.3　算例 5　TEAM Workshop 第 7 基准问题：时域瞬态磁场分析

与算例 3 的问题描述一致，本算例对 TEAM Workshop 第 7 基准问题进行时域磁场分析，计算目标是得到给定观测线上的 B_z 分布及导体中的感应涡流分布。由于本算例不含高磁导率的铁磁材料，故可以采用节点元格式[13]进行分析。基于 $\vec{A}$-φ-$\vec{A}$ 方法的时域瞬态三维涡流场 FreeFEM 有限元代码如下，其中可以稍加改动，将 $\vec{A}$ 变为由棱单元进行离散，同时对标量电位 φ 也可以采用线性或者二次节点元进行有限元计算。计算结果如图 6-17 ~ 图 6-19 所示。

文件下载 6.5-
A-nodal

```
//------------------------------------------------------------------------------
// Eddy-current problem in time domain,nodal element with Coulomb gauge by
// penalty term(Example 6.5-A-nodal)
//     curl(nu*curl(-A)-grad(nu*div(A)))+sigma*(dA/dt+grad(-phi))=Js
//   -div(sigma*dA/dt+sigma*grad(-phi))=0
// YanpuZhao,and ZuqiTang @ 2022
//------------------------------------------------------------------------------
load "Element_Mixte3d"
load "MUMPS_seq"                                  // load "UMFPACK64"
load "msh3"

mesh3 Th,ThC;
Th  =readmesh3("./mesh/mesh3dFreeFEM1.msh"); // original mesh
ThC=trunc(Th,region==6);                      // "6" solid AL conductor with hole

ofstream of1("BLine.txt");

real  frequency=50;                           // f=200,skin depth=6mm
real dt=1.0/frequency/40;
int maxStep=10+40*3;                          // 3.25 periods,wt=0

real  current=2742;
real  w=2*pi*frequency;
real  nu0=7.957747154594767E5;
real  mu0=1.0/nu0;
real  sgm=3.526E7;
```

```
//-------------------------------------------------------------------------------------------
// Dimensions for the racetrack-shaped coil
//-------------------------------------------------------------------------------------------
real xcCoil=0.194,ycCoil=0.1,zcCoil=0.099;   // center of coil
real z0=0.049,z1=0.149;
real rmin=0.025,rmax=0.05,rr=rmax-rmin;
real xHalf=0.05,yHalf=0.05;
real xHalfBig=xHalf+rmax;
real xL=xcCoil-xHalfBig,xR=xcCoil+xHalfBig;
real yL=ycCoil-xHalfBig,yR=ycCoil+xHalfBig;
real x1=xcCoil+xHalf,y1=ycCoil+yHalf;        // first  quadrant
real x2=xcCoil-xHalf,y2=ycCoil+yHalf;        // second quadrant
real x3=xcCoil-xHalf,y3=ycCoil-yHalf;        // third  quadrant
real x4=xcCoil+xHalf,y4=ycCoil-yHalf;        // fourth quadrant
real J0=current/((z1-z0)*(rmax-rmin));

//-------------------------------------------------------------------------------------------
// FE space
//-------------------------------------------------------------------------------------------
fespace Vh(Th,[P1,P1,P1]);                   // Nodal element
//fespace Vh(Th,Edge03d);                    // Edge03d
Vh [Ax,Ay,Az];                               // last time step solution
Vh [Ax1,Ay1,Az1];                            // final solution
Vh [Tx,Ty,Tz];                               // test function

fespace Wh(Th,P0);                           // material coefficient
Wh nu,sigma,isCond;

fespace VhC(ThC,P2);             // P1 or P2,phi is only defined in the conductor
VhC V,W,V1;

//-------------------------------------------------------------------------------------------
// Material coefficient
//-------------------------------------------------------------------------------------------
nu=nu0;
sigma=sgm*(region==6);          // may need artificial conductivity in air
isCond=(region==6);

//-------------------------------------------------------------------------------------------
// Current density Field
//-------------------------------------------------------------------------------------------
func J0x=J0*(region==13)-J0*(region==14)     // func is good
   -J0*(region==15)*sin(atan2(y-y1,x-x1))
```

```
    -J0 * (region==16) * sin(atan2(y-y2,x-x2))
    -J0 * (region==17) * sin(atan2(y-y3,x-x3))
    -J0 * (region==18) * sin(atan2(y-y4,x-x4));
func J0y=-J0 * (region==11)+J0 * (region==12)   // func is good
    +J0 * (region==15) * cos(atan2(y-y1,x-x1))
    +J0 * (region==16) * cos(atan2(y-y2,x-x2))
    +J0 * (region==17) * cos(atan2(y-y3,x-x3))
    +J0 * (region==18) * cos(atan2(y-y4,x-x4));
func J0z=0.0;


//-------------------------------------------------------------------------
// Macros definition
//-------------------------------------------------------------------------
macro Div(u1,u2,u3)  (dx(u1)+dy(u2)+dz(u3))     // scalar
macro Grad3(u)           [dx(u),dy(u),dz(u)]     // column vector,EOM
macro Curl3(Fx,Fy,Fz)[dy(Fz)-dz(Fy),dz(Fx)-dx(Fz),dx(Fy)-dy(Fx)]  // column vector

macro Bx()(dy(Az)-dz(Ay))                        //
macro By()(dz(Ax)-dx(Az))                        //
macro Bz()(dx(Ay)-dy(Ax))                        //
macro BM()(sqrt(Bx * Bx+By * By+Bz * Bz)+1E-60)  //

macro Jx()(sgm * (Ax-Ax1)/dt+sgm * dx(V))        //
macro Jy()(sgm * (Ay-Ay1)/dt+sgm * dy(V))        //
macro Jz()(sgm * (Az-Az1)/dt+sgm * dz(V))        //


//-------------------------------------------------------------------------
// FEM matrix blocks,to form the global matrices
//-------------------------------------------------------------------------
varf MATKAA([Ax,Ay,Az],[Tx,Ty,Tz])=int3d(Th)(nu * Curl3(Ax,Ay,Az)' *
Curl3(Tx,Ty,Tz))
      +int3d(Th)(nu * Div(Ax,Ay,Az) * Div(Tx,Ty,Tz));      // penalty term,1 or nu
varf MATDirA([Ax,Ay,Az],[Tx,Ty,Tz])=on(100,Ax=0,Ay=0,Az=0);
varf MATMAA([Ax,Ay,Az],[Tx,Ty,Tz])=int3d(ThC)(sgm/dt * [Ax,Ay,Az]' * [Tx,Ty,Tz]);

varf MATAV([V],[Tx,Ty,Tz])=int3d(ThC)(sgm * Grad3(V)' * [Tx,Ty,Tz]);
varf MATVA([Ax,Ay,Az],[W])=int3d(ThC)(sgm * [Ax,Ay,Az]' * Grad3(W));
varf MATVV([V],[W])        =int3d(ThC)(sgm * dt * Grad3(V)' * Grad3(W))
                            +on(200,300,V=0);

varf RHS([Ax,Ay,Az],[Tx,Ty,Tz])=int3d(Th)([J0x,J0y,J0z]' * [Tx,Ty,Tz]);
                                // current density excitation

matrix KAA=MATKAA(Vh,Vh);
```

```
    matrix MAA=MATMAA(Vh,Vh);
    matrix Dir=MATDirA(Vh,Vh);
    matrix AV=MATAV(VhC,Vh);

    matrix VA=MATVA(Vh,VhC);
    matrix VV=MATVV(VhC,VhC);
    matrix AA=KAA+MAA;// note this
    AA=AA+Dir;

    matrix KK=[[AA,AV],// the first column blocks
              [VA,VV]];
    cout<<"\n\nMatrix assembly are all done…\ndof # is ======> "<< Vh.ndof+
VhC.ndof <<endl<<endl;

    //------------------------------------------------------------------------
    // Set parameters of mumps solver
    //------------------------------------------------------------------------
    real time0=time();
    cout<<"Matrix factor is beginning…"<<endl;
    set(KK,solver=sparsesolver);                //
    cout<<"Matrix factor is done…"<<endl;
    cout<<"Elapsed time is:"<< time()-time0 <<endl;

    //------------------------------------------------------------------------
    // time domain solution
    //------------------------------------------------------------------------
    real[int] rhs(Vh.ndof);
    real[int] resultALL(Vh.ndof+VhC.ndof),rhsALL(Vh.ndof+VhC.ndof);
    rhs=RHS(0,Vh);

    Ax1[]=0;
    V1[]=0;
    real Vmin,Vmax,Vi,Vj;
    real xx,yy,zz;

    for(int k=1;k<=maxStep;k++){
        Ax1[]=Ax[];
        real timeNow=k*dt;
        real[int] rhs1=MAA*Ax1[];
        real[int] rhs2=VA*Ax1[];
        rhs1=rhs1+sin(w*timeNow)*rhs;
        rhsALL=[rhs1,rhs2];
```

```
cout<<"---------------RHS vector is done…"<<endl;
resultALL=KK^-1 * rhsALL;
cout<<"Solution is done…"<<endl;


//-------------------------------------------------------------------------------------------
// Extract solution A and V from global solution variables
//-------------------------------------------------------------------------------------------
for(int i=0;i<Vh.ndof;i++){
        Ax[][i]=resultALL[i];
}
for(int i=Vh.ndof;i<Vh.ndof+VhC.ndof;i++){
        V[][i-Vh.ndof]=resultALL[i];
}
cout<<"Solution_A_V is ready,step is:"<<k<<endl;
}


int NN=100;
real xi,yi,zi;
for(int i=0;i<=NN;i++){
    xx=0.288/real(NN) * i;
    yy=0.072;
    zz=0.034;
    of1<<xx<<" "<<Bx(xx,yy,zz)<<" "<<By(xx,yy,zz)<<" "<<Bz(xx,yy,zz)<<endl;
}
```

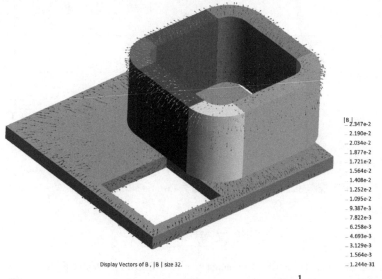

扫码看彩图

Display Vectors of B , |B| size 32.

图 6-17　计算 130 步（时间步长＝周期/40，即计算至 $3\frac{1}{4}$ 周期），得到的

最后时刻的磁通密度分布（f＝50Hz）

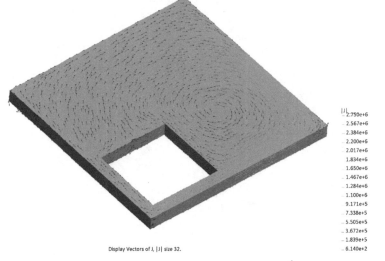

扫码看彩图

图 6-18　计算 130 步（时间步长＝周期/40，即计算至 $3\frac{1}{4}$ 周期），得到的

最后时刻铝板中的感应涡流密度分布（$f=50\mathrm{Hz}$）

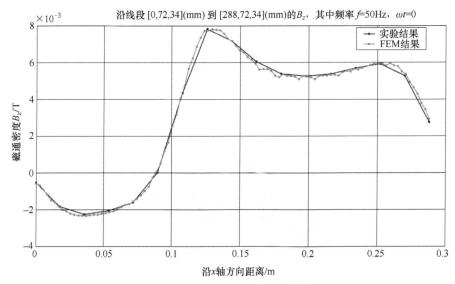

图 6-19　计算 130 步（时间步长＝周期/40，$3\frac{1}{4}$ 周期），得到的最后时刻

指定观测线上的磁通密度 z 分量分布（$f=50\mathrm{Hz}$）

参 考 文 献

［1］　LUONG H T, MARECHAL Y, MEUNIER G. Computation of 3-D Current Driven Eddy Current Problems using Cutting Surfaces［J］. IEEE Transactions on Magnetics，1997，33（2）：1314-1317.

［2］　REN Z. T-Ω Formulation for Eddy-current Problems in Multiply Connected Regions［J］. IEEE Transactions on Magnetics，2002，38（2）：557-560.

［3］　BANDELIER B，DAVEAU C，RIOUX-DAMIDAU F. Several Mixed Finite Element Technics for Magnetosta-
　　　tics ［J］. IEEE Transactions on Magnetics，1999，35（3）：1175-1178.

［4］　BANDELIER B，RIOUX-DAMIDAU F. A Mixed **B**-Oriented FEM for Magnetostatics in Unbounded Domains
　　　［J］. IEEE Transactions on Magnetics，2002，38（2）：373-376.

［5］　REN Z，IDA N. High-Order Finite Elements of Complete and Incomplete Bases in Electromagnetic-Field
　　　Computation ［J］. IEE Proceedings：Science，Measurement and Technology IET Science，Measurement and
　　　Technology，2002，149（2）：147-151.

［6］　REN Z，RAZEK A. Permanent Magnet Modelling by Edge Element and Facet Element（Discussion on the
　　　Force Distribution in Permanent Magnet）［C］. 1994 Second International Conference on Computation in Elec-
　　　tromagnetics. London，1994：154-157.

［7］　PREIS K，BARDI I，BÍRÓ O，et al. Different Finite Element Formulations of 3D Magnetostatic Fields ［J］.
　　　IEEE Transactions on Magnetics2002，28（2）：1056-1059.

［8］　IM C H，KIM H K，JUNG H K. Novel Technique for Current Density Distribution Analysis of Solidly Mod-
　　　eled Coil ［J］. IEEE Transactions on Magnetics，2002，38（2）：505-508.

［9］　IWATA K，HIRANO H. Magnetic Field Analysis by Edge Elements of Magnetic Components Considering In-
　　　homogeneous Current Distribution within Conductor Windings ［J］. IEEE Transactions on Magnetics，2006，
　　　42（5）：1549-1554.

［10］　ZHAO Y P，XIAO X Y，XU W. Accelerating the Optimal Shape Design of Linear Machines by Transient
　　　Simulation using Mesh Deformation and Mesh Connection Techniques ［J］. IEEE Transactions on Industrial
　　　Electronics，2018，65（12）：9825-9833.

［11］　GREIF C，SCHOTZAU D. Preconditioners for the Discretized Time-harmonic Maxwell Equations in Mixed
　　　Form ［J］. Numerical Linear Algebra with Applications，2007，14：281-297.

［12］　ZHAO Y P，FU W N. A Novel Formulation with Coulomb Gauge for 3-D Magnetostatic Problems using Edge
　　　Elements ［J］. IEEE Transactions on Magnetics，2017，53（6）：No. 9100104.

［13］　BÍRÓ O，PREIS K. On the Use of the Magnetic Vector Potential in the Finite-Element Analysis of Three-Di-
　　　mensional Eddy Currents ［J］. IEEE Transactions on Magnetics，1989，25（4）：3145-3159.

［14］　ZHAO Y P，TANG Z Q. Accurate Extraction of Winding Inductances Using Dual Formulations without
　　　Source Field Computation ［J］. IEEE Transactions on Magnetics，2019，55（6）：No. 7201504.

［15］　HENROTTE F，DELIÉGE G，HAMEYER K. The Eggshell Approach for the Computation of Electromagnetic
　　　Forces in 2D and 3D ［J］. COMPEL-The International Journal for Computation and Mathematics in Electrical
　　　and Electronic Engineering，2004，23（4）：996-1005.

［16］　AKOUN G，YONNET J P. 3D Analytical Calculation of the Forces Exerted Between Two Cuboidal Magnets
　　　［J］. IEEE Transactions on Magnetics，1984，20（5）：1962-1964.

［17］　ZHENG W Y，CHEN Z M，WANG L. An Adaptive Finite Element Method for the **H**-ψ Formulation of
　　　Time-Dependent Eddy Current Problems ［J］. Numerische Mathematik，2006，103：667-689.

［18］　ZHAO Y P，TANG Z Q. A Symmetric Field-Circuit Coupled Formulation for 3-D Transient Full-Wave Max-
　　　well Problems ［J］. IEEE Transactions on Magnetics，Vol. 55，No. 6，Jun. 2019，Article no. 7201804.

［19］　TANG Z Q，ZHAO Y P，REN Z X. Auto-Gauging of Vector Potential by Parallel Sparse Direct Solvers-Nu-
　　　merical Observations ［J］. IEEE Transactions on Magnetics，2019，55（6）：No. 7200705.

［20］　IGARASHI H，YAMAMOTO N. Effect of Preconditioning in Edge-Based Finite-Element Method ［J］. IEEE
　　　Transactions on Magnetics，2008，44（6）：942-945.

［21］　ZHAO Y P，FU W N. A New Stable Full-wave Maxwell Solver for All Frequencies ［J］. IEEE Transactions
　　　on Magnetics，2017，53（6）：No. 7200704.

［22］ BÍRÓ O. Edge Element Formulations of Eddy Current Problems ［J］. Computer Methods in Applied Mechanics and Engineering, 1999, 169: 391-405.

［23］ CHEN J Q, CHEN Z M, CUI T, et al. An Adaptive Finite Element Method for the Eddy Current Model with Circuit/Field Couplings ［J］. SIAM Journal on Scientific Computing, 2010, 32 (2): 1020-1042.

［24］ ZHAO Y P, TANG Z Q. A Novel Gauged Potential Formulation for 3-D Electromagnetic Field Analysis including Both Inductive and Capacitive Effects ［J］. IEEE Transactions on Magnetics, 2019, 55 (6): No. 7400905.

［25］ BÍRÓ O, PREIS K, BUCHGRABER G, et al. Voltage-Driven Coils in Finite-Element Formulations Using a Current Vector and a Magnetic Scalar Potential ［J］. IEEE Transactions on Magnetics, 2004, 40 (2): 1286-1289.

［26］ WANG J S. A Nodal Analysis Approach for 2D and 3D Magnetic-Circuit Coupled Problems ［J］. IEEE Transactions on Magnetics, 1996, 32 (3): 1074-1077.

［27］ Zhou P, Fu W N, Lin D, et al. Numerical Modeling of Magnetic Devices ［J］. IEEE Transactions on Magnetics, 2004, 40 (4): 1803-1809.